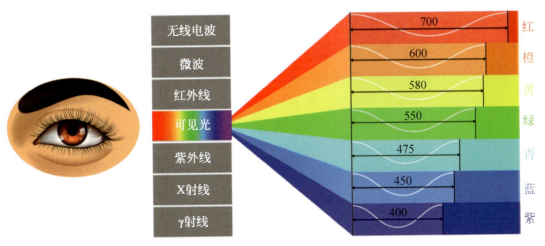

图 5-2 太阳光的光谱成分

图 5-3 光的三原色

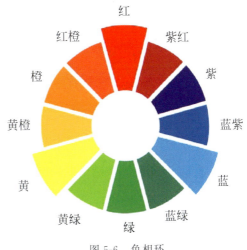

图 5-6 色相环

图 3-4 《晚归》(霍松摄)

图 10-14 广告专题片《康美之恋》截图

21世纪高等学校数字媒体艺术专业系列教材

数字摄影与摄像

第3版

詹青龙 袁东斌 刘光勇 主编

清华大学出版社
北京

内 容 简 介

本书对数字摄影和摄像的主要技术和艺术进行了较为全面的介绍,包括数字摄影摄像技术、数字摄影摄像艺术、数字摄影摄像专题和摄影摄像新技术四部分,共计11章。第1、2章侧重数字画面拍摄技术,包括数码相机和数字摄像机的基本介绍、使用和拍摄要领;第3~8章侧重数字画面拍摄艺术,包括数字画面的景别和角度、数字画面的构图、数字画面的拍摄用光、固定画面的拍摄、运动画面的拍摄、拍摄中的同期声处理;第9、10章侧重数字画面的专题拍摄,包括专题摄影和专题摄像;第11章"摄影摄像新技术"主要包括360°全景拍摄与制作、无人机拍摄、全息摄影、3D视频拍摄。另外,本书在每章都穿插了大量实用、高效的技巧,提供了拓展性学习内容,并设计了练习与实践。

本书可作为高等院校数字媒体专业、新闻学专业、摄影专业的教学用书,也可作为摄影摄像爱好者的自学参考书,以及数字画面摄制培训班的教学资料。

本书封面贴有清华大学出版社防伪标签,无标签者不得销售。
版权所有,侵权必究。举报:010-62782989,beiqinquan@tup.tsinghua.edu.cn。

图书在版编目(CIP)数据

数字摄影与摄像/詹青龙,袁东斌,刘光勇主编. —3版. —北京:清华大学出版社,2023.8(2024.12重印)
21世纪高等学校数字媒体艺术专业系列教材
ISBN 978-7-302-61543-9

Ⅰ.①数… Ⅱ.①詹… ②袁… ③刘… Ⅲ.①数字照相机-摄影技术-高等学校-教材 ②数字控制摄像机-拍摄技术-高等学校-教材 Ⅳ.①TB86 ②TN948.41 ③J41

中国版本图书馆CIP数据核字(2022)第143825号

策划编辑:魏江江
责任编辑:王冰飞
封面设计:刘 键
责任校对:李建庄
责任印制:刘海龙

出版发行:清华大学出版社
网　　址:https://www.tup.com.cn, https://www.wqxuetang.com
地　　址:北京清华大学学研大厦A座　　邮　编:100084
社 总 机:010-83470000　　邮　购:010-62786544
投稿与读者服务:010-62776969, c-service@tup.tsinghua.edu.cn
质量反馈:010-62772015, zhiliang@tup.tsinghua.edu.cn
课件下载:https://www.tup.com.cn, 010-83470236

印 装 者:大厂回族自治县彩虹印刷有限公司
经　　销:全国新华书店
开　　本:185mm×260mm　　印 张:15　　彩 插:1　　字　数:367千字
版　　次:2011年9月第1版　　2023年8月第3版　　印　次:2024年12月第6次印刷
印　　数:123201~129200
定　　价:45.00元

产品编号:097745-01

前 言

党的二十大报告指出：教育、科技、人才是全面建设社会主义现代化国家的基础性、战略性支撑。必须坚持科技是第一生产力、人才是第一资源、创新是第一动力，深入实施科教兴国战略、人才强国战略、创新驱动发展战略，开辟发展新领域新赛道，不断塑造发展新动能新优势。高等教育与经济社会发展紧密相连，对促进就业创业、助力经济社会发展、增进人民福祉具有重要意义。

《数字摄影与摄像》(第2版)自2017年2月出版以来被众多院校的数字媒体类专业选作教材，随着时间的推移，本书在内容、资源配套等方面急需改进，以跟上时代步伐。本书第3版在保留第2版总体结构和特色的基础上做了以下修改或补充。

(1) 着力把党的二十大精神融入教材。根据教材内容的特点设计了关于党的二十大精神的实践活动，学生通过拍摄系列照片、微视频等形式学深、悟透党的二十大精神，并充分发挥数字传媒优势，多途径传播党的二十大精神，做到真学真悟、笃学笃行，强调人人都是党的二十大精神的传播者和践行者。

(2) 对教材部分内容进行了优化。新版补充了更多具有价值性、案例性的图片资源，做到经典性、时代性和价值性相结合。

(3) 对配套资源进行了更新，确保好用、够用和实用。

本书对数字摄影和摄像的主要技术和艺术进行了较为全面的介绍，包括数字摄影摄像技术、数字摄影摄像艺术、数字摄影摄像专题和摄影摄像新技术四部分，共计11章。第1、2章侧重数字画面拍摄技术，包括数码相机和数字摄像机的基本介绍、使用和拍摄要领。第3~8章侧重数字画面拍摄艺术，包括数字画面的景别和角度、数字画面的构图、数字画面拍摄用光、固定画面的拍摄、运动画面的拍摄、拍摄中的同期声处理。第9、10章侧重数字画面的专题拍摄，包括专题摄影和专题摄像。第11章介绍了360°全景拍摄与制作、无人机拍摄、全息摄影、3D视频拍摄等新颖且实用的摄影摄像新技术。

本书具有以下特色：

(1) 结构新，包括学习导入、知识结构图、学习目标、学习内容、实用技巧、练习与实践等。

(2) 内容新，对数字摄影、数字摄像的最新拍摄技巧进行了充分的介绍。

(3) 体系新，把整个内容按技术、艺术、专题、新技术四大部分来组织，不仅能较好地涵盖培养目标(技术和艺术结合)，而且便于教学实施。

(4) 采用"画面"一词统一数码相机所拍的照片和数码摄像机所拍的视频，做到了概念体系的清晰性。

(5) 资源足，提供了多样化的教学资源，充分覆盖教学的各个环节，包括教学大纲、教学课件、电子教案、习题答案、素材、知识图谱。

> **资源下载提示**
>
> **课件等资源**：扫描封底的"课件下载"二维码，在公众号"书圈"下载。
>
> **素材（源码）等资源**：扫描目录上方的二维码下载。

本书可作为高等院校数字媒体专业、新闻学专业、摄影专业的教学用书，也可作为摄影摄像爱好者的自学参考书，以及数字画面摄制培训班的教学资料。

本书由詹青龙、袁东斌、刘光勇主编，第 1、2 章由刘光勇编写，第 3、6、7、9 章由袁东斌编写，第 4 章由刘光勇、郭桂英编写，第 5、8、10 章由冉新义、袁东斌编写，第 11 章由李亚红编写。

由于作者的经验和水平有限，特别是数字摄影与摄像是技术和艺术的综合运用，书中会有不足或疏漏之处，恳请各位专家和读者提出宝贵的意见和建议。

詹青龙

2023 年 6 月

素材下载

目 录

第1章　数码相机及其使用 ·· 1

  1.1　数字摄影的产生与发展 ·· 2
    1.1.1　数字摄影的发展历程 ·· 2
    1.1.2　数字摄影的基本特性 ·· 4
    1.1.3　数字摄影的优势 ·· 4
  1.2　数码相机的基本介绍 ·· 5
    1.2.1　数码相机的特性 ·· 5
    1.2.2　数码相机的种类 ·· 6
    1.2.3　数码相机的参数 ·· 9
  1.3　数码相机的结构与原理 ·· 11
    1.3.1　数码相机的组成结构 ·· 11
    1.3.2　数码相机的工作原理 ·· 13
  1.4　数码相机的基本操作 ·· 14
    1.4.1　选择拍摄模式 ·· 14
    1.4.2　设定画面尺寸 ·· 14
    1.4.3　设定存储格式 ·· 15
    1.4.4　测光 ·· 16
    1.4.5　曝光 ·· 17
    1.4.6　白平衡调整 ·· 19
    1.4.7　对焦 ·· 20
  1.5　数码相机的选购与维护 ·· 21
    1.5.1　数码相机的选购 ·· 21
    1.5.2　数码相机的维护 ·· 21
  1.6　练习与实践 ·· 22
    1.6.1　练习 ·· 22
    1.6.2　实践 ·· 23

第2章　数字摄像机及其使用 ·· 24

  2.1　数字摄像机的分类与特点 ·· 25
    2.1.1　数字摄像机的分类 ·· 25
    2.1.2　数字摄像机的特点 ·· 28
  2.2　数字摄像机的结构与原理 ·· 29

2.2.1 数字摄像机的基本结构 ………………………………………………… 29
2.2.2 数字摄像机的工作原理 ………………………………………………… 31
2.3 数字摄像机的调整 ……………………………………………………………… 32
2.3.1 滤色片 …………………………………………………………………… 32
2.3.2 黑平衡 …………………………………………………………………… 34
2.3.3 白平衡 …………………………………………………………………… 34
2.3.4 光圈 ……………………………………………………………………… 35
2.3.5 变焦 ……………………………………………………………………… 35
2.3.6 聚焦 ……………………………………………………………………… 35
2.3.7 后焦距 …………………………………………………………………… 36
2.3.8 其他调整 ………………………………………………………………… 36
2.4 数字摄像的基本操作 …………………………………………………………… 37
2.4.1 数字摄像的准备工作 …………………………………………………… 37
2.4.2 数字摄像的基本要领 …………………………………………………… 38
2.4.3 数字摄像的执机方式 …………………………………………………… 39
2.4.4 数字摄像的注意事项 …………………………………………………… 41
2.5 数字摄像机的选购与维护 ……………………………………………………… 41
2.5.1 数字摄像机的选购 ……………………………………………………… 41
2.5.2 数字摄像机的维护与保养 ……………………………………………… 42
2.6 练习与实践 ……………………………………………………………………… 44
2.6.1 练习 ……………………………………………………………………… 44
2.6.2 实践 ……………………………………………………………………… 44

第 3 章 数字画面的景别和角度 …………………………………………………… 46

3.1 景别 ……………………………………………………………………………… 47
3.1.1 远景 ……………………………………………………………………… 48
3.1.2 全景 ……………………………………………………………………… 49
3.1.3 中景 ……………………………………………………………………… 50
3.1.4 近景 ……………………………………………………………………… 51
3.1.5 特写 ……………………………………………………………………… 52
3.2 方位 ……………………………………………………………………………… 53
3.2.1 正面拍摄 ………………………………………………………………… 54
3.2.2 背面拍摄 ………………………………………………………………… 55
3.2.3 正侧面拍摄 ……………………………………………………………… 56
3.2.4 斜侧面拍摄 ……………………………………………………………… 57
3.3 拍摄高度 ………………………………………………………………………… 58
3.3.1 平摄角度 ………………………………………………………………… 58
3.3.2 仰摄角度 ………………………………………………………………… 60
3.3.3 俯摄角度 ………………………………………………………………… 61

3.4 练习与实践·· 62
　　3.4.1 练习··· 62
　　3.4.2 实践··· 63
　　3.4.3 名作欣赏与点评··· 63

第4章 数字画面的构图·· 65

4.1 数字画面构图概述··· 66
　　4.1.1 构图的概念··· 66
　　4.1.2 基本任务·· 66
4.2 数字画面构图的结构成分·· 66
　　4.2.1 主体·· 66
　　4.2.2 陪体·· 67
　　4.2.3 前景·· 68
　　4.2.4 背景·· 69
　　4.2.5 空白·· 71
4.3 数字画面构图的基本要素·· 71
　　4.3.1 光线·· 71
　　4.3.2 色彩·· 71
　　4.3.3 影调·· 73
　　4.3.4 线条·· 75
4.4 数字画面构图的形态·· 77
　　4.4.1 封闭式构图和开放式构图··· 77
　　4.4.2 静态构图和动态构图··· 78
4.5 数字画面构图的基本规律·· 80
　　4.5.1 均衡·· 80
　　4.5.2 对比·· 80
　　4.5.3 统一·· 81
　　4.5.4 节奏·· 82
4.6 数字画面构图的基本方法·· 82
　　4.6.1 黄金分割构图法·· 82
　　4.6.2 井字形构图法··· 83
　　4.6.3 三角形构图法··· 83
　　4.6.4 框式构图法·· 84
4.7 练习与实践·· 85
　　4.7.1 练习·· 85
　　4.7.2 实践·· 85

第5章 数字画面的拍摄用光·· 87

5.1 光的基础知识··· 88

5.1.1　光的性质 ……………………………………………………………… 88
　　5.1.2　光的类型 ……………………………………………………………… 89
　　5.1.3　光与色彩 ……………………………………………………………… 90
5.2　拍摄用光的基本因素 …………………………………………………………… 94
　　5.2.1　光位 …………………………………………………………………… 94
　　5.2.2　光质 …………………………………………………………………… 98
　　5.2.3　光度 …………………………………………………………………… 99
　　5.2.4　光型 …………………………………………………………………… 99
　　5.2.5　光比 …………………………………………………………………… 101
　　5.2.6　光色 …………………………………………………………………… 101
5.3　照明 ……………………………………………………………………………… 101
　　5.3.1　电光源 ………………………………………………………………… 102
　　5.3.2　照明灯具 ……………………………………………………………… 104
　　5.3.3　灯架装置 ……………………………………………………………… 106
　　5.3.4　调光设备 ……………………………………………………………… 106
　　5.3.5　灯光控制 ……………………………………………………………… 107
5.4　布光 ……………………………………………………………………………… 107
　　5.4.1　布光程序 ……………………………………………………………… 108
　　5.4.2　静态布光 ……………………………………………………………… 108
　　5.4.3　动态布光 ……………………………………………………………… 109
5.5　练习与实践 ……………………………………………………………………… 111
　　5.5.1　练习 …………………………………………………………………… 111
　　5.5.2　实践 …………………………………………………………………… 111

第6章　固定画面的拍摄 ……………………………………………………………… 113

6.1　固定画面概述 …………………………………………………………………… 114
　　6.1.1　固定画面的概念 ……………………………………………………… 114
　　6.1.2　固定画面的特性 ……………………………………………………… 114
　　6.1.3　固定画面的作用 ……………………………………………………… 116
6.2　固定画面的拍摄要求 …………………………………………………………… 118
6.3　练习与实践 ……………………………………………………………………… 121
　　6.3.1　练习 …………………………………………………………………… 121
　　6.3.2　实践 …………………………………………………………………… 121

第7章　运动画面的拍摄 ……………………………………………………………… 122

7.1　镜头运动摄像 …………………………………………………………………… 123
　　7.1.1　推摄 …………………………………………………………………… 123
　　7.1.2　拉摄 …………………………………………………………………… 125
　　7.1.3　摇摄 …………………………………………………………………… 127

7.2 机位运动摄像 ·· 130
　　7.2.1 移摄 ··· 130
　　7.2.2 跟摄 ··· 132
　　7.2.3 升降拍摄 ·· 134
7.3 综合运动摄像 ·· 136
　　7.3.1 综合运动摄像的功能 ·· 136
　　7.3.2 综合运动画面的拍摄技巧 ·· 137
7.4 练习与实践 ·· 137
　　7.4.1 练习 ··· 137
　　7.4.2 实践 ··· 137

第 8 章　拍摄中的同期声处理 ·· 138

8.1 同期声的种类和作用 ··· 138
　　8.1.1 同期声的种类 ·· 139
　　8.1.2 同期声的作用 ·· 139
8.2 同期声的录制和应用 ··· 141
　　8.2.1 同期声的录制技巧 ·· 141
　　8.2.2 同期声的编辑技巧 ·· 144
　　8.2.3 同期声的应用技巧 ·· 148
8.3 练习与实践 ·· 149
　　8.3.1 练习 ··· 149
　　8.3.2 实践 ··· 149

第 9 章　专题摄影 ·· 151

9.1 风光摄影 ··· 152
　　9.1.1 风光摄影的特点 ··· 153
　　9.1.2 风光摄影的要素 ··· 154
　　9.1.3 风光摄影的拍摄要点 ·· 156
9.2 人像摄影 ··· 158
　　9.2.1 人像摄影概述 ·· 158
　　9.2.2 人像摄影的技巧 ··· 159
9.3 广告摄影 ··· 163
　　9.3.1 广告摄影概述 ·· 163
　　9.3.2 广告摄影的流程 ··· 164
　　9.3.3 广告摄影的要点 ··· 165
9.4 新闻摄影 ··· 166
　　9.4.1 新闻摄影概述 ·· 166
　　9.4.2 新闻摄影的特性 ··· 167
　　9.4.3 新闻摄影的拍摄技巧 ·· 169

9.5 纪实摄影 ······ 171
　　9.5.1 纪实摄影概述 ······ 171
　　9.5.2 纪实摄影的特征 ······ 171
　　9.5.3 纪实摄影的常见题材 ······ 172
　　9.5.4 纪实摄影的拍摄技巧 ······ 174
9.6 运动摄影 ······ 175
　　9.6.1 运动摄影的特点 ······ 175
　　9.6.2 运动摄影的内容 ······ 176
　　9.6.3 运动摄影的要点 ······ 177
9.7 练习与实践 ······ 180
　　9.7.1 练习 ······ 180
　　9.7.2 实践 ······ 181

第10章　专题摄像 ······ 182

10.1 科普性专题的拍摄 ······ 183
　　10.1.1 科普性专题的选题原则 ······ 183
　　10.1.2 科普性专题的选材来源 ······ 184
　　10.1.3 科普性专题的镜头拍摄 ······ 186
10.2 新闻性专题的拍摄 ······ 189
　　10.2.1 新闻性专题的基本特点 ······ 190
　　10.2.2 新闻性专题的拍摄手法 ······ 191
　　10.2.3 新闻性专题的拍摄技巧 ······ 194
10.3 纪实性专题的拍摄 ······ 195
　　10.3.1 纪实性专题的特点和价值意义 ······ 195
　　10.3.2 纪实性专题的拍摄技巧 ······ 197
10.4 广告性专题的拍摄 ······ 200
　　10.4.1 广告性专题的基本特点 ······ 200
　　10.4.2 广告性专题的拍摄技巧 ······ 200
10.5 练习与实践 ······ 203
　　10.5.1 练习 ······ 203
　　10.5.2 实践 ······ 203

第11章　摄影摄像新技术 ······ 205

11.1 360°全景拍摄与制作 ······ 206
　　11.1.1 360°全景概述 ······ 206
　　11.1.2 360°全景拍摄 ······ 208
　　11.1.3 360°全景制作 ······ 210
　　11.1.4 360°全景应用 ······ 210
11.2 无人机拍摄 ······ 211

  11.2.1 无人机拍摄概述 ·· 211
  11.2.2 无人机的拍摄技巧 ·· 212
  11.2.3 使用无人机的注意事项 ··· 214
 11.3 全息摄影 ·· 215
  11.3.1 全息摄影概述 ·· 215
  11.3.2 全息摄影的拍摄技巧 ·· 216
  11.3.3 全息摄影的拍摄要求 ·· 218
 11.4 3D视频拍摄 ·· 220
  11.4.1 3D视频拍摄概述 ··· 220
  11.4.2 3D视频的拍摄方法 ··· 221
  11.4.3 3D视频的拍摄要点 ··· 222
 11.5 练习与实践 ··· 225
  11.5.1 练习 ··· 225
  11.5.2 实践 ··· 225

参考文献 ·· 226

第1章 数码相机及其使用

【学习导入】

小兰是一个孝顺的女儿,工作之后每次回家都会给父母带礼物。今年她决定给退休在家的父母买一台数码相机,以方便二老出门游玩。不日,小兰来到了数码广场,当工作人员向她推荐:"这是佳能刚上市的一款产品,1410万像素,CCD成像,14倍光学变焦,光学防抖……",这一连串的名词小兰听得直瞪眼,虽然之前也查过一些资料,但印象并不深刻。

其实,工作人员的这句话提及了数码相机的几个重要参数,如果不了解数码相机的相关知识,在购买数码相机时就会遭遇和小兰一样的尴尬处境。生活在数字时代,拥有并能熟练使用数码相机已成为一种时尚的技能,本章将带领读者系统学习数码相机的相关技术、重要参数及基本概念,掌握数码相机的调整及使用方法。

【内容结构】

本章的内容结构如图1-1所示。

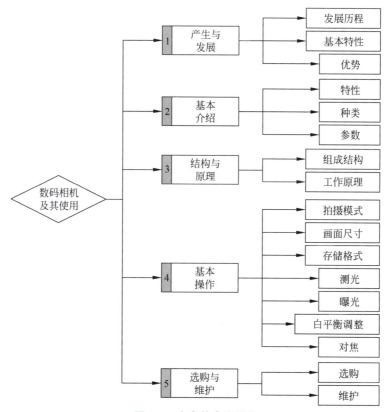

图1-1 本章的内容结构

【学习目标】

1. **知识目标**
- 了解数字摄影的相关概念和优越性,以及数码相机的种类与主要参数。
- 理解数码相机的基本构造及工作原理。

2. **能力目标**
- 掌握数码相机常用参数的调整和设置方法。
- 培养学生熟练操作数码相机的能力。
- 掌握数码相机的日常维护与保养方法。

3. **素质目标**

培养学生的学习兴趣和严谨务实的工作作风。

1.1 数字摄影的产生与发展

摄影技术自1839年诞生以来已有180多年的历史,主要经历了达盖尔摄影法、卡罗摄影法、湿版摄影法、干版摄影法、胶片摄影法,以及如今日益盛行的数字摄影法。数字摄影又称为数码摄影,是指使用光电转换器件CCD(Charge-Coupled Device,电荷耦合器件)或CMOS(Complementary Metal Oxide Semiconductor,互补金属氧化物半导体)代替传统胶片(银盐)生成影像的技术。配备有CCD或CMOS的相机统称为数码相机,数码相机是大规模集成电路和数字信息技术高速发展的产物。

1.1.1 数字摄影的发展历程

1. 数字摄影的起源

1973年,数码相机之父——赛尚(Steven J. Sasson)曾与柯达的一位主管进行了交谈。在交谈中,那位主管简单地提到有一种硅材料可用作感光器件,可以尝试能否应用到新型相机中,这就是后来数码相机的核心零部件——CCD。接下来,赛尚用了一年多的时间四处寻找适合的感光材料和存储介质,经过反复的试验,于1975年设计并制造出了世界上首款数码相机的原型——手持电子照相机,以及回放系统,并拍摄出了世界上的第一张数码照片。当时还只是用磁带作为存储介质,而最终通过这台相机拍到了1万像素的黑白反转照片,如图1-2所示。

图1-2 世界上首款数码相机和第一张数码照片

该相机通过拥有1万像素（按100×100的阵列排列）的CCD拍摄画面，每个像素占4位——由0和1组成的4位数的组合，表示画面中的每一个点。虽然只有1万像素，画面也非常粗糙，但很多技术在当时是非常新的，照相机的电路板可以打开，一边拍摄，一边调整。一旦拍摄完毕，画面便会经过数字化处理并存储到相机中的内存缓冲区。画面从缓冲区记录到更具永久性的存储器内，以便从相机上取下进行播放。盒式磁带机就有此用途。从曝光那一刻起，相机需要花费大约23秒的时间将画面存入磁带机。

第一台数码相机的问世标志着与传统摄影相抗衡的、新的摄影形式——数字摄影的开始。

2. 数字摄影的发展

此后，数码相机成了各大厂商关注的焦点。1981年，索尼公司在经过不断的技术积累后推出了第一台针对民用的不用感光胶片的电子相机——马维卡（MAVICA）。该相机使用了10mm×12mm的CCD感光薄片，分辨率为570×490像素，首次将光信号改为电子信号传输。

20世纪80年代，松下、富士、东芝、奥林巴斯、柯尼卡、佳能、尼康等公司也纷纷开始研制数码相机，相继推出了各自的数码相机试制品。数码相机的推出大大地刺激了普通大众的好奇心，"不需要感光胶片，相机同样可以记录影像"成为当时最热门的话题之一。不过这些相机造价昂贵、体积庞大，因而不利于普及，当时大多数消费者还是把数码相机作为一项高科技产品来看待。

1990年，柯达公司推出了集成度更高、兼容性更好、操控界面更友善的DCS 100电子数码相机，首次在世界上确立了数码相机的一般模式，如图1-3所示。从此，这一模式成为业内标准。

图1-3 柯达DCS 100数码相机

此后，数字摄影技术获得了空前发展，CCD的像素不断增加，相机的功能不断翻新，操作越来越简单，拍摄的画面效果也越来越接近传统胶片相机。1996年，数码相机的像素达到了81万，几乎是1995年的两倍。正是在这一年，数码相机全面进入了消费者的视线，成为人们生活中的流行时尚。与此同时，数码相机开始进入中国市场，因此这一年成为数码相机历史上非常重要的一年，也有人将这一年称为数码相机全民普及化的一年。

1999年，数码相机再度在像素上有所突破，全面迈入200万像素，在价格方面也降到了大多数消费者可以接受的水平。进入2000年，数码相机的发展更加迅猛，人们通过数码相机越来越深刻地感受到数字摄影的迷人魅力。2004年，各大数码相机厂商纷纷推出了各自的高端旗舰产品，像素全面突破800万。

随着大规模集成电路的发展，数码相机的制造成本不断降低，性能逐步提高，画面质量已达到甚至超过传统胶片相机。近年来，市场上已经出现了高达5000万像素的数码相机，光学变焦也从最初的一倍、两倍发展到了30倍甚至更高。经过不断的技术积累，一些知名品牌（如佳能、尼康、索尼等）更是开发出独树一帜的产品。

数字摄影的发展潜力巨大，相信在不久的将来，专业级的数码相机一定能以其出色的性能价格比成为人们学习、生活和工作中不可或缺的一部分。

1.1.2 数字摄影的基本特性

1. 非胶片化

数字摄影是基于数码相机的摄影形式,是一种真正意义上的非胶片摄影。数码相机内的光电转换器件把通过镜头的光线转化为电荷模拟信号,再经过 A/D 转换器芯片将模拟信号转换成数字信号,然后送至数字信号处理器(Digital Signal Processor,DSP),使用相机自带的固化程序(压缩算法)按照指定的文件格式将画面以二进制的形式记录到存储卡上。存储卡可以反复使用,整个过程不再使用传统的胶卷。

正是由于数字摄影的这种基本特性,使人们受益匪浅,不仅可以快速、便捷地工作,而且能够节约成本、提高工作效率,因而众多的计算机和家电厂商(如惠普、索尼、苹果、夏普等)都竞相生产数码相机。

> 传统摄影使用银盐感光材料(即胶卷)作为载体,拍摄后的胶卷要经过冲洗(显影、定影、水洗、晾干、放大)才能获得照片。拍摄时拍摄者无法预知照片拍摄效果的好坏,对拍得不好的照片也无法挽回胶卷的浪费,而且通过暗房冲洗出来的照片效果是不能再改变的。

2. 信息数字化

数字摄影的另一个基本特性就是画面信息的全数字化。数字摄影已经建立了一整套崭新的拍摄、后期制作、传输、储存的技术体系,其主要特征是以纯粹的物理方式取代传统的化学处理方式。

数码相机的画面形成过程为光信号→电信号→数字信号。其中,光信号转换为电信号的过程由光电转换器件来完成,电信号转换为数字信号的过程由 A/D 转换器来完成。在画面数字化的过程中,A/D 转换器需要经过采样、保持、量化和编码 4 个基本过程。其中,采样和保持是同时进行的,其实质就是用多少点来描述一张画面,即图像分辨率;量化和编码在转换过程中也是同时实现的,其结果是画面能够容纳的颜色总数。经过一系列的处理后,一张数字化的画面就产生了,再运用计算机图形图像处理软件的各种技巧对画面进行修饰或者变换,就能进一步实现所希望的画面效果。

1.1.3 数字摄影的优势

数字摄影以其独特的优势和魅力影响着摄影的理念、方法、技巧和表现形式,给人们的生活带来了巨大的改变。与传统摄影相比,数字摄影具有以下几方面的优势。

1. 无污染

画面的获取、处理及输出为物理过程,不采用化学药液处理。在数字摄影的全过程中不会造成化学污染,有利于环境保护。因此,人们把数字摄影形象地称为绿色摄影。

2. 画面处理方式多样

对于数字摄影来说,如果是因为拍摄环境恶劣或缺乏摄影技巧而造成的缺陷,可以通过计算机进行处理,轻而易举地予以弥补。只要将拍摄的画面输入计算机就可以运用各种图形图像处理软件对它进行加工处理,而且处理的方法多样、效果独特、耗材极少。这样不仅处理速度快,而且能够根据创意和想象来设计,创造出美妙无比、精彩绝伦的画面,再高超的摄影家看完之后也会拍案叫绝。

数字摄影技术使摄影过程变得更加轻松、随意,人们不必再担心浪费胶卷和拍摄的失败,轻装上阵,更容易拍摄出好的照片。

3. 直接印刷

如今,很多数码相机可以在不连接计算机的情况下直接与照片打印机连接,一键输出照片,最大限度地解决了印刷的便利性问题。为此,各大厂商推出了各自的解决方案,可以快速、方便地打印照片,如图1-4所示。

图1-4 小型照片打印机

4. 呈现方式多样

数码相机拍摄到的画面不仅可以打印成普通照片供人们观赏,还可以通过计算机、投影仪和电视机屏幕等多种途径观看,也可根据需要刻录到光盘上,使呈现的方式多样化,真正让人们各取所需。

5. 传输方便、快捷

数字摄影可以通过互联网络将数字画面快速传递,距离越远越能显示出它的优势。只要把数码相机和连网终端(如计算机、数字移动电话等)相连接,即可将拍摄的画面及时、快速地远距离传送,使拍摄者在拍摄到画面的同时让其他人可以通过互联网络进行观赏。

> 数字摄影的这种优势在新闻摄影中有特殊意义。摄影记者无论离报社、通讯社有多远,都可以将拍摄后的画面及时传送给总部进行制版或在网络上发布,这是传统摄影遥不可及的。

6. 复制的无限性和保存的永久性

数字画面是以数字文件形式存在的,在复制时只要文件数据不被破坏和修改,复制后的画面就和原件完全一样,这在传统感光材料的复制过程中是做不到的。此外,保存在各类存储介质上的画面文件只要存储介质完好无损就能够永久保存。

数字化科技给摄影带来的技术变革是多向的、多元的,变革还将持续进行,其影响极为深远,势必冲击整个摄影文化生态环境。

1.2 数码相机的基本介绍

1.2.1 数码相机的特性

1. 即拍即显

数码相机一般都配有液晶显示屏(Liquid Crystal Display,LCD)。拍摄者在按快门之前就能看到画面,如觉得有必要,可以随时将拍摄的画面通过LCD显示,观看时可运用"变焦"功能对画面细节进行放大,观察其画面质量,发现不足可及时补救,从而保证拍摄的成功率。

2. 直接存储

数码相机拍摄的画面文件直接以数字形式存储在各类存储介质上,如CF卡、SD卡等,在需要时可方便地直接调出显示、加工、处理,还可通过数码相机的输出口将所拍的画面转存到光盘或数码伴侣上。

3. 直接删除

通过数码相机免底片、即拍即现的特性,拍摄者可以在毫无心理压力的情况下随意拍摄,即使拍错了也没有关系,只需通过数码相机面板上的简单操作就能将不喜欢或有问题的画面直接删除,重新拍摄,这无形中可以提高拍摄者的摄影能力。

4. 拍摄视频

大多数数码相机都具有拍摄视频的功能。数码相机的视频拍摄功能的开启方式大致相同。首先将模式选择转盘旋转至录像挡,然后将数码相机镜头对准要拍摄的人物,按下快门按钮即可进行拍摄,在拍摄过程中可以使用变焦钮来改变所拍摄人物在画面中的大小。在拍摄视频时,拍摄者要将数码相机的内置传声器正对着说话的人,其距离以 1.5m 左右为宜,以保证所记录的声音有较高的信噪比。

> 为了节约存储空间,不影响画面的正常拍摄,使用数码相机拍摄视频需慎重。

1.2.2 数码相机的种类

1. 按用途分类

数码相机按用途大致可以分为家用级、专业级和数码机背 3 种。

1)家用级数码相机

家用级数码相机如图 1-5 所示,它以民用为主,镜头和机身不可分离,结构紧凑,外形小巧,便于携带,价格相对较低,一般不超过 4000 元。考虑到此类相机的使用者多为非专业人士,因此其手动功能较少,参数调整主要由内部电路自动完成,操作更简单,有利于数码相机的迅速普及。出于对制造成本的考虑,家用级数码相机的图像传感器尺寸较小,以 1/2.3 英寸最为常见。

图 1-5 家用级数码相机

随着数字科技的高速发展,家用级数码相机已拥有较高的图像分辨率,目前主流的家用级数码相机的像素一般在 1200 万左右,应付日常使用绰绰有余。光学变焦倍数也迅速提高,由过去的 2 倍左右发展到目前的 15 倍甚至 20 倍。高档家用级数码相机由于成像质量较高,可以应用于普通商业、公安、科研等摄影场合。

2) 专业级单镜头反光数码相机

单镜头反光数码相机(Digital Single Lens Reflex,DSLR)通常称为单反相机,如图 1-6 所示。这类相机有一个共同特点,就是采用专业相机机身,光学、机械性能较高。几乎所有参数均可手动调节,镜头与机身可分离,在实际使用中可根据拍摄需要更换不同类型的专业镜头,这是单反相机天生的优点,从而可满足专业摄影的要求。这类相机依靠优良的光学性能和机械性能,可以在很大程度上提高拍摄效果,再加上具有高像素和大尺寸的图像传感器,所拍摄画面的质量已达到了传统胶片摄影的画质。因此它售价较高,且操作复杂,适合专业人士或摄影发烧友使用。

图 1-6　专业级单镜头反光数码相机

单反相机正以其卓越的性能被广泛应用于新闻摄影、广告摄影及艺术摄影等对画面有较高要求的领域。目前市面上常见的单反相机品牌有尼康、佳能、宾得和富士等。

3) 数码机背

数码机背又称数码后背,它是专业数码相机的一个分支,由图像传感器和数字信号处理系统等组成。与普通数码相机相比,数码机背最大的不同在于没有镜头和快门等,只有附加在传统的画幅(120)照相机和大画幅照相机上才能使用,如图 1-7 所示。数码机背的这种工作方式可方便地将传统相机数字化,能随时进行数字摄影与传统摄影方式的转换。

图 1-7　数码机背

数码机背的图像传感器面积大,分辨率可高达上亿像素,画面质量极好,因而价格昂贵,生产数量较少,主要用在要求苛刻的静物摄影、商业摄影和广告摄影方面,可用于打印或喷绘高质量大画幅画面,适合经验丰富的专业摄影师使用。当摄影师拍摄时,可以通过机背上的彩色液晶显示屏来检查拍摄情况,从液晶屏上可以看到画面的曝光曲线图,快速预览画面,以及将画面放大预览等。有的数码机背还配备了曝光反馈声音提示系统,可以通过不同的声音提示来判断拍摄的画面曝光是否过度。

> 数码机背主要采用两种类型的图像传感器——线型和面型。线型传感器数码机背的工作方式与平板扫描仪非常相似,它们使用一长列的CCD元件逐行进行扫描曝光,因此曝光时间持续几十秒至数分钟不等。这使得它适用于静物拍摄,而不宜用来拍摄运动的物体。面型传感器数码机背在拍摄时整个传感器一次性曝光,可用于拍摄运动的物体。

2. 按图像传感器分类

数码相机按图像传感器划分主要有两类:一类是CCD数码相机,其优点是灵敏度高,噪声小,信噪比大;另一类是CMOS数码相机,其优点是集成度高,功耗低(不到CCD的1/3)。

图1-8 矩阵型CCD传感器

1) CCD数码相机

这类相机以CCD芯片作为图像传感器。CCD制作技术起步早,技术成熟,画面品质较高,相对CMOS有一定的优势,但具有制作成本高、耗电量大等先天的缺陷。按工作方式CCD数码相机又分为矩阵型CCD数码相机和线型CCD数码相机。

矩阵型CCD数码相机又称为面型CCD数码相机,使用的CCD感光元件为矩阵平面,如图1-8所示。由于CCD形成的是一个矩阵平面,在捕获画面时只需一次曝光,就像传统胶片那样通过瞬间曝光来记录整幅画面,拍摄速度快,对拍摄活动的景物和用普通闪光灯拍摄等无任何特殊要求。

线型CCD数码相机又称为扫描式数码相机,它的传感器是以线状分布的,如图1-9所示。在拍摄时其工作方式与平板扫描仪非常相似,速度较慢,数据量大,但具有分辨率极高的优点。这类数码相机无法拍摄活动的景物,也不能用于闪光摄影。

2) CMOS数码相机

这类相机采用CMOS芯片作为图像传感器,如图1-10所示。其优点是结构简单,耗电量小,制造成本低,反应速度快。经过数十年的发展,目前CMOS传感器与CCD传感器在成像质量方面的差距越来越小,在未来的数码相机市场,CMOS将成为主流图像传感器。

图1-9 线型CCD传感器

图1-10 CMOS传感器

1.2.3 数码相机的参数

数码相机的参数有很多,主要包括图像传感器尺寸、分辨率、光学变焦、色彩深度、感光度、噪点、光学防抖等,其中图像传感器尺寸和分辨率是衡量数码相机性能的重要指标。

1. 尺寸

这里的尺寸是指图像传感器的物理尺寸,它是划分数码相机等级的重要依据,常见的有1/1.8英寸、2/3英寸、APS-C画幅(23.6×15.8mm)、全画幅(36×24mm)等。一般情况下,图像传感器尺寸越大,感光面积越大,成像效果越好。家用级数码相机的图像传感器尺寸通常小于2/3英寸,以1/1.8、1/2.3英寸最为常见。大尺寸的图像传感器主要用于专业级数码相机。图像传感器尺寸越大,制造成本越高,因此,这也是专业级数码相机售价昂贵的重要原因。

> 全画幅的由来源于传统135胶卷,即全画幅的尺寸等于135胶卷的尺寸。

2. 分辨率

数码相机的分辨率取决于相机中图像传感器上像素的多少,像素多则分辨率高。在实际使用中,通常以数码相机所拍摄画面的水平和垂直方向上的最大像素数来表示数码相机的实际分辨率,如2592×1944。对于同等级别的数码相机而言,分辨率越高,清晰度越高,相机的档次越高。

同一种分辨率,根据压缩比的不同,画面质量有所不同。在标准的压缩比下,画面数据量较小,画面损失较多,能储存的画面较多;压缩比越高,成像质量越好,但画面数据量较大,能存储的画面有限。

> 分辨率并不是决定画面质量的最重要的因素,如1/1.7英寸的1000万像素相机所拍摄的画面效果通常好于1/2.4英寸的1200万像素相机(因为后者的感光面积只有前者的70.8%)。

3. 光学变焦

光学变焦(Optical Zoom)是数码相机镜头的一个极为重要的参数,数码相机依靠光学镜头的结构来实现变焦。数码相机的光学变焦方式与传统135相机差不多,都是通过镜片移动来放大或缩小被摄景物,镜片向前移动时焦距变大,镜头视角变小,远处的景物变得更清晰,给人的感觉就好像物体在不断靠近。因此,光学变焦倍数越大,能拍摄的景物就越远。

> 如今,家用级数码相机的光学变焦倍数在15倍左右,意味着可以清晰地拍摄10m以外的物体。专业级数码相机的光学变焦倍数则取决于所使用的变焦距镜头。

4. 色彩深度

色彩深度又称为色彩位数,它反映了数码相机的色彩分辨能力,其值越高,越能更加真实地还原画面明暗变化的细节。数码相机通常采用R、G、B三基色通道,在此通道中每一种颜色为n位,总的色彩深度即为$3×n$,可分辨的颜色总数为2^{3n}。普通数字摄影采用24位色彩深度的数码相机就能满足,广告或其他专业摄影一般应选用30位甚至更高色彩深度的数码相机。

5. 感光度

数码相机标识的感光度是根据传统胶片的感光度值等效转换而来的,又称为相当感光度,用ISO表示。它反映了图像传感器的感光速度,是衡量数码相机感光灵敏度的重要指标。感光度越高,对光线的要求就越低。ISO 1600的感光速度是ISO 800的2倍,即相同条件下前者的曝光时间为后者的1/2。但对于数码相机而言,感光度设置得越高,图像传感器的增益越大,画面越容易出现噪点,画面质量就越差,如图1-11所示,因此摄影者在拍摄时要谨慎选择感光度。为了得到较高品质的画面,感光度不宜超过ISO 400。目前,数码相机的感光度最低为ISO 50,最高的可达ISO 12800。

(a) ISO 800　　　　　　　　　　(b) ISO 1600

图1-11　感光度分别为ISO 800和ISO 1600

6. 噪点

噪点又称为噪声或杂色,是指图像传感器在接收和输出光电信号时一种不应有的外来像素对正常画面的干扰,使拍摄的画面布满细小的粗糙点。噪点的多少是衡量图像传感器性能的重要指标。

噪点的产生主要有以下几个原因。

(1) 图像传感器自身产生的噪声,如面积小。

(2) 像素点密度过大,导致像素与像素之间产生噪点。

(3) 在光电转换过程中精度不高产生噪点。

(4) 长时间曝光、使用高感光度以及存储画面的压缩比过大产生的噪点。

7. 光学防抖

光学防抖包括镜头防抖和CCD防抖。光学防抖技术并不是让机身不抖动,而是依靠特殊的镜头或CCD感光元件的结构在最大程度上降低使用过程中由于抖动造成的画面模糊。镜头防抖主要以佳能和尼康为代表,它们依靠磁力包裹悬浮镜头,从而有效克服因相机振动而产生的画面模糊,这对于大变焦镜头的数码相机所能起到的效果更加明显。通常,镜头内的陀螺仪侦测到微小的移动,将信号传至微处理器立即计算需要补偿的位移量,然后通过补偿镜片组根据镜头的抖动方向及位移量加以补偿,从而有效克服因相机振动而产生的影像模糊。CCD防抖是依靠CCD的浮动来实现的,其原理是将CCD先固定在一个能上下左右移动的支架上,通过陀螺仪感应相机抖动的方向及幅度,然后将这些数据传送至处理器进行筛选、放大,计算出可以抵消抖动的CCD移动量。

1.3 数码相机的结构与原理

1.3.1 数码相机的组成结构

数码相机由光学镜头和机身两大部分组成,其中机身包括光电转换部分(CCD 或 CMOS)、信号处理部分、图像数据压缩部分、存储与输出系统、电源和相机机能控制部分,如图 1-12 所示。

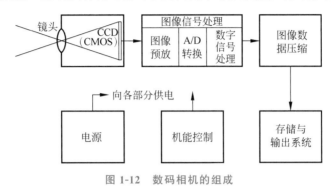

图 1-12 数码相机的组成

1. 光学镜头

镜头是数码相机最重要的部件,它的作用是使被摄物在焦点平面位置上形成清晰的画面,画面质量的高低是评价镜头好坏的标准。根据用途和作用,镜头可分为标准镜头、广角镜头、长焦镜头和变焦距镜头等。

1) 标准镜头

镜头的视角为 40°~55°,称为标准镜头。标准镜头的焦距与画幅的对角线基本相等。由于这种镜头的视角与人眼视角相似,拍摄景物的透视效果符合人眼的透视标准和习惯,在摄影中应用广泛。标准镜头的特点是有效孔径大、光学性能好、不易失真。

2) 广角镜头

镜头的视角大于 60°的称为广角镜头。广角镜头的焦距小于画幅的对角线长度。普通广角镜头的视角为 60°~85°,超广角镜头的视角大于 120°,鱼眼镜头的视角为 180°~220°。

广角镜头又称为短焦距镜头,其特点是焦距短、视角大、视野宽、景深长。在拍摄动态物体或需要景物前后有较大的清晰度,或在较狭窄的环境中拍摄较大场面时可采用广角镜头。超广角镜头和鱼眼镜头拍摄的景物变形较严重,在特定情况下使用有助于突出主题、渲染气氛,在一般情况下使用较少。

3) 长焦镜头

长焦镜头的视角小于人眼的正常视角,它的焦距长度大于画幅的对角线。长焦镜头又称为远摄镜头或望远镜头,它的特点是焦距长,视角窄,相对口径小。与标准镜头相比,同样的拍摄距离可获得较大的画面,但是景物的透视关系大大压缩,远近关系不明显。

> 画面大小与焦距成正比,焦距越长,画面越大。在利用长焦镜头拍摄景深较小的画面时,背景往往呈现一片模糊的光斑虚像,可制造一种特殊效果。

4）变焦距镜头

变焦距镜头的焦距是可以调节的，拍摄者站在一个固定位置，只要推拉变焦钮或旋转变焦环便可拍得大小不同的画面，克服了更换镜头的麻烦，有利于及时掌握抓拍时机和构图，还可以利用曝光瞬间的变焦来创造特殊效果。

变焦距镜头的最长焦距与最短焦距之比称为变焦比，即光学变焦倍数，一般有 4 倍、6 倍、10 倍、12 倍、20 倍等。

2. 光电转换部分

CCD 或 CMOS 图像传感器是光电转换部分的核心，主要任务是将图像从光信号转换为电信号，一般是一个长方形的感光面（可参阅 1.2.2 节相关内容），位于镜头的后面，与镜头在同一轴线上，镜头拍摄的景物画面就在此感光面上成像。简单来说，它扮演的是传统相机中胶片的作用。

从感光面的面积来说，它比胶片要小（全画幅除外），因此，想要得到较高品质的画面，就要求数码相机的镜头具有更高的精度和光学性能。

3. 图像信号处理电路

图像信号处理电路又称主信号处理电路，主要包括图像预放电路、A/D 转换器和 DSP 三部分。

1）图像预放电路

由于图像传感器输出的图像信号电平比较小，其中还混有很多干扰和噪声，因此在其后面通常接有一个预放电路，它对图像信号进行放大，同时对图像信号中的亮度和色度信号进行处理，以消除噪声。例如，感光度 ISO 的调整就是通过改变预放电路的放大倍率来实现的。

2）A/D 转换器

A/D 转换器是数码相机中的又一个核心部件，它的作用主要是将预放电路送来的亮度和色度信号进行 A/D 变换，即将图像传感器上得到的模拟电信号转换为数字电信号，并送到数字信号处理电路中进行进一步处理。

A/D 转换器有两个重要性能指标，即采样频率和量化精度。采样频率是 A/D 转换器在转换过程中每秒可以达到的采样次数。量化精度则是指每次采样可以达到的离散的电平等级，即所能达到的精度。一般中档数码相机的量化精度为 16 位或 24 位，高档相机多为 36 位。通常，位数越长，数据的量化精度越高，失真越小，还原出来的图像质量就越好。当然，随之产生的数据量也会增大，不仅文件大，处理时间也较长。

3）DSP

数字信号处理器（Digital Signal Process，DSP）主要是运用数字信号处理方法进行亮度、色度信号的分离以及色度信号的形成和编码，最终输出两组数字信号，即亮度和色度数字信号。

4. 图像数据压缩电路

图像数据压缩电路主要完成数据的压缩存储，其目的是节省存储空间，目前大多数数码相机采用的压缩格式为 JPEG，即静止图像压缩格式。采用这种压缩格式虽然能够节省存储空间，但它属于一种有损压缩（以牺牲图像质量为代价），因此不宜追求过高的压缩比。高档相机往往可以选择其他压缩格式，如 TIFF 格式，这是一种无损压缩，用于出版印刷等重要场合；RAW 格式，它是图像感应器将捕捉到的光源信号转化为数字信号的原始数据。

除此以外，MPEG 压缩方式也被广泛运用到数码相机上，这使得数码相机能够存储动态的画面和声音，大大拓展了数码相机的应用空间。

5. 存储与输出系统

存储系统主要包括图像记录再生电路，其任务是把经过数字处理、压缩后的信号以指定的格式记录到存储卡上。输出系统主要完成数字图像信号的输出显示，包括 LCD 的回放和各信号接口的图像输出。

6. 电源电路

电源电路是为数码相机中各电子元件提供工作电压的电路，它主要由 DC/DC 转换器和电池等部分组成。因为在数码相机中不同的电子元件需要不同的工作电压，如镜头驱动马达、LCD 和背光等，而电池只能提供一种电压，经 DC/DC 转换后可输出多种电压供各部分使用。

7. 机能控制部分

数码相机的机能控制部分由一套完善的总线控制电路组成，它是整个数码相机的"管理员"，通过主控程序完成对相机的所有部件及任务的统一管理，从而实现多种运算和逻辑操作功能，如测光、自动光圈控制（AE）和自动聚焦控制（AF）等，并且通过各按钮进行手控操作，同时使用相机的固化程序对相机的工作做好预先设定。

1.3.2 数码相机的工作原理

数码相机的工作原理与传统胶片相机有着明显的区别，传统相机使用银盐感光材料（胶卷），感光时形成以卤化银为中心的潜影，而数码相机使用图像传感器进行感光，并通过内部 DSP 把拍摄到的画面转换成以数字形式存储的画面。

以 CCD 图像传感器为例，它是一个指甲大小的硅晶片，上面包含成千上万个被称为"像点"的感光二极管，这些二极管相当于传统胶片上的卤化银颗粒。每个"像点"都可以记录照射到该点上的光线的亮度和色度，这些"像点"能聚集由硅晶片释放的电子，光照强的"像点"接收的电子较多，光照弱的"像点"接收的电子较少。CCD 将这些"像点"记录下的光线的亮度和色度信号转换为高低电平的电信号，再通过 A/D 转换器转换为数字信号，然后经过 DSP 进行压缩编码，并按照指定的文件格式将其记录到存储卡上。其工作原理如图 1-13 所示。

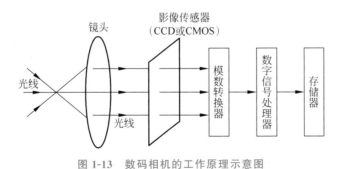

图 1-13 数码相机的工作原理示意图

存储卡上的数据输入计算机后按照原来的顺序重新组织，在显示屏上呈现出由点（像素）构成的画面，并可在打印机上打印这些画面。

1.4 数码相机的基本操作

现在的数码相机功能越来越强大，有些功能甚至是专业级光学相机都不具备的，例如拍摄模式的选择、画面尺寸和存储格式的设定、多点区域测光、白平衡调节、多点对焦等，而且自动曝光功能也越来越强大和完善，所以从理论上讲，用数码相机拍出好照片是轻而易举的事，但事实并非如此。要想拍出一幅好的画面，除了应具备摄影基础知识外，还必须做到对摄影器材的熟悉和深刻了解，这是对摄影者最基本的要求。

1.4.1 选择拍摄模式

数码相机一般有自动、肖像、运动、风光、夜景、微距和录像等几种拍摄模式，摄影者在拍摄时应根据不同的被摄体和创作意图选择相应的拍摄模式，以获得理想的效果。常见的拍摄模式及使用方法如表 1-1 所示。

表 1-1 数码相机常见的拍摄模式及使用方法

拍 摄 模 式	使 用 方 法
自动 AUTO	也叫"傻瓜"模式，所有设置自动完成，但效果差强人意，仅适用于初级摄影
肖像	通常用于拍摄人像或短景深照片
运动	用于运动物体的拍摄
风光	用于风光摄影或大场景摄影
夜景	拍摄夜景照片使用该模式
微距	用于近距离拍摄特定照片
录像	选择该模式可录制动态影像

1.4.2 设定画面尺寸

用户可根据用途来设定画面尺寸，若要打印高质量的照片，应选择大的尺寸，如 3456×2304 像素、4752×3168 像素或更大；若用于网页或一般多媒体课件的制作，可选择小一点的尺寸，如 1920×1080 像素、1024×768 像素或更小。在拍摄前应根据需要手动设置画面尺寸，所设置的尺寸会在相机的数字面板或液晶显示屏上显示，如图 1-14 所示。

图 1-14 设定画面尺寸

> 画面尺寸是指图像的分辨率，改变画面尺寸会直接影响每幅画面的像素数，画面尺寸越大，单幅画面的像素越多，文件占用的存储空间也就越大；反之，画面尺寸越小，单幅画面的像素越少，文件占用的存储空间也越小。

1.4.3 设定存储格式

在使用数码相机进行拍摄时,摄影者不仅要了解相机的各项参数,对数码相机的存储格式也要有所了解。目前,数码相机的存储格式有 JPEG、TIFF 和 RAW,只有了解它们的特点才能在拍摄时正确地选择存储格式。

1. JPEG

JPEG(Joint Photographic Experts Group,联合图像专家组)图像格式的文件扩展名为.jpg,它是目前网络中和计算机上最常见的图像文件格式。它具有更快的存储速度和更高的软件兼容性,占用的存储空间小,是一种有损压缩格式,也就是它在压缩过程中丢掉了原始画面的部分数据,而且这些数据是无法恢复的。对于大众摄影而言,由于 JPEG 格式是最好的选择,因此它是使用最广泛的存储格式。

2. TIFF

TIFF(Tagged Image File Format,标签图像文件格式)图像格式是真正意义上的非失真的压缩格式,目前,大部分数码相机支持这种格式,其扩展名为.tif。它的优点是图像质量好、细节丰富、过渡自然,而且兼容性较高,一般不会受到处理软件的限制。TIFF 格式的缺点也非常明显,它有着异乎寻常的庞大的数据量,如图 1-15 所示,而且在存储时也需要更多的时间。对于专业摄影而言,TIFF 格式是使用较多的存储格式。

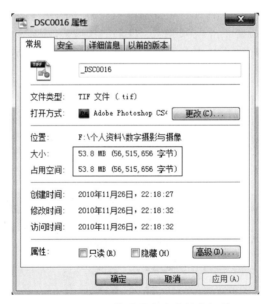

图 1-15 TIFF 格式具有庞大的数据量

3. RAW

RAW 是一种数据文件,扩展名为.raw(尼康使用的扩展名为.nef)。它是 CCD 或 CMOS 感光元件在成像时所记录的原始数据,不经过压缩,也不会损伤画面的质量。而且由于存储的是感光元件的原始画面数据,用户以后还可以对画面的曝光量、色阶曲线、白平衡、清晰度、色温值、锐利度等参数进行调整,为照片的后期处理提供了更为广阔的创作空间。RAW格式的缺点是需要特殊的软件来处理，同时在拍摄时数码相机的液晶显示屏上只能看到RAW文件的JPEG副本，而且为了避免浪费存储空间，这个副本的压缩比较大，画面质量比较差，直接导致了部分用户误以为RAW格式不如JPEG格式。RAW格式是数字摄影高端领域经常使用的存储格式。

> 如果拍摄的画面是用于出版印刷，JPEG就显得力不从心了，只有采用无损压缩的TIFF和RAW格式，效果才会比较理想。

1.4.4 测光

数码相机的测光模式包括平均测光、中央重点平均测光、点测光、多区域测光等多种方式，无论哪种测光模式都是根据反射式测光原理设计的。

1. 平均测光

平均测光模式所测定的是被摄体的平均亮度值，当被摄体的平均亮度值等于18%灰卡值时能获得良好的曝光效果，但如果被摄体的明暗反差很大会导致曝光失误。平均测光模式在风光摄影中的应用较为普遍。

2. 中央重点平均测光

这种测光模式是重点测量画面中心的一个圆形或椭圆形范围内的被摄体反射光，其次是测量重点范围以外被摄体的平均反射光，如图1-16所示，因此居于中心的被摄体能获得准确的曝光。当被摄体被置于画面中心以外的位置时，可先对准被摄体测光，取得曝光读数后再重新构图，以所测的主体亮度值曝光。

3. 点测光

点测光是中、高档数码相机具有的一种测光功能，它只对画面中央很小一部分的特定区域进行测光，如图1-17所示。点测光多用于在一些光照条件较为复杂的环境中测量某一点的光量值，以获得这一部分的精确曝光。

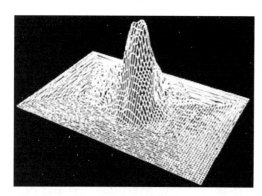
图1-16 中央重点平均测光示意图

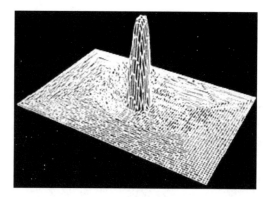
图1-17 点测光示意图

4. 多区域测光

多区域测光也多用于一些中、高档数码相机，它有多个测光元件，这些测光元件能各自向画面的既定区域测光,如图 1-18 所示。通常,采用这种测光模式能在各种复杂的光源照明条件下获得更为准确的曝光。

5. 3D 矩阵测光

3D 矩阵测光是由日本尼康公司研制成功的,首次用于尼康 F-5 传统 135 单反相机上。目前,在尼康数码单反相机上也采用了这种测光方式,如图 1-19 所示,它能在测量画面的光度、反差、所选择的对焦区域、距离、色彩等信息后用相机内部的微处理器进行计算,最后得出准确的曝光参数,从而获得精确的曝光量。

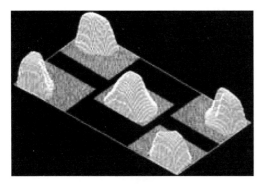

图 1-18　多区域测光示意图

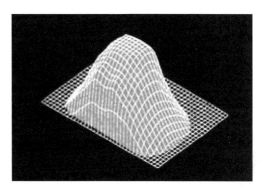

图 1-19　矩阵测光示意图

1.4.5　曝光

1. 手动曝光

在手动曝光模式下可完全根据光线和创作意图手动设置快门速度和光圈系数,为拍摄者提供了更为广阔的创作空间和自由度,适合各种题材的拍摄。在一些光线复杂的环境下,例如夜景和光线明暗反差很大的情况,手动曝光常常能发挥其应有的作用,获得正确的曝光效果。

1) 快门

快门是相机上控制感光元件有效曝光时间的一种装置,与光圈配合使用,共同控制相机内部感光元件的曝光量。光圈不变,快门开启的时间长,相机的曝光量就大;快门开启的时间短,则曝光量少。快门速度用数字表示,由慢到快分别为 30s、15s、8s、4s、2s、1s、1/2s、1/4s、1/8s、1/15s、1/30s、1/60s、1/120s、1/250s、1/500s、1/1000s、1/2000s 等。相邻两档快门速度大致相差一倍,因此在相同条件下使用相邻两档快门分别拍摄,相机的进光量和曝光量也相差一倍。

在手持相机拍摄时,由于手的震动容易造成画面模糊,为了保证画面的清晰度,应选择 1/50s 以上的快门速度。在拍摄运动物体时,一般应选择更快的快门速度,否则很难抓拍到运动物体的瞬间状态,但具体选择哪一档快门速度要视运动物体的速度和拍摄距离而定。

大多数单反相机还特别设计了一档不限制曝光时间的快门速度档位,俗称 B 门。在拍摄时用户可根据需要选择 B 门,能使用 30s 以上的任意长度曝光时间进行拍摄。

2) 光圈

光圈(IRIS)又称为相对口径,它是由若干金属薄片组成的可调节大小的进光孔,位于镜头内。光圈大小用光圈系数表示,简写为 F 值,如 F1、F2、F4、F5.6、F8 等。光圈系数的计算公式为 F=镜头焦距÷光孔直径。因此,在焦距不变的情况下,F 值越小,表示光孔越大;F 值越大,表示光孔越小。如 F2 的光孔大于 F4,F8 的光孔小于 F5.6。对于最大光圈为 F2 的镜头,其光圈系数与光孔大小如图 1-20 所示。

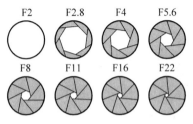

图 1-20 光圈系数与光孔大小

在实际拍摄中,光圈的作用有以下几点。

(1) 调节进光量。光圈变大,进光量增大;光圈变小,进光量减小。

(2) 调节景深效果。光圈与景深成反比,光圈大,景深小;光圈小,景深大。

(3) 影响画面质量。测试表明,任何一只镜头都有某一档光圈的画面质量是最好的,这档光圈称为"最佳光圈"。当大于最佳光圈时,球差、彗差和色差造成的影响增大,容易产生光晕现象;当小于最佳光圈时,衍射的影响增大。

> F1 是光圈的最大理论值,从 F1 开始,F1.4、F2、F2.8、F4、F5.6 等每递进一档光圈,进光量相差一倍。

2. 自动曝光

数码相机的自动曝光模式包括以下几种。

1) 全自动曝光

各项参数均由相机自动调节,操作简单,能满足摄影爱好者曝光适度的基本要求。

2) 程序化自动曝光

程序化自动曝光模式是指光圈和快门速度均由数码相机的电子电路自动调节,拍摄者不必考虑拍摄时如何选用光圈和快门速度,数码相机中的电子电路会根据设定的感光度(ISO)信息,针对被摄体的亮度自动调节一组内定的光圈与快门的组合来达到准确曝光。

3) 光圈优先自动曝光

光圈优先自动曝光模式在摄影中用得最多,在使用这种曝光模式时,拍摄者事先调整好光圈值,数码相机中的电子电路会根据设定的感光度针对被摄体的亮度自动调节快门速度,以达到准确曝光。其快门速度是无级变化的,所以曝光的精确度很高。此外,用户还能很好地控制画面的景深。

4) 快门优先自动曝光

在使用这种曝光模式时,拍摄者应事先将要使用的快门速度在数码相机上调节好,数码相机的电子电路会根据设定的感光度针对被摄体的亮度自动调节光圈系数,以达到准确曝光。快门优先自动曝光能很好地控制运动物体的动感表现。

5) 景深优先自动曝光

利用景深优先自动曝光模式确定曝光的方法为,先将数码相机的自动对焦区域对准被摄体中需要表现的最近清晰点，半按快门，此时数码相机的取景器和机顶 LCD 上显示 dEP1；再将数码相机的自动对焦区域对准被摄体中需要表现的最远清晰点，半按快门，此时数码相机的取景器和机顶 LCD 上显示 dEP2；然后重新取景构图，将快门全程按下，数码相机便会自动根据被摄体的光照条件给出能获得所需景深范围的曝光组合。

6）自动包围式曝光

在使用这种曝光模式进行拍摄时，拍摄者可以根据不同的设定以不同的曝光量连续拍摄三幅画面，从中选择一幅曝光正确的画面作为正式作品。通常，采用自动包围式曝光拍摄能获得最满意的曝光效果。

在实际拍摄时，正确曝光非常重要，但正确曝光未必就能获得最好的画面。有时要刻意表达某种艺术效果（或为了获得良好的现场感），可根据现场光线和经验适当增加或减少曝光补偿，如图 1-21 所示。

(a) 点测光　　　　(b) 点测光+曝光补偿

图 1-21　曝光前后

曝光补偿是通过调整光圈、快门速度或者感光度对曝光量进行细微调整的功能。绝大部分数码相机都具有曝光补偿的功能，单反相机和高端的家用级数码相机在机身上会有专用的曝光补偿按钮，以方便设定。普通的数码相机也可以通过菜单来实现曝光补偿的设定。

1.4.6　白平衡调整

不同的光源，其色温是不一样的，对于彩色数字摄影来说可能会造成偏色。这种因色温不同而在拍摄的画面上出现的偏色现象往往在后期难以校正，为此数码相机上设有白平衡调整功能，以对光源的色温进行校正，使所拍摄画面的色彩能得到真实的还原。数码相机的白平衡调整包括自动和手动两种。

1. 自动白平衡

大部分数码相机都有自动白平衡调整功能，当设定自动白平衡后，数码相机能根据光照条件的变化自动进行调整，以更好地还原画面。但是，这种调整只能保证在一般照明条件下获得较为理想的色彩效果，在色温变化较大时容易出现调整不准的现象，所以一些中高档数码相机中除了有自动白平衡功能之外还设有手动白平衡调整功能。

2. 手动白平衡

由于生产厂家不同，数码相机的手动白平衡模式也不同，操作和调整的方法也不完全一样。手动白平衡的常见模式主要有日光、钨丝灯、荧光灯、阴天、闪光灯和自定义等多种模式，其使用方法如表1-2所示。

表1-2 手动白平衡的常见模式及使用方法

手动白平衡模式	使 用 方 法
日光	适用于色温接近5500K的日光照明下拍摄
钨丝灯	适用于色温为2800～3400K的钨丝灯照明下拍摄
荧光灯	适用于室内荧光灯照明下拍摄
阴天	在阴天或树荫下拍摄时应将白平衡调至该模式
闪光灯	在光线暗弱的环境中使用闪光灯照明拍摄时应选择该模式
自定义	由拍摄者根据拍摄现场的光照情况自行设定

> 在选择自定义白平衡模式时应将数码相机对准现场光照下的白色物体进行调节。

1.4.7 对焦

为了获得清晰的画面，在拍摄时必须进行对焦，其方式有手动对焦和自动对焦两种。除了个别数码相机只有自动对焦方式以外，大部分数码相机同时具备这两种对焦方式。

1. 手动对焦

手动对焦是指在拍摄时拍摄者必须用手去调节数码相机上的对焦调节装置，从而达到对焦准确的目的。这种对焦方式通常是通过相机的对焦调节旋钮或相机镜头上的对焦环来实现的，能获得十分精确的对焦，被专业摄影师广泛采用。

2. 自动对焦

这种对焦方式方便、快捷，在拍摄时不需要手动对焦，数码相机的自动对焦系统会根据被摄体的远近自动调节镜头的焦距，使之达到对焦准确的目的。在使用自动对焦进行拍摄时，通常要将相机的快门钮按下半程进行自动测距对焦，待自动测距对焦系统工作完成再释放快门即可达到准确的对焦。

数码相机的自动对焦模式主要有单次自动对焦、连续自动对焦、智能化自动对焦和焦点预测自动对焦等。

（1）单次自动对焦。其工作原理是通过将快门释放钮按下半程来启动自动对焦，在焦点未对准之前对焦过程一直在进行。

（2）连续自动对焦。连续自动对焦常用于对快速移动的被摄体的拍摄，以捕捉运动物体的各种瞬间动作。

（3）智能化自动对焦。使用这种对焦方式，数码相机将根据被摄体的运动速度自动选择对焦模式。

（4）焦点预测自动对焦。焦点预测自动对焦适用于运动物体的拍摄。每次对焦时，相机测量被摄体与镜头之间的距离，然后计算出被摄体的平均运动速度，在按下快门释放钮的一瞬间，数码相机会根据本机的时滞和被摄体所处的速度计算出在快门开启时被摄体所处的位置，以获得对运动物体的准确对焦。

1.5 数码相机的选购与维护

1.5.1 数码相机的选购

数码相机属于高科技数码产品,种类和生产厂家很多,而且更新换代快,大家在选购时除要认真查看数码相机的各项重要指标(如图像传感器尺寸、分辨率和光学变焦等参数)外,还要从用途、品牌、外观和性价比等诸多方面综合考虑。

1. 用途

对于数码相机,不同的用户有不同的用途,挑选的标准是不一样的。

专业摄影工作者或者发烧友对数码相机的要求最高,无论是图像传感器、分辨率、镜头、机身还是存储卡,都要最好的。他们追求的是绝对一流的画面品质,价格不是最主要的考虑因素,因此这种数码相机通常比较昂贵,动辄一两万元甚至更贵,对于普通家庭来说是难以承受的。

商业摄影不仅考虑投资成本,而且要求有回报。商业用户选购数码相机有一个共同的原则,也就是在满足使用需求的同时找到功能与价格的最佳平衡点。如果是用于广告海报、婚纱摄影或其他对画面质量要求很高的商业场合,专业级数码单反相机是首选。如果仅用于网页制作或电子邮件发布,中高档的家用级数码相机就能满足要求。

普通摄影爱好者选购数码相机的基本原则是好用、够用、易用,而且价格适中,这类用户多为普通家庭。就目前的数码相机而言,1000 万~1200 万像素的数码相机已经可以满足绝大多数家庭的需要。

2. 品牌

中央电视台有一句名言:相信品牌的力量。的确,品牌就是市场,品牌就是竞争力。尤其在数码产品市场,品牌就是质量的保障。佳能、索尼、尼康是大家选购数码相机时关注比较多的三大品牌。

3. 外观

数码相机的外观造型不仅要考虑好看与否的问题,还应从相机的整体外观设计、所用材质、按键分布、机身大小、颜色和重量等细节综合考虑。整体外观只是给使用者的第一印象,数码相机最终要通过使用者亲自拍摄才能获得画面,相机的局部细节将直接影响到操作的舒适度和便捷性。例如,LCD 的位置很重要,如果一款数码相机采用可折叠和旋转的 LCD,即意味着拍摄时将有更大的取景自由度。

除此之外,大家还应考虑数码相机的性价比,在购买之前要充分利用数码相机即拍即显的特性,实际拍摄几张照片,检测相机的各部件是否正常工作,是否完好。最后,对于同一品牌、同一型号,要做到货比三家,这样才能购买到称心如意的数码相机。

1.5.2 数码相机的维护

数码相机是一种精密仪器,结构十分复杂,任何一个部件发生故障都会使数码相机不能正常工作,因此对数码相机的维护十分重要。为了保持相机良好的工作状态,延长其使用寿命,用户必须做好以下几方面的工作。

1. 保持清洁

对数码相机来说,特别要做好镜头和 LCD 的清洁工作。镜头前最好配上 UV 镜,不用时要盖上镜头盖。如果镜头上出现了灰尘,切忌使用手帕、衣角或直接用手指进行揩擦,以免刮伤镜片或者留下指纹。正确的方法应使用皮囊吹风器将表面的浮尘吹掉,严重时再用镜头纸或麂皮由中央至边缘轻轻擦拭。如果 LCD 粘上了一些不容易擦去的指纹或污渍,只需用一块镜头布轻轻地擦拭即可。

2. 避免受潮

数码相机一旦受潮将不能正常工作,严重时可能出现短路现象,损坏相机内部的零器件。受潮最明显的特征是镜头表面或内部镜片产生霉斑,一旦产生霉斑,几乎不可能去除,直接影响画面质量。尤其在我国江南地区,空气湿度比较大,对数码相机极为不利,稍有不慎就容易产生"结露"现象。因此,大家在存放相机时一定要放置在通风、阴凉、干燥的地方,最好的方法就是使用干燥剂。

此外,还要避免相机受到震动、高温、雨淋以及磁场的影响,若长期不用应取出电池和存储卡。

1.6 练习与实践

1.6.1 练习

1. 填空题

(1) 数字摄影又称为数码摄影,是指使用_____代替传统胶片生成影像的技术。

(2) 1975 年,_____制造了世界上首款数码相机的原型——手持电子照相机,以及回放系统,并拍摄出了世界上的第一张数码照片。

(3) 数字摄影正以其_____和_____的特性代表了摄影发展的新潮流。

(4) 数码相机按图像传感器划分主要有两类:一类是_____,其优点是灵敏度高,噪声小,信噪比大;另一类是_____,其优点是集成度高,功耗低。

(5) APS-C 画幅和全画幅的尺寸分别为_____、_____。

(6) 数码相机的色彩深度为 30,可分辨的颜色总数为_____。

(7) 在相同条件下,ISO 800 与 ISO 400 相比,前者的曝光时间为后者的_____。

(8) 根据用途和作用,镜头可分为_____、广角镜头、_____、变焦距镜头等。

(9) 目前,数码相机的存储格式有_____、TIFF 和_____。

(10) 光圈大小用光圈系数表示,光圈系数的计算公式为_____。

2. 简答题

(1) 简述数字摄影的优势。

(2) 简述单反数码相机的特点。

(3) 简要分析使用数码相机拍摄照片时产生噪点的原因。

(4) 简要说明光学防抖的基本工作原理。

(5) 简述数码相机的工作原理,并画出示意图。

(6) 什么是多区域测光?

（7）光圈的作用有哪些？

（8）简述利用景深优先自动曝光模式确定曝光的方法。

1.6.2 实践

1. 对照产品说明书，练习单反数码相机的基本使用及设置方法。
2. 使用不同的感光度进行拍摄，对比并分析拍摄之后的作品。
3. 使用微距模式拍摄特定的小物件（如钥匙链或小饰品等），确保作品的清晰度。
4. 练习使用自动包围式曝光，并从拍摄的作品中确定曝光准确的照片。
5. 练习使用曝光补偿，并分析曝光补偿的作用。
6. 使用手动聚焦方式拍摄一幅具有明显景深效果的作品。

第2章 数字摄像机及其使用

【学习导入】

对于处在专业学习起步阶段的影视及数字媒体专业的学子们来说,掌握摄像的基本功是非常重要的,不仅能为今后的拍摄提供技术保障,还能为日后专业水平的提高打下坚实的基础。所谓"基础不牢,地动山摇",这句针对我国农业在整个国民经济中的地位和作用的概括同样适用于摄像。本章将带领读者系统学习数字摄像机的相关技术、重要参数及基本概念,掌握数字摄像机的调整及使用方法。

【内容结构】

本章的内容结构如图 2-1 所示。

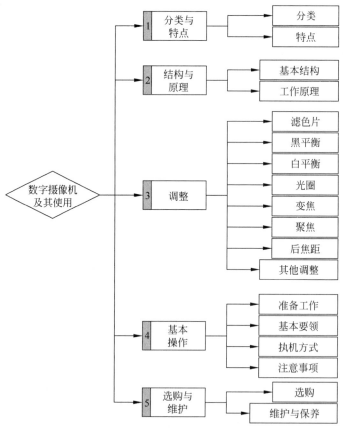

图 2-1　本章的内容结构

【学习目标】

1. 知识目标
- 了解摄像的相关概念及数字摄像机的种类与特点。
- 理解专业数字摄像机的基本结构与工作原理。

2. 能力目标
- 掌握数字摄像机常用参数的调整和设置方法。
- 能使用各种执机方式进行拍摄,并能将摄像的基本操作要领贯穿于拍摄过程中。
- 掌握数字摄像机的日常维护与保养方法。

3. 素质目标

培养学生的学习兴趣和严谨务实的工作作风。

2.1 数字摄像机的分类与特点

2.1.1 数字摄像机的分类

数字摄像机用途广泛、种类繁多,分类方法也多种多样,通常可以按成像质量、存储介质、传感器类型和清晰度进行分类。

1. 按成像质量分类

按照成像质量的高低,数字摄像机可分为广播级、专业级和家用级三大类。它们在技术指标、价格等方面存在着明显的差异,用途也各不相同。

1) 广播级摄像机

广播级摄像机主要用于广播电视领域,如大、中型电视台。这类摄像机性能稳定,信噪比通常为 60dB 以上,水平清晰度高达 900 电视线,但价格昂贵,体积也较大。根据用途,它又可分为以下三种。

(1) 电子演播室制作(Electronic Studio Production,ESP)摄像机。ESP 摄像机主要用于演播室环境,需要三脚架和摄像机控制单元(Camera Control Unit,CCU)配合使用,对照明强度、色温等要求较高。ESP 摄像机通常采用较大尺寸的成像器件,因而清晰度高、信噪比大、图像质量好,但体积大、价格贵,通常高达几十万元。

(2) 电子新闻采集(Electronic News Gathering,ENG)摄像机。对于 ENG 摄像机,由于其工作环境复杂多变,所以,要求这类摄像机体积小、重量轻,便于携带,对非标准照明情况具有良好的适应性,在恶劣的气候条件下(如温差变化较大的环境)有良好的安全稳定性,具有调试方便、自动化程度高、操控灵活等特点,其画面质量比 ESP 摄像机稍低,价格也相对便宜一些。

(3) 电子现场制作(Electronic Field Production,EFP)摄像机。EFP 摄像机的工作条件介于上述两种摄像机之间,性能指标也兼顾到这两方面。它们的图像质量与 ESP 摄像机相近,但体积小一些,能满足轻便型现场节目制作的需要。

近年来,数字摄像机正朝着高集成度、高质量、小型化、自动化、高速化的方向发展,演播室专用数字摄像机(如图 2-2 所示)提供了高质量的演播室节目制作平台,使用最先进的数字处理技术和 A/D 转换技术,并且应用最新开发的超大规模集成电路技术,具有强大的图像处理能力,可以满足广大用户制作高质量电视节目对完美画面的不断追求。

2) 专业级摄像机

图 2-2　广播级演播室专用数字摄像机

这类机型一般应用在其他专业电视领域,如中小型电视台、文化宣传、教育、交通、医疗卫生等机构,体积较小,价格适中,画面质量仅次于广播级摄像机。专业级摄像机紧跟广播级摄像机的发展,更新很快。尤其近几年,CCD 和 CMOS 成像器件的质量有了很大的提高,高档专业摄像机在清晰度、信噪比、灵敏度等方面已和广播级摄像机没有太大差距,其性能远远超过了过去的广播级摄像机,只是彩色还原性、自动化程度等还略逊一筹。

专业级摄像机的水平清晰度一般为 500～750 电视线,信噪比低于 60dB,价格一般在 10 万元以内,如图 2-3 所示。

3) 家用级摄像机

这类机型主要应用在对图像质量要求不高的非专业场合,例如家庭、娱乐等,其体积小、重量轻,便于携带,图像质量和信噪比均低于专业级摄像机。这类摄像机的最大特点是操控简单,价格便宜,在发达国家已普遍进入家庭消费。由于其可单手操作的特性,有时被人形象地称为"手掌机",如图 2-4 所示。

图 2-3　专业级数字摄像机

图 2-4　家用级数字摄像机

这类摄像机的自动控制功能很强,非专业人员无须手动调整就能使各种参数自动达到最佳状态,如自动白平衡、自动聚焦、自动光圈和自动增益等。在要求不高的场合用它制作一般节目,刻录自己的 VCD、DVD,是一种物美价廉的选择。家用级摄像机的水平清晰度通常在 500 电视线左右,信噪比为 45～55dB,价格在数千元至万元不等。

2. 按存储介质分类

1) 硬盘式

2005 年,JVC(日立胜利公司)率先推出了第一款微硬盘数字摄像机,首次采用微型硬盘作为存储介质,如图 2-5 所示。

硬盘摄像机具有很多好处,能够确保长时间拍摄,使外出旅行拍摄不会再有后顾之忧。同时避免了烦琐的视频采集环节,只需将其与计算机连接就可完成素材的导出,让普通家庭用户轻松体验拍摄、编辑视频短片的乐趣,制作自己的 DVD。由于硬盘摄像机产生的时间并不长,因此还存在许多需要改进的地方,如防震

图 2-5　第一款硬盘数字摄像机

性能差等。

随着微硬盘技术的不断成熟,以及人们对视频素材的需求日益增大,硬盘摄像机已成为主流。

2) 存储卡式

为了满足视频制作的高清晰、信息化、网络化以及普及化的需求,闪存技术得到了空前发展,存储卡式摄像机应运而生。它不仅拥有存取速度快、体积小的特点,还继承了硬盘摄像机拍摄时间长的优点,极大地满足了不同用户的各种需求。

3. 按传感器类型分类

数字摄像机按传感器类型进行分类可分为 CCD 摄像机和 CMOS 摄像机。

1) CCD 摄像机

CCD 芯片的用途有很多,其中最主要的用途是数字摄像机。它被用来代替传统摄像管,执行光电转换、电荷储存和转移等工作。CCD 摄像机具有体积小、重量轻、寿命长、工作电压低、图像无失真以及抗灼伤等优点。目前,广播电视系统使用的摄像机大多是以 CCD 作为光电转换器件,如图 2-6 所示。

图 2-6　CCD 摄像机

CCD 摄像机拍摄的画面质量与 CCD 的感光面积、片数及工作方式有密切关系。按 CCD 的感光面积可分为 1/8 英寸、1/6 英寸、1/3 英寸、2/3 英寸几种类型,尺寸越大,画面质量越好。家用级数字摄像机一般采用 1/6 英寸或更小的 CCD,1/3 英寸 CCD 一般应用于专业级数字摄像机,而 2/3 英寸 CCD 只出现在广播级摄像机中。

摄像机按使用的 CCD 片数可分为单片、双片和三片式摄像机,三片式摄像机的质量最好,专业级和广播级摄像机均采用三片式 CCD 摄像机。

按 CCD 的电荷转移方式,摄像机还可分为 IT(行间转移)式、FT(帧间转移)式和 FIT(行帧间转移)式 3 种。FIT 式摄像机的图像质量稍高,IT 式摄像机的图像质量最低。

2) CMOS 摄像机

在过去,CMOS 主要应用在低像素的数码产品中,从最初的复印机、扫描仪,到如今随处可见的摄像头、闭路电视等,CMOS 的身影无处不在。正因为如此,普通消费者对 CMOS 产生了不良的印象,认为 CMOS 只被应用在低档次的产品中。

实际上,随着电子技术和制造工艺的发展,CMOS 传感器的各项指标已经有了长足进步,由于电流变化过于频繁而产生的杂点现象已基本消除,在内部结构、发热量、功耗等方面甚至超过 CCD,以至于越来越多的数码产品开始使用 CMOS 作为传感器。如今,无论是家用级还是专业级数字摄像机,CMOS 的出现频率已越来越高,如图 2-7 所示。

图 2-7　CMOS 摄像机

和 CCD 摄像机一样，CMOS 摄像机也有单片式和三片式之分。同时按照 CMOS 感光面积的不同可分为 1/5 英寸、1/4 英寸、1/2.88 英寸、1/3 英寸和 1/2 英寸几种类型，前三种多应用于家用级数字摄像机，后两种主要出现在专业级摄像机中。

4. 按清晰度分类

按清晰度分类，数字摄像机可分为标清、高清、全高清、4K、6K、8K 等。它们在外观结构、开关设置及操作使用上大致相同，最主要的区别在于分辨率。例如，标清摄像机的图像分辨率为 576i（i 表示隔行扫描），即 720×576 像素，画幅长宽比为 4∶3 或 16∶9，是现行电视制式下使用最广泛的摄像机。而高清摄像机的图像分辨率包括 720p（p 表示逐行扫描）、1080i 和 1080p，即 1280×720 像素和 1920×1080 像素，画幅长宽比一般为 16∶9，在画面效果和色彩还原度上远胜于标清摄像机。高清摄像机的高分辨率意味着画面的高清晰度，从而使所拍摄的画面细节层次表现更丰富。随着高清电视和高清非线性编辑系统的逐渐普及，高清摄像机的应用范围越来越广。

> 2003 年 9 月，索尼、佳能、夏普及 JVC 这 4 家公司联合宣布了 HDV（数码摄像机高清标准），该标准规定了 1080i 和 720p 两种规范。一年之后，数字摄像机行业的绝对领袖——索尼在东京率先发布了世界上第一台符合 HDV 1080i 的高清数字摄像机 HDR-FX1E，将 HDV 成功地转化成了实实在在的产品，全面开辟了高清摄像的新纪元。
>
> 2006 年 5 月，索尼和松下公司发布了 AVCHD 的基本规格，进一步完善了 HDV，全面支持 480i、720p、1080i 和 1080p 等格式。由此，数字摄像机有了高清和标清之分。

2.1.2 数字摄像机的特点

1. 高清晰度

由于模拟摄像机记录的是模拟信号，因此画面清晰度（也叫解析度或分辨率）不高，最好的家用级摄像机的清晰度也只有 400 电视线，广播级摄像机最高也只能达到 800 电视线。而数字摄像机记录的是数字信号，与同级别的模拟摄像机相比，画面清晰度整体提高了 30%，普通家用级数字摄像机的水平清晰度已经达到 500 电视线，广播级摄像机也超过了 900 电视线。个别高档的家用级数字摄像机的成像质量甚至已超过模拟的专业摄像机。

2. 色彩更加纯正

数字摄像机所拍摄画面的色度和亮度信号带宽几乎是模拟摄像机的 6 倍，而色度和亮度信号带宽是决定画面质量的最重要的因素之一，因此数字摄像机的画面色彩更加纯正、绚丽，颜色还原更接近真实。

3. 无损复制

数字摄像机使用录像带、光盘、硬盘和存储卡记录信号，可以无限制复制，画面质量丝毫不会下降，这是模拟摄像机望尘莫及的。

> 这里所说的无损复制是在存储介质保存完好的情况下进行的（如录像带无掉磁现象），由存储介质的物理损伤造成的信号质量下降不包含在内。

2.2　数字摄像机的结构与原理

2.2.1　数字摄像机的基本结构

数字摄像机是光学技术、微电子技术、数字信号处理技术与数据压缩编码技术相结合的产物。数字摄像机主要由六部分组成,即光学系统、成像系统、信号处理系统、存储与输出系统、控制系统和电源系统,如图 2-8 所示。

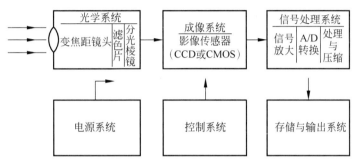

图 2-8　数字摄像机的基本结构框图

1. 光学系统

专业级以上数字摄像机的光学系统由变焦距镜头、滤色片和分光棱镜三部分组成,通常为一个整体。

1) 变焦距镜头

数字摄像机之所以能摄影成像,主要是靠光学变焦距镜头将被摄物体结成影像投在图像传感器的感光面上,通过变焦距镜头可以调节入射光量和焦距,从而产生清晰的画面。因此,镜头就好比摄像机的眼睛,其内在质量直接制约着所拍摄画面的清晰程度和影像层次。通常摄像机的镜头都是加膜镜头,加膜就是在镜头表面涂上一层带色彩的薄膜,用于消减镜片与镜片之间所产生的色散现象,还能减少逆光拍摄时所产生的眩光,保护光线顺利通过镜头,提高镜头的透光能力,使拍摄的画面更清晰。数字摄像机变焦距镜头由多组镜片组、孔径光阑、滤色片和分光棱镜组成,其结构如图 2-9 所示。

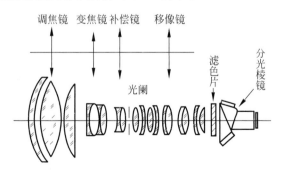

图 2-9　变焦距镜头的结构示意图

2）滤色片

滤色片介于变焦距镜头和分光棱镜之间,包括色温校正片和中性滤光片。色温校正片用于白平衡的调节。在摄像机中,所谓白平衡是指当它拍摄白色景物时产生的三个基色(R、G、B)信号电平相等,这样输出信号送给监视器或电视机才能准确地重现不带任何杂色的画面。

3）分光棱镜

通常,专业级以上的数字摄像机还装配有分光棱镜。分光棱镜的作用是将进入摄像机的光线按照一定的光谱响应要求分解成 R、G、B 三路基色光,也就是说将一幅彩色图像分解成三幅基色图像,分别投射到三片 CCD 或 CMOS 摄像器件的感光面上。

2. 成像系统

成像系统是获得图像信号的关键部分,其核心器件是图像传感器,主要作用是将光学系统捕获的图像从光信号转换为电信号,通常采用 CCD 或 CMOS 作为图像传感器,这是数字摄像机与传统摄像机最本质的区别。图像传感器位于变焦距镜头的后面,与镜头在同一轴线上,镜头所捕获的景物画面就在其感光面上成像。它的质量水平(像素多少和感光面积大小)不仅决定了数字摄像机的成像品质,而且也能反映出数字摄像机的档次和性能。

3. 信号处理系统

信号处理系统主要包括图像预放电路、A/D 转换电路、数字视频信号处理与压缩电路和数字音频信号处理电路四部分。

1）图像预放电路

由于图像传感器输出的图像信号电平比较微弱,其中还混有很多干扰和杂波,在图像传感器的后面通常有一个预放电路,它对传感器输出的图像信号进行计算和分析,滤除杂波,放大信号,从而获得最佳图像。

2）A/D 转换电路

A/D 转换电路是数字摄像机的重要组件,它的作用主要是将预放电路送来的亮度和色度信号进行 A/D 变换,即将图像传感器上得到的模拟电信号转换成为数字电信号,并送到数字视频信号处理电路中进行处理。A/D 转换电路的转换精度越高,失真越小,还原出来的图像质量就越好。

3）数字视频信号处理与压缩电路

DSP 是数字视频信号处理与压缩电路的核心器件,主要运用数字信号处理的方法对图像信号进行增益控制、白平衡调节、RGB 色彩插值运算、γ 校正、亮色分离以及彩色图像的标准格式化编码等,最终输出视频信号。由于摄像机拍摄的是活动画面,数据量很大,因此对数字信号处理器的运算速度和实时处理能力都有较高的要求。

格式化后的数字视频信号占用大量的存储空间,必须进行数据压缩,通常采用高效模式取样编码,如 DCT、统计量化、可变长度编码等,删除帧内、帧间大量的冗余数据。经压缩的数字视频信号与数字音频信号合成后送存储系统完成视音频数据的记录存储。

4）数字音频信号处理电路

由话筒、记录信号放大器、音频驱动、音频接口等电路组成音频接口电路,用于音频信号的 A/D 变换,将话筒模拟信号转换成数字音频信号,音频接口电路输出的音频数据与压缩编码后的数字视频数据合成后送存储系统进行记录。

4. 存储与输出系统

存储与输出系统主要利用 AV 信号记录电路,把经过数字化处理和压缩编码后的视音频信号以指定的格式记录到存储介质(如磁带、存储卡、硬盘)上,或传送至各种输出接口(如 AV、BNC、S-Video 和 SDI),同时还可以将数字信号处理器输出的亮度、色度信号送至寻像器(取景器)和 LCD 进行显示。

5. 控制系统

控制系统用于控制、协调全机各功能电路的状态切换及机械动作,根据人的干预操作指令完成各种操作。它主要由微型处理器接收人工操作指令和各种状态传感器的反馈信号,进行比较判别,输出正确的控制指令,经驱动与执行电路完成工作状态的切换及操作要求,从而使画面聚焦更清晰,曝光更准确,色彩还原更真实。

此外,控制系统还接收多种自动保护传感器的信息,判别工作异常,实施自动保护停机,如带盘转速过慢保护停机(防轧带)、磁带处于带首和带尾时自动停机、结露自动停机等。为了便于操作并提高人机之间的"透明度",控制系统电路还设有字符产生电路,在 LCD 进行菜单及相关操作等显示。

6. 电源系统

电源系统是为数字摄像机中的各电子元件及电路提供工作电压的电路,它主要由直流变换电路(DC/DC 转换器)和电源等部分组成。在数字摄像机中不同的电子元件需要不同的工作电压,如镜头驱动马达、LCD、背光等,而电池(或交直流充电器)只能提供一种电压,经 DC/DC 转换后可输出多种电压供各部件使用。

2.2.2 数字摄像机的工作原理

数字摄像机的光学变焦镜头捕获来自被摄物反射的光线信息,并将其聚焦成清晰的画面。经过聚焦的光线照射到图像传感器上,光能被转换成相应的电荷。电流顺序通过 A/D 转换器后被转换成一系列的数字信号,该数字信号随后又被送到编码解码器,编码解码器利用压缩算法压缩各帧的位数,但不丢失任何可视信息。由于每一帧是分别压缩的,因此它可被用作一个单独的快照。压缩后的信号连同音频接口电路输出的数字音频信号被写入磁介质中,组成完整的视音频信息。图 2-10 是 3CCD 数字摄像机的工作原理示意图。

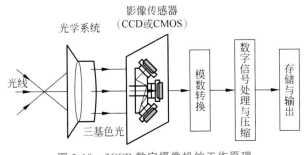

图 2-10　3CCD 数字摄像机的工作原理

数字摄像机通常还具有防抖功能,能够稳定因摄像师的手抖动而产生的画面晃动,通过两个运动检测器分别检测侧滑度(即左右晃动)和倾斜度(即上下晃动),如图 2-11 所示。运动检测器将信息送入一个芯片,该芯片用来确定摄像机的移动方向,然后更改图像传感器上捕获帧的像素,将活动帧沿着物理运动的相反方向偏移相应的像素数,该帧会覆盖原来取景的可视区域。

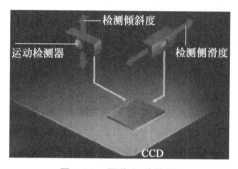

图 2-11 图像运动检测

2.3 数字摄像机的调整

2.3.1 滤色片

正确选择滤色片是拍摄出满意画面的基础。滤色片包括色温转换片(CC FILTER)和中密度滤光片(ND FILTER)。色温转换片用于色彩校正,可改变经过摄像机镜头的光线的色温;中密度滤光片不改变光线的色温,只改变景物入射光的透光率。

1. 色温

色温是用来描述光源光谱辐射特性的表述方法,它所表示的是光源的色彩成分,而不是光源本身的实际温度。其含义是绝对黑体在某一特定温度的作用下所辐射出的光与某一光源的光具有相同的性质,这时的特定温度就被定义为该光源的色温,单位为开尔文(K)。不同光照条件下的色温如表 2-1 所示。

表 2-1 各种摄像光源色温概数比较

人 工 光		自 然 光	
光 源	色温/K	光 源	色温/K
蜡烛光	1900	日出日落	1850
煤油灯	2000	日出日落前半小时	2350
家用白炽灯 20W	260～2800	9—15 时	5500
家用白炽灯 100W	2850	9 时前、15 时后	4800～5000
家用白炽灯 500W	2960	平均日光	5400
水银灯	5700	夏季中午直射光	5800
碘钨灯	3200	秋季中午直射光	6000～6500
钨丝灯	3200	蓝天阴影中	12500
照相强光灯	3400	蓝天空光	12500
镝灯	5500	薄云天空光	13000
万次闪光灯	500～6000	云雾天空光	7500～8500
荧光灯	4800	阴天天空	6400～7000

在设计数码相机和摄像机时都考虑了光源色温的因素。当光源的色温与机器的平衡色温相同时,画面色彩还原正常;当光源的色温与机器的平衡色温不相同时,画面的色彩还原不正常,这时就需要对色温进行校正。

> 色温越高,光线中的蓝色成分越多;色温越低,光线中的黄色成分越多。

2. 广播级数字摄像机滤色片的选择

广播级数字摄像机大多配备有双光学滤镜,即色温转换片和中密度滤光片,可方便进行色彩和曝光控制。此外,有些摄像机还具有电子色温校正功能,在拍摄时用户可根据需要选择以光学方式或电子方式进行色温校正。

常见的广播级数字摄像机色温转换片和中密度滤光片对照表分别如表 2-2 和表 2-3 所示。

表 2-2 色温转换片对照表

滤色片旋钮	CC 滤色片类型	描 述
A	十字线滤镜	可把星星、灯光等发出的光修饰成十字光,增强图像的感染力
B	3200K	在色温为 3200K 的光照条件下使用
C	4300K	在色温为 4300K 的光照条件下使用
D	6300K	在色温为 6300K 的光照条件下使用

表 2-3 中密度滤光片对照表

滤色片旋钮	ND 滤色片类型	描 述
1	直接通过	不减小光照强度
2	1/4ND	使入射光的透光率降低到 1/4
3	1/16ND	使入射光的透光率降低到 1/16
4	1/64ND	使入射光的透光率降低到 1/64

在实际拍摄时,用户要根据光照条件选择不同的滤色片组合,以达到理想的拍摄效果。常见的拍摄条件及滤色片组合举例如表 2-4 所示。

表 2-4 拍摄条件及滤色片组合举例

拍 摄 条 件	CC 滤色片	ND 滤色片
日出和日落;演播室内	B	1
晴朗的天空	C 或 D	2 或 3
阴雨天气	D	1 或 2
非常明亮(雪地、高原或海滨)	C 或 D	3 或 4

3. 专业级数字摄像机滤色片的选择

专业级数字摄像机已经取消了色温转换片,取而代之的是宽带白平衡放大器,即通过电子方式来校正色温,因此中密度滤光片成了专业级数字摄像机唯一的光学滤镜,从而使摄像

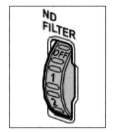

图 2-12 中密度滤光片选择器

机的操作变得更加简单。

常见的专业级数字摄像机(包括 OFF 挡在内)共有三挡中密度滤光片,即 OFF、ND1 和 ND2,如图 2-12 所示,用户要根据现场光线的亮度选用。一般情况下,ND1 表示 1/4ND,相当于将光照强度减小到 1/4;ND2 表示 1/32ND,相当于将光照强度减小到 1/32;OFF 则表示不减小光照强度,经过摄像机镜头的光线可全部通过。在实际拍摄时,只需按照摄像机取景器中的提示信息操作即可。

2.3.2 黑平衡

广播级摄像机都有黑平衡(black balance)调整电路,它是摄像机的一个重要参数,指摄像机在拍摄黑色景物或者盖上镜头盖时输出的三个基色电平应相等,使在监视器屏幕上重现出黑色。正确调整黑平衡对摄像机的最佳工作状态非常重要,首次使用摄像机或长时间不使用摄像机以及温度突然变化时都需要进行黑平衡的调整,以确保在拍摄时获得最佳的影像质量。

如果黑平衡调整不准确,画面中的黑色部分就会带彩色,如黑头发、黑衣服会变成黑红色、黑紫色等,造成色彩还原失真,所以黑平衡对画面的色彩还原也是至关重要的。通常,在调整黑平衡时摄像机一般置于自动光圈位置,然后启动黑平衡调整开关,摄像机的光圈会自动关闭,经过几秒钟黑平衡调整自动完成。

> 专业级摄像机一般没有黑平衡调整功能。

2.3.3 白平衡

人眼对可见光谱的变化具有一定的适应能力,日光下的白色物体对于人眼来说即使出现色温的变化,看上去还是白色的。但是数字摄像机就没有这么智能了,这是由于图像传感器本身没有这种适应能力,为了贴近人的视觉标准,数字摄像机必须模仿人的大脑并根据光线的变化来调整色彩,也就是需要调整白平衡(white balance)准确地还原白色物体的颜色。

由于视频信号是通过摄像机中的分光棱镜将光线分解后分别取得的三基色视频信号,因此输出的三基色信号的电压幅度不仅与被摄物的色彩和亮度有关,还与光源中光谱的频率分布状况有着密切的关系。当在低色温的光源下拍摄白色物体时,从接收红光的画面传感器输出的信号幅度要高于从接收蓝光的图像传感器中输出的信号幅度,而改用高色温的光源拍摄时情况完全相反。为了准确地表现白色物体的色彩特征,三基色信号电平的比例必须保持 1∶1∶1。为此,在三个图像传感器的信号输出端要根据光源色温的变化进行相应的电子调整。在高色温光源的情况下,白平衡电路对接收蓝光的图像传感器输出的信号电平的调节率应大于 1,而对接收红光的图像传感器输出的信号电平的调节率应小于 1,使得红、绿、蓝三基色信号电平幅度相等。在低色温光照条件下,白平衡电路对三基色信号电平的调节效果完全相反。

简单地说,白平衡的调整就是摄像机根据光源中光谱成分的变化,通过调整图像传感器输出的视频信号电平,使红、绿、蓝三路信号电平保持 1∶1∶1 的状态,以准确地重现白色。

由于不同的光源会产生不同的光线色彩,而随着光线的变化,处在光线照射下的被摄物的表面颜色会发生变化,因此每当主光源改变的时候都需要对白平衡进行调整。所有数字摄像机都包含有自动白平衡调整功能,专业级以上的摄像机还可进行手动调整,以达到更加精确的彩色还原。

2.3.4 光圈

目前的数字摄像机在镜头光圈的控制上通常采用自动控制和手动控制两种方式。自动光圈一般是按景物的平均亮度来确定曝光值,它的效果和目的完全是出于技术上的考虑。当景物亮度分布比较均匀、明暗反差不大时,自动光圈可以获得比较满意的效果。由于现实景物和光线条件的复杂性,也由于摄像机在记录光线反差较大景物时的局限性,纯技术上的处理往往很难令人满意,因此在特殊情况(例如明暗反差较大或逆光环境)下运用手动光圈进行人工处理就成为必要。通常可以根据自动光圈所确定的曝光值结合拍摄时的主观想法适当开大或缩小光圈,以充分表现景物亮部或暗部的层次细节。

> 专业的数字摄像机还有瞬间自动光圈功能,可快速完成光圈的自动调节。

2.3.5 变焦

变焦(zoom)即在拍摄过程中改变焦距,其作用是将镜头推出(远摄)或拉近(广角),以改变被摄物在画面中的大小,使景物处于理想位置。当要拍摄特写画面时,将镜头推至远摄端(T);当要拍摄全景画面时,将镜头拉向广角端(W)。变焦对拍摄画面的景深有所影响,推出时,景深变小;拉近时,景深变大。为了使所拍景物在推或拉的过程中始终保持画面清晰,在拍摄前要对景物聚焦,正确的操作方法是将镜头推至特写,聚焦清晰后再重新构图,进行拍摄。

摄像机有电动变焦(S)和手动变焦(M)两种方式。电动变焦用来进行平稳的、均匀的变焦。手动变焦可以快速或变速变焦,用来产生特殊的效果,以增强视觉冲击力。

2.3.6 聚焦

通常情况下,保证拍摄画面的清晰是摄像最基本的要求,而聚焦(focus)调节是保证画面清晰度最重要的一环,摄像机聚焦的过程就是对画面清晰度调节的过程。

目前的数字摄像机都有自动聚焦和手动聚焦功能。自动聚焦受光线的影响很大,光线明亮时,自动聚焦能达到比较理想的效果。此时,摄像机光圈缩小,景深变大,对焦范围变宽,容易得到清晰的画面。在这种情况下,即使被摄物移动或进行运动拍摄,也不会出现焦点不实的现象。而在光线较暗的环境下拍摄时,由于摄像机光圈开大,景深变小,自动聚焦将变得困难,应切换到手动聚焦。

此外,在下述拍摄目标或拍摄条件下应使用手动聚焦。

(1) 被摄主体远离画面中心。

(2) 被摄主体位于布满灰尘或水滴的透明体后面。

(3) 拍摄在栅栏、网格、成排的树木后的景物。
(4) 拍摄表面光滑或高反光物体。
(5) 拍摄快速运动物体。
(6) 拍摄运动物体后面的景物。
(7) 拍摄反差太小或轮廓不明显的景物。
(8) 在下雨、下雪天气进行拍摄。

2.3.7 后焦距

后焦距的调整又称为法兰(F.B)焦距调整,主要是通过调整后焦环(F.B环)来调节摄像机镜头轴向定位面到焦平面之间的距离,使理想的像平面与图像传感器的靶面重合。在拍摄的时候,如果镜头从长焦向广角变焦时画面变虚,则需要对后焦距进行调整。

变焦距镜头的后焦距的具体调整方法如下。

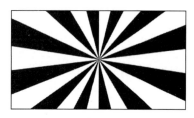

图 2-13　星形后焦调整卡

(1) 将星形后焦调整卡(如图 2-13 所示)放置于距离摄像机 3m 远的位置,松开后焦环的锁定装置,将镜头的光圈开到最大,使用手动变焦并推至最长焦距。

(2) 调整聚焦环,使星形卡的中心点在视觉感受中汇聚到最小(即最清晰)。

(3) 将焦距拉至广角端,转动后焦环(而非聚焦环),同样也将星形卡的中心点调到最小。

(4) 反复进行上述调整,直到星形卡无论是在焦距处于最长焦的位置还是处于广角的位置都非常清晰时调整完毕。

后焦环锁定后,再次使用摄像机时无须调整。

> 一般情况下,只有广播级数字摄像机才具有后焦距的调整功能。

2.3.8 其他调整

1. 增益

通过增益(gain)电路可以提升画面的视频信号输出电平,从而能在较暗的环境下得到较明亮的画面效果。由于增益功能是不加任何区别地提升整体视频信号的电平幅度,这就使增益电路在提升有效视频信号的同时也相应地放大了噪波信号,具体的表现就是在画面中会出现不希望见到的"雪花点",因此从技术上考虑应尽可能少地使用增益功能。

如何选择增益幅度要根据拍摄的内容而定。如果要在低照度下获得良好的画质,那么对增益的选择不宜超过 6dB。对于数字摄像机来说,在这个增益幅度下的噪波信号基本上不会对画面构成不利影响。如果对画质没有特殊要求,只是为了得到较清晰的画面(如拍摄警察夜间抓捕罪犯的新闻纪录片),则可以不必过多地考虑噪波的影响,可选择 12dB 甚至更高的增益幅度以获得满意的画面亮度。

> 将增益设置为6dB,相当于在现场景物亮度条件下使摄像机镜头增大了2/3档光圈的纳光能力。

2. 斑马纹

斑马纹(zebra)是拍摄时光线强度的一个参数,用来指示摄像机的进光量。设置斑马纹的目的是在低亮度下应用手动光圈时能观察到摄像机输出视频信号的幅度。它配合手动光圈使用,当调节光圈时画面中出现斑马纹,则表明画面曝光基本正常。

斑马纹的显示值一般有70%和100%两档。70%是中性灰度,主要用在以人物为主的拍摄场合,给人物的肤色提供准确的曝光;100%是指没有任何细节的纯白,主要用于拍摄自然风光,它提供天空准确的曝光值。

3. 快门

快门(shutter)即电子快门,是指入射光进入摄像机镜头后光电转换的采样频率。数字摄像机中电子快门的功能通常处于关闭状态,这时快门速度一般默认为1/60s。在这种状态下要拍摄快速移动的物体,其清晰度显然是不够的。和照相机快门运用的原理一样,快门速度越快,越能清晰地记录动态影像,但同时还需要相应地调整摄像机光圈,以保证准确的曝光,因此要提高快速移动物体的影像清晰度就需要相应地提高快门速度。数字摄像机的快门速度一般设置有1/25s、1/50s、1/60s、1/125s、1/250s、1/500s、1/1000s和1/2000s等,可选择高速快门速度来拍摄快速移动的物体,以获得清晰的画面。

当拍摄计算机屏幕或投影画面时,图像上可能会出现水平的滚动条纹,这是因为计算机屏幕的垂直扫描频率与摄像机的垂直扫描频率不同,此时可使用清晰扫描(CLS)功能来减少这种干扰。

2.4 数字摄像的基本操作

2.4.1 数字摄像的准备工作

为了确保拍摄的顺利进行,在拍摄前拍摄人员除了要对使用的摄像机非常熟悉以外,还要对使用的器材及附件进行检查,主要包括备用电池、存储介质及三脚架。

1. 熟悉摄像机

是否能正常且顺利地完成拍摄任务,在很大程度上取决于拍摄人员对所用摄像机的熟悉程度,这是拍摄前最基本的要求,具体包括摄像机的特点、性能指标、主要操作方法和控制技巧,尤其要特别熟悉滤色片、黑白平衡和光圈的调整与设置方法。根据现场情况,将摄像机调至最佳工作状态。

2. 电池

电池是外出摄像的必备器件。在拍摄前应检查电池是否充满,以保证摄像工作的顺利进行。为了防止突发事件的发生,还应准备备用电池,做到有备无患。这也是作为一名合格的摄像师应具备的素质。

如果在室内摄像,除了使用电池以外还可以用交直流适配器(充电器)将交流电转换为直流电,然后给摄像机供电。但是这种供电方式限制了摄像机的移动范围,有一定的局限性,适合固定机位使用。

3. 存储介质

目前的数字摄像机多以录像带、DVD和闪存卡为存储介质。在插入摄像机前应在规定位置贴上标签,并写清楚主题内容。对于一盘新的录像带,在正式使用之前应该做快进与倒带处理,以防磁带上有局部黏结或轻微变形等现象。新录像带如果不做处理就使用,一旦遇到有黏结或变形现象,势必加大磁带拉力,影响走带稳定性及图像质量。DVD和闪存卡则不存在这种现象。

不管采用哪种存储介质,都要准备足够的备用带(盘、卡)。

4. 三脚架

三脚架是拍摄过程中的重要工具,其作用主要是防止画面晃动,以便精确构图。用带云台和遥控手柄的三脚架来支撑摄像机效果最好,不仅能有效防止机器的晃动,保持画面的清晰稳定、无重影,而且在上下移摄与左右摇摄时也会运行平滑、过渡自然,轻松完成拍摄任务。

> 在固定场合长时间拍摄一定要使用三脚架,比如大型会议、文艺晚会和广场音乐会等,否则那将是一个苦差事,付出了辛苦却拍不出满意的画面。三脚架要选择坚固、耐用的,把它放在稳固、平坦的表面上,尽量远离振源。一切准备就绪,即可按照拍摄提纲或分镜头稿本进行拍摄。

2.4.2 数字摄像的基本要领

任何一位摄像师都想拍摄出完美的画面,要做到这一点,就必须做到拍摄得平、稳、准、清、匀,这是摄像的基本要领。

1. 平

平是指所拍摄画面中的水平线要与地平面保持平行,这是拍摄正常画面的基本要求。当画面中有水平线或垂直线时,如果这些线条发生歪斜,就会给观众造成某种主观错觉,这是摄像工作的大忌。

摄像时确保画面水平的关键是调整好三脚架,使三脚架云台处于水平状态。如果三脚架上有水平仪,应使水平仪内的小气泡处于中心位置。对于肩扛摄像,应当利用画面中景物的垂直或水平线条作参考,使这些线条与寻像器(取景器)的边框平行。俯、仰角度大的镜头是较难把握水平的,但仍应注意利用水平和垂直线条来保持画面的水平。另外,在摄像过程中要学会用眼睛的余光来观察整个画面,不要只盯住一处,这样不利于取景和主体安排。

2. 稳

稳是指画面要保持稳定,拍摄时要消除任何不必要的晃动。画面晃动会破坏观众的观赏情绪,影响画面的内容表达,为此应尽可能地用三脚架进行拍摄。若无三脚架或无法使用三脚架时,应尽量使用广角镜头来摄取画面,可提高画面的稳定性。

当手持或肩扛摄像机拍摄时,应将摄像机架稳,以右手为主用力握住摄像机并进行变焦操作,左手操作聚焦环。拍摄时胳膊肘适当夹住身体两侧,双脚分开站稳,重心要低,呼吸要平稳,这样拍摄到的图像才能较为稳定,此外还可借助身旁的辅助支撑物(如墙壁、树干和桌椅等）进行拍摄。

3. 准

准主要表现在构图和色彩还原两方面。

1) 构图要准

这是对准的要求最重要的一方面，因为聚焦、光圈、白平衡调整都是硬的标准，而构图则不同，自动化程度再高的摄像机也无法代替摄像师的取景构图。构图的准又包含很多内容，主要有主体、陪体、前景、背景的布局安排，形状、线条、色彩、质感、立体感等构图要素的表现，摄像机位的选择，景别的运用，运动镜头的拍摄，以及起幅、落幅画面的确定。构图准确能使画面更好地表现内容，更富有艺术感染力。

2) 色彩还原要准

影响色彩还原的原因主要有两方面：一是摄像机滤色片的选择及黑白平衡的调整；二是景物受到不同色温光源的照射。对于前者，在拍摄前应根据光线条件选择合适的滤色片进行黑白平衡调整；对于后者，在摄像时要合理用光，不混用色温不同的光源。

4. 清

清是力求画面清晰。为了使摄像机拍摄的画面清晰，首先应保证摄像机镜头的清洁。如果摄像机镜头上有灰尘或污垢，应按规定方法仔细清洁，即用镜头纸或清洁镜头用的毛刷、吹风皮囊等专业工具进行清理。

当由于某种原因使用自动聚焦不能满足拍摄要求时，要采用手动聚焦。对主、陪体变化的情况要做好记号，最好先试验再拍摄，做到一次到位，使画面主体聚焦清晰，对有一定景深要求的画面可采用小光圈、短焦距或远距离拍摄。在拍摄推镜头时应先在长焦端聚焦清晰，再回到广角端，从广角开始推，这样画面才能在整个过程中都保持清晰。

> 有时为了表达某种气氛，要将所拍内容模糊到适当程度，即使如此，也应该首先做到完全清晰，然后使之逐渐模糊。

5. 匀

匀是针对运动镜头而言的，是指镜头运动的速度要均匀，不能忽快忽慢。推、拉镜头使用摄像机电动变焦装置是很有效的。摇镜头的匀速进行依赖于三脚架云台的良好的阻尼特性。移动拍摄主要是操纵和控制好移动工具，使其保持匀速运动。开机起幅时应缓慢地做匀加速运动，达到一定速度后保持匀速，至落幅时要慢慢地匀减速，直到摄像机镜头停止运动。

> 在拍摄过程中要避免出现"拉风箱"和"刷墙"式的运动方式。"拉风箱"是指来回使用推拉镜头。"刷墙"是指摇摄时从左到右、从右到左反复拍摄。

要做好以上几点，关键是加强基本功的训练，最大限度地借助三脚架、镜头等方面的优势，一丝不苟地进行拍摄，一旦拍摄中出现失误，只要条件允许就应毫不犹豫地重拍。另外，在拍摄时要牢记摄像的基本要领，随时以"五字要领"严格要求自己，确保拍摄的画面完美。

2.4.3 数字摄像的执机方式

执机方式指摄像师根据拍摄任务和现场条件选择操作摄像机的方式。不同的拍摄任务,摄像师选择不同的执机方式,其拍摄效果和拍摄效率也不同。常见的执机方式有肩扛式、固定式和徒手式三种。

1. 肩扛式

这是较常见的一种执机方式,最大的特点是镜头调度灵活。大多数专业摄像机都设计有肩托,正确的执机姿势是把肩托架稳在右肩上,右手紧握手柄,靠紧身体,加强支撑;左手轻扶遮光罩或聚焦环,并自然下垂;双脚分开,与肩等宽,腰板挺直。在拍摄时,脸部靠近机身,右眼贴紧寻像器罩,用右手大拇指操纵摄录钮,中指和食指操纵变焦钮,无名指操纵光圈自动/手动切换开关,左手调整光圈或聚焦环,如图 2-14 所示。

图 2-14 肩扛式操作方法

当肩扛执机进行运动时,双膝应略弯曲,双脚分开稍大一些,使重心降低,支撑面增大,加强执机的稳定度,并尽可能利用身体的运动代替步伐的移动,这样可减少因移步而使摄像机在垂直方向上产生起伏。

> 在肩扛执机做变焦拍摄时,画面稳定度和焦距有关,当镜头推向被摄物,发现画面开始晃动时,记下这时的焦距,超过这个焦距应改为固定执机拍摄。

2. 固定式

固定执机指将摄像机固定在某种辅助设备上进行拍摄的执机方式。在有条件的情况下应优先考虑固定执机方式。在电视摄像中常用三脚架、轨道车、摇臂、升降架或特殊的减震装置等作为固定支撑,如图 2-15 所示。采用固定执机拍摄,不论焦距大小,画面都能保证十分稳定。固定执机的要领就是摄像师不能贴靠在摄像机上进行操作,以免影响机体的稳定,使拍摄画面晃动。

图 2-15 三脚架及摇臂

由于拍摄技术的发展,摄像师可能会接触到更多的辅助设备。在拍摄特殊运动镜头时,可以将摄像机和特殊减震装置连接在一起,安装在汽车或直升机上,确保摄像机在剧烈运动过程中仍能保证画面具有一定的稳定性,实现预期的运动效果。

3. 徒手式

徒手执机的方式很多,可以说除了固定式和肩扛式以外的所有拍摄方式都是徒手执机方式。这种执机方式在拍摄中有较大的灵活性,主要用于抢拍镜头和空间、时间受限制的情况,能对外界的变化做出迅速的反应,并能在复杂的情况或运动状态下拍摄。徒手执机的随意性很大,执机形式也各异,可以将摄像机抱在怀中,也可以将其提在手上或固定在身体的其他部位。

> 徒手执机要掌握两个要领：一是要注意控制好呼吸，尽量使身体处于放松状态；二是在现场尽可能寻找一些物体作为辅助支撑。

2.4.4 数字摄像的注意事项

不管采用哪种执机方式，只有牢记摄像的基本要领，合理构图，才能拍摄出满意的画面。具体到细节，拍摄人员应做到以下几点。

（1）拍摄人物近景时，应把画面中较大的空白安排在人物目光的前方，以免给人"面壁思过"的感觉，同时要处理好人物的轮廓及其后面的线条，如树木、电线杆、建筑物边缘等。

（2）拍摄人物全景时，要考虑在主体的四周留有适当的空白，避免"顶天立地"，以适应观众的欣赏习惯。

（3）拍摄特写画面时，应尽量少用长焦镜头，可以靠近被摄人物，选择适中的焦距进行拍摄，保证画面的稳定性和清晰度。

（4）拍摄运动镜头要干脆果断，推就是推，拉就是拉，不能犹豫不决，更不能出现推拉混用的现象，在运动的过程中要保持匀速。同时，要留出起幅和落幅画面，并且起幅和落幅的位置一定要准确，以便于后期的画面剪辑。摇镜头也是如此。

（5）尽量不要在逆光下拍摄，以免出现前景暗、背景亮的画面。

（6）拍摄的画面不能空洞无物，要充分运用画面语言，表达主题要完整、突出，使人一目了然。

2.5 数字摄像机的选购与维护

2.5.1 数字摄像机的选购

专业数字摄像机是精密、昂贵的设备，在选购时应从色彩还原、清晰度、稳定性和性价比等方面综合考虑，具体来说应着重考虑以下几点。

1. 光学变焦

光学变焦代表了摄像机的灵活性，是摄像机的一个重要指标，指摄像机镜头长焦端的焦距与广角端的焦距的比值，即光学变焦倍数。变焦倍数越大，取景范围就越大，可以在不改变拍摄距离的情况下拍到远处人物的远景、全景、中景、近景、特写等画面。目前，数字摄像机的光学变焦倍数大多在10～25倍，意味着可以清晰地拍摄50m以外的物体。

2. 灵敏度

灵敏度是指以同一照度拍摄同一物体输出信号为额定值的情况下摄像机所需的光圈指数 F。通常以照度为2000Lx，色温为3200K，拍摄反射系数为89.9%的灰度卡，信号输出为 $0.7V_{PP}$ 时所需的光圈指数 F 来表示摄像机灵敏度的高低，数字摄像机的灵敏度通常能达到 $F8.0$。灵敏度越高，在同样环境下拍摄的图像越清晰、透彻，层次感越强。目前，数字摄像机的最高灵敏度为 $F12$。摄像机的高灵敏度使景深加深，并能得到满意的聚焦，即使在最快的快门速度下也可以在一定的光线下进行拍摄，从而使摄像机可以适应更广阔的工作环境，给摄像机的拍摄提供了更多的可能性。

3. 信噪比

信噪比是指在标准照明条件下摄像机输出视频信号电压与杂波电压之比,通常用符号 S/N 来表示,单位为 dB。一般摄像机给出的信噪比值均是在 AGC(自动增益控制)关闭时的值,因为当 AGC 接通时会对微弱信号进行提升,使得噪声电平也相应提高。在显示的画面中表现为不规则的闪烁细点,也就是人们常说的"雪花点"。

信噪比越高,杂波对画面的干扰就越小,画面的信号质量越高。信噪比的典型值为 45～55dB,当信噪比为 50dB 时,画面有少量噪声,但画面质量良好;若为 60dB,则画面质量优良,不出现噪声。目前,广播级数字摄像机的信噪比均已超过 60dB,最高达到 65dB。

4. 水平清晰度

水平清晰度又称为水平分解力,是指摄像机拍摄垂直黑白线条时在标准彩色电视监视器上能准确分辨垂直黑白线条的能力,通常以多少电视线表示。目前,专业级数字摄像机的清晰度通常在 500～750 电视线,广播级数字摄像机一般高于 750 电视线,最高可达 900 电视线。摄像机的水平清晰度越高,输出的画面越清晰、细腻。但是受后期制作和显示设备的限制,大家在选购时不必一味追求过高的水平清晰度。

5. 最低照度

最低照度是一种电子处理手段,是在最大光圈、最大增益和双像素读出等数字处理技术的共同作用下让画面达到规定值所需的最低照明程度。它与灵敏度一起指出摄像机可以工作的最暗环境。最低照度越小,适应性越强,可以在较暗的照明条件下得到干净的图像。这种电子处理手段虽然提高了灵敏度,但清晰度有所下降,目前的最低照度多为理论计算值。一般来说,摄像机工作的标准照度是 1400Lx。

> 最低照度是应急时或特殊环境条件下能够保证拍摄(画面质量很差)的最低照度条件,如果条件允许,应创造理想的照度,以保证拍摄画面色彩的真实还原。

6. 动态范围

动态范围表示视频信号中所包含的从"最暗"至"最亮"的范围。动态范围越大,所能表现的层次越丰富,包含的色彩空间也越广。通过对比度控制技术(即 DCC 电路)将对比度较高的被摄物再现为对比度适中的图像,从而达到可清晰再现高亮度区图像细节的目的。目前,广播级数字摄像机的动态范围最高可达 800%,即把相当于原来亮度 800% 的高亮度图像压缩在标准视频信号内,等于增大了对比度范围。

7. 几何失真

几何失真是指重现图像与原始图像几何形状的差异,主要是由镜头的质量决定的。常见的几何失真有枕形、桶形和菱形等。大家可以对布满等距小方格的测试卡进行推拉拍摄,然后仔细观察画面中的小方格是否有变形,变形的程度是否在允许的范围之内,从而来确定该款摄像机是否在这方面符合要求。

除了以上几点以外,大家还应从实际用途、预算、与现有设备的衔接等方面加以考虑。至于数字摄像机的图像传感器,2.1 节已有详细介绍,这里不再赘述。

2.5.2 数字摄像机的维护与保养

能否正确地维护与保养数字摄像机是衡量一名摄像师是否合格的最重要的指标之一。

为了延长数字摄像机的使用寿命,在维护与保养的过程中必须做到"四防三不"。

1. 防潮

潮湿是摄像机的大敌,过度的潮湿会造成摄像机内部金属生锈、电路短接、镜头发霉等,严重影响摄像机的使用寿命。因此,对于摄像机应随时注意防潮,在存放摄像机的包里最好放一点干燥剂。

在冬天将摄像机从寒冷的地方带入温暖的房间时,最好将机器放置一会儿,等机器内部温度升高,水汽蒸发之后再使用。在海边、河边以及雨天使用时应避免机器溅水,可使用防雨罩。

2. 防尘

摄像机在使用的过程中,磁头和镜头最容易受粉尘侵袭,这会影响拍摄的画面质量,严重时可能损坏摄像机,因此应尽量避免在高灰尘环境下(如风沙天气)使用摄像机。为了获得理想的拍摄效果,要定期对摄像机镜头进行清洁与保养,清洁时,首先用橡皮吹吹掉表面浮尘,否则在擦拭时镜头上的粉尘可能会划伤镜片;然后用专门的镜头布或镜头纸从中心向四周做螺旋式轻轻擦拭。为了减少麻烦,最好的保护措施是在摄像机镜头前安装UV镜。

> 对于磁带式或光盘式摄像机,还应定期清洗摄像机磁头,最理想的方法是使用棉签或麂皮蘸上无水酒精或者专用的磁头清洗液小心地擦拭摄像机的磁头部分,同时应谨慎使用录制次数过多的磁带或可擦写光盘。

3. 防振

振动会对摄像机的机械部分产生不良影响。数字摄像机的机械部分十分精密,电子元件极其微小,其导柱的定位精度极高,较强烈的振动可能会造成机械错位,甚至电路板松脱,因此在使用时应避免强烈的振动,特别要防止机器被摔倒在地。

4. 防磁

数字摄像机在存放时应远离强磁场,也不能在这种环境下使用,否则会引起画面严重失真。

5. 不长时间连续使用

如果数字摄像机连续工作的时间过长,机器内部的电路会产生大量的热量。由于数字摄像机结构紧凑,产生的热量不易散去,过多的热量积累会加快电路板元件的老化速度,从而影响摄像机的使用寿命。

6. 不使用不合格的电源

不管在什么情况下都不要使用厂家指定范围以外的外接电源。如果使用便携式充电电池,必须使用符合摄像机供电标准的合格厂商的电池,如果条件允许,最好使用原厂原装电池,以免烧毁摄像机,造成无可挽回的损失。

> 如果摄像机长期不使用,应定期通电,以保证其性能的稳定。

7. 不擅自拆装

当发生故障时应将摄像机送到厂家指定的维修站进行维修,不要试图自行修理。

2.6 练习与实践

2.6.1 练习

1. 填空题

(1) 数字摄像机使用的存储介质有录像带、_____、微型硬盘和_____等。

(2) 数字摄像机按传感器类型进行分类可分为_____和_____。

(3) 按 CCD 的电荷转移方式,摄像机可分为_____、FT(帧间转移)式和_____。

(4) 数字摄像领域涉及的 1080p、720p 和 576i 分别表示_____、1280×720 和_____。

(5) 专业数字摄像机的光学系统由_____、滤色片和_____三部分组成。

(6) 滤色片包括_____和_____,前者用于色彩校正,可改变经过摄像机镜头的光线的色温;后者不改变光线的色温,只改变景物入射光的透光率。

(7) 色温越高,_____成分越多;色温越低,_____成分越少。

(8) 一般情况下,数字摄像机上的 ND1 表示 1/4ND,相当于将光照强度_____。

(9) 白平衡的调整是摄像机根据光源中光谱成分的变化通过调整图像传感器输出的视频信号电平,使红、绿、蓝三路信号电平保持_____的状态,以准确地重现白色。

(10) 常见的执机方式包括_____、固定式和_____三种。

(11) _____是指以同一照度拍摄同一物体输出信号为额定值的情况下摄像机所需的光圈指数 F。

(12) _____是指在标准照明条件下摄像机输出视频信号电压与杂波电压之比,通常用符号 S/N 来表示,单位为 dB。

2. 简答题

(1) 简述广播级摄像机的分类及特点。

(2) 简述分光棱镜的作用。

(3) 简述数字摄像机的工作原理,并画出示意图。

(4) 为了使所拍景物在变焦过程中始终保持画面清晰,在拍摄前要对景物聚焦,正确的操作方法是什么?

(5) 简要说明后焦距的调整方法。

(6) 当拍摄计算机屏幕或投影画面时图像上可能会出现水平的滚动条纹,请说明原因及解决方法。

(7) 简要阐述数字摄像的基本要领。

(8) 如何正确地维护与保养数字摄像机?

2.6.2 实践

1. 对照产品说明书,练习数字摄像机的基本使用及调整方法。

2. 在不同光照条件下(如演播室灯光和室外自然光等)进行拍摄,练习色温滤色片和手动白平衡的设置方法。

3. 根据实验条件练习各种执机方式。
4. 练习变焦操作,学会匀速变焦。
5. 使用手动聚焦方式拍摄一段或几段视频片段,确保画面清晰。
6. 使用广播级摄像机练习后焦距的调整和设置方法,并进行微距拍摄。

第3章 数字画面的景别和角度

【学习导入】

一日李林到黄山游玩,在迎客松处遇到了一对同样来旅游的老年夫妇。两位老人想在迎客松前留影作纪念,就把相机给了李林,让李林帮他们拍张合影。李林拿起相机,透过取景框看了一下,突然停下问老人:"您二位是拍全身照还是半身照?"。

李林的话涉及了数字摄影摄像中的一个重要课题——画面的景别,同样的被摄对象,与摄影者距离不同,在画面中所占的比例不同,其构图效果与画面韵味就会截然不同。同样,相同的被摄对象,拍摄的角度不同,也会得到千差万别的效果,正所谓"横看成岭侧成峰,远近高低各不同。"

【内容结构】

本章的内容结构如图 3-1 所示。

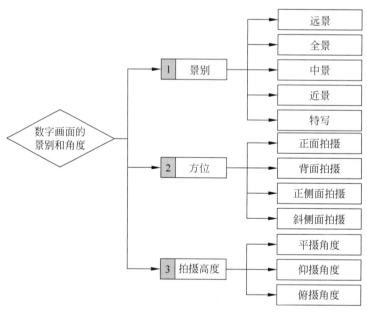

图 3-1 本章的内容结构

【学习目标】

1. 知识目标

理解景别和拍摄角度的概念,了解景别和拍摄角度的区分方法。

2. 能力目标

具备熟练运用合理的景别及拍摄角度拍摄不同的对象,使画面更为合理、美观的能力。

3. 素质目标

培养学生对摄影的进一步兴趣,提高审美能力。

3.1 景　　别

在实际生活中,人们在观察世界时会依据自己所处的位置和当时的心理需要,或远看取其势,或近看取其质,或扫视全局,或盯住一处,或看个轮廓,或明察细节。画面艺术为了适应人们这种心理上、视觉上的变化特点产生了镜头的不同景别。

景别是指画面中主体的范围和视觉距离的变化。根据视觉距离变化的远近和景物范围的大小将景别分为远景、全景、中景、近景和特写。景别的划分没有很严格的要求,一般来说,在拍摄人物时,景别的划分是表现人物全身的景别为全景,摄取人物膝盖以上的部分为中景,拍摄人物腰部以上为近景,拍摄人物胸部以上或身体的某一细节为特写,如图3-2所示。

图 3-2　景别的划分(《果果》,徐梦节摄)

> 景别与拍摄距离的变化、数码相机镜头的焦距长短有关。距离被摄对象越近,景别就越小,画面所包含的内容就越少;反之,距离被摄体越远,景别越大,画面所包含的内容越多。使用的照相机镜头焦距越长,景别越小;焦距越短,景别越大。

不同的景别具有不同的表现力,因此大家要根据表现意图决定景别,正如绘画理论中所讲的"远取其势,近取其神"。当表现的是辽阔的环境画面时,为突出气势,就用远景;当表现一定环境中的人物活动全貌,展示一定环境下发生的故事情节时,就用全景;中景则重视情节和人物的动作交流;近景和特写则强调了人物面部表情和情绪的细微变化或某一局部的特征。在拍摄过程中,大家应该综合拍摄意图、被摄对象特点、拍摄点所在位置等因素来选择画面的景别。

3.1.1 远景

远景多用于描绘某种特定气氛或交代环境概貌特征,主要以它所独有的宽广、辽阔的场面展示出雄伟、壮观的气势和宏大规模来感染读者。远景画面的构成特点以环境为主,以景物、场面为主要对象,可以没有人物,有人物也只占很小的位置,如图3-3所示。

在拍摄远景作品时要从大处着眼,以气势取胜,善于调动一切手段表现空间深度,如选用广角镜头;适当安排前景,选择延伸到画面深处的线条;采用侧光或逆光,以充分显示空气透视效果等。此外,还要注意利用大自然中的线条表现,包括江湖河道的走向、田野地形图案、山峦起伏形状、乡间崎岖小径等,利用天空中云层彩霞的变化与地面的明暗色块相映成趣,增强画面的形式美感,这些都是使远景画面获得成功的重要因素,如图3-4所示。

图 3-3 《灵通阁》(袁东斌摄)

图 3-4 《晚归》(霍松摄)(见彩插)

3.1.2 全景

全景以某一主体事物的整体形象作为构成画面的依据。它的表现范围包括对象的全貌——人的全身、物的整体和周围一定的环境。全景画面的构成特点是在全景中有明显的主体，它是画面所表现的内容中心和结构中心。全景画面的作用是能表现一个事物或场景的全貌；能完整地表现人物的形体动作；能通过人物的动作来提示内心的情感和心理状态；能表现特定环境中的特定人物。

实例 经典画面

1945年8月15日，日本无条件投降。在纽约时代广场上，一名年轻的水手揽起身旁一名素不相识、穿白色制服的护士，大胆亲吻。闪光灯瞬间亮起，近处的一名摄影师将这一画面定格，家喻户晓的照片"胜利之吻"就此诞生，如图3-5所示。

> 拍摄全景画面应注意以下几点。
> (1) 主体事物的轮廓要完整、流畅，避免"全景不全"。
> (2) 调动各种方法突出主体。如选择适当的前景加强空间深度感，选择色调不同的背景突出主体，把主体放在画面的突出位置——占有较大的面积或置于视觉中心等，如图3-6所示。
> (3) 如拍摄画面以人物为主，通常要表现人的全身，表现人物动作、姿势、体态的全貌。
> (4) 画面要确保被摄主体的外形轮廓完整，但一般不宜顶天立地，要在主体周围保留适当的空间。

图3-5 《时代广场胜利之吻》（[美]艾尔弗雷德·艾森施塔特摄）

图3-6 《跃》（袁东斌摄）

3.1.3 中景

中景所包含的景物范围较小,对人来说,包括了人物膝盖以上的部分,如图3-7所示。对物来说,则是表现富有特征的结构和部位。通常在距离被摄体较近的位置表现主体的主要部分,主体形象较大,环境范围较小。

图3-7 《嗨!》(徐梦节摄)

中景画面的特点是中景中主体(人或物)的形态特征占据了画面的主要部分,环境部分降为次要地位。中景画面有利于表现人物的动作、姿态、手势,可以用来表现人际交往或生产活动中的主要情节,交代人物间的感情交流、生产中的动态人物等,并能在一定程度上表现主体和环境的关系。

> 拍摄中景画面应注意以下几点。
> (1) 主体事物的轮廓要完整、流畅,避免全景不全。
> (2) 注意对结构中心的把握。
> (3) 拍摄人物时要注意保留人物动作、手势的完整,避免出现诸如手臂挥出画面、上半身被画框切割等情况。

实例 经典画面

图3-8是尤金·史密斯拍摄的摄影专题《乡村医生》中最为经典的一幅照片,作品运用中景,生动描绘了杰瑞亚尼医生刚完成一台全身心投入手术后的疲态。

图 3-8 《筋疲力尽》([美]尤金·史密斯摄)

3.1.4 近景

近景以人的表情和物的质地为表现对象。它概括的部分,对人来说是人腰部以上的部分,其中面部应占有相当大的面积,眼睛成为画面的重点;对物来说,应着力于表现物的重要部分的细节特征,并突出其质感,正所谓"近取其质"。近景在人物肖像摄影中运用得最为广泛,它适宜细腻地描绘人物的面部特征和内心世界,因此有"近取其神"之说,如图 3-9 所示。

图 3-9 《韵》(刘思雅摄)

拍摄近景画面应注意以下几点。
(1) 保证近景画面的细部质量。
(2) 尽量使背景简洁、色调统一。
(3) 拍摄人物近景时一定要处理好人的眼神光和手势。

实例 经典画面

图 3-10 拍摄的是在朝鲜战争中撤退的美国海军士兵。摄影者大卫·道格拉斯·邓肯别具匠心,真切地表现了当时的极度寒冷。1950 年,美国海军陆战队在朝鲜作战,冬季来临之前战况一直不错,当时麦克阿瑟的部队高估了自己的实力,以为他们会顺利推进到朝鲜北部,却意想不到地受到中国人民志愿军的回击。史密斯将军的话使他们的失利更加出名:"撤退? 我们打错了方向!"

图 3-10 《撤退》([美] 大卫·道格拉斯·邓肯摄)

作者在构图时合理地运用了近景,细腻地描绘了这位海军士兵的面部特征,刻画了其内心的困惑和失落。

3.1.5 特写

只摄取被摄体的某些局部和细节,或以整个画面去表现某种小的物件,这类构图称为特写。特写主要用来表现细节,通过细节透视人的内心和事物的本质,它可以把被摄体从背景中分离出来,使主体形象鲜明突出,容易给观众造成强烈的视觉冲击力,产生特殊的艺术感染力。因此,优秀的特写都是富有抒情味的,它们作用于读者的心灵,而不是读者的眼睛。

实例　经典画面

1985年11月13日,哥伦比亚的鲁伊斯火山爆发,引发泥石流顺坡而下,造成了毁灭性的灾难。火山爆发后的第三天,富兰克·福尼尔赶到现场采访。在现场发现一个叫奥马伊拉的12岁小姑娘被两根房脊卡在中间不能自拔,她的脊椎已被砸伤,福尼尔无能为力,只有在他拍下小姑娘那美丽而坚强的面孔的同时,不时地同她交谈。图3-11所示的这张特写照片充分表现了小姑娘横遭灭顶之灾时的坚强与勇敢。

图3-11　《奥马伊拉的痛苦》（[法]富兰克·福尼尔摄）

> 当拍摄对象为人时,在运用特写镜头的时候可以把重点指向最能揭示内心活动的部分——眼睛和手。正如我们常说的"眼睛是心灵的窗户","手是人的第二张脸",如图3-12和图3-13所示。

图3-12　《茶道之"关公巡城"》（李琳摄）

图3-13　《乌干达干旱的恶果》
（[美]迈克·韦尔斯摄）

3.2　方　　位

拍摄方位是指拍摄点与被摄对象之间在同一水平面上的对应关系。在拍摄距离和拍摄高度不变的条件下,不同的拍摄方位可展现同一被摄对象各个角度的不同形象,从而使画面具有不同的侧重点和表现力,能表达不同的情绪气氛以及人与人、人物与环境之间的不同关系。对于拍摄方位的选择而言,可以从正面、背面、正侧和斜侧这四方面考虑。

3.2.1 正面拍摄

照相机镜头对着被摄体的正面位置即正面拍摄。正面拍摄能真实地反映被摄对象的主要外部特征和正面全貌，展示被摄对象的对称结构。

从正面角度拍摄建筑有利于表现其对称的美感和雄伟壮观的气势，因此常用正面角度来表现国家机关、宗教建筑等，用于突出其雄伟、庄重、严肃和稳定的感觉，如图 3-14 所示。

图 3-14 《兴化·拱极台》（徐梦节摄）

从正面角度拍摄人物，以展示人物的面部表情。被摄人物占据画面的中心部位，面对着观众，似乎可以通过眼神、表情和姿态与观众产生交流，具有吸引力和亲切感。

实例　经典画面

图 3-15 是菲利普·哈尔斯曼拍摄的《爱因斯坦》，采用正面角度拍摄。在画面中可以看到，爱因斯坦双眼之中有闪烁的泪光。爱因斯坦发明了相对论公式，但它被后来的科学家运用发明了原子弹，爱因斯坦深深地为此而遗憾，这幅画面充分表现了爱因斯坦悲天悯人的情怀。对于这幅画面，爱因斯坦有一句评价，"我对所有拍摄我的照片都不喜欢，但是我对这张照片的不喜欢程度要小一点。"

图 3-15 《爱因斯坦》
（[美]菲利普·哈尔斯曼摄）

正面拍摄也存在如下一些缺点。

(1) 被摄体在画面上只有高度、宽度而没有深度，所以影响了被摄对象立体感、纵深感的表现。

(2) 由于画面过于对称，缺少变化，容易给人呆板、缺乏生气的印象。

(3) 在拍摄人物或动物时，前后肢体会重叠，掩盖了形体的特征和被摄对象的动作，因而不利于表现活泼气氛、运动姿态。

因此，拍摄者必须通过画面造型改变它在视觉上的平淡效果，比如利用深色前景增强画面的纵深感；利用侧光增强被摄体的立体感；利用人物的动作、装饰等来打破"对称"的感觉等，如图 3-16 所示。

图 3-16　《丽娃春光》(袁东斌摄)

3.2.2　背面拍摄

相机处于被摄对象的正后方，对着被摄对象的背部进行拍摄，即产生背面构图效果。这个角度容易被人忽视，但其却具有很强的传情写意功能。背面拍摄通过着力刻画人物背影的轮廓姿态和动作姿态来反映人物的内心活动，使画面显得含蓄，以这个方位，观众虽不能看到被摄者的脸部表情，却容易激发欣赏者的兴趣和想象力。同时背面拍摄还能让观众将被摄者与背景融为一体，从背景氛围猜测被摄者的表情与所思所想，如图 3-17 所示。

图 3-17　《爸爸和我》(袁东斌摄)

从背面拍摄事物，主体背面一定要有特点，如人物后背的装饰品、衣着的特殊图案和花纹以及能表现人物性格的体态动作等，如图3-18所示。如果人物的背面毫无特点，又缺少环境烘托，就不宜从背面拍摄。

图3-18 《朋友》（徐梦节摄）

3.2.3 正侧面拍摄

照相机/摄像机镜头光轴与被摄对象正面成90°就构成了侧面构图效果。侧面构图能够明确地表达出被摄对象的侧面特征和外形轮廓，能够使人物的姿势和动作特点得到充分的展示，因而特别有利于表现运动物体的形态轮廓，突出主体的速度感。

在人像拍摄中，运用侧面构图可以塑造被摄对象的侧面轮廓形状。对于侧面轮廓清晰、线条优美的人物，采用侧面拍摄可以将其最美的部分充分展现出来；对于少部分面部形象不够端正或脸部存在某些缺陷的人物，采用侧面拍摄可以达到扬长避短、美化人物的作用。

实例 经典画面

图3-19所示的《麦当娜》，挺拔的鼻梁、丰满的嘴唇、微翘的下巴，构成了轮廓清晰、线条优美的完美侧面，摄影师抓住了被摄对象最美的角度，用一张正侧面构图照片将性感演绎得如此完美。

用正侧方向拍摄建筑、自然景物等能很好地将物体的形态轮廓表现出来，但它只表现被摄物的一个平面，各种透视关系不明显，立体感不强，与正面拍摄相同，它也不利于表现深度空间。因此，在用正侧方向构图表现物体或人物时都要从实际出发，做到"因材施拍"，如图3-20所示。正侧方向拍摄有利于表现雕塑的形态轮廓线。

图 3-19 《麦当娜》（[美]赫布·里茨摄）

图 3-20 《天壶》（袁东斌摄）

3.2.4 斜侧面拍摄

斜侧面也称斜侧角度，是介于正面和侧面之间的任意一点，对着被摄物的斜侧面拍摄。以斜侧面方向拍摄建筑物、桥梁、道路，能使被摄主体的横向线条在画面上变成斜线，产生明显的形体透视变化，能扩大画面的纵深空间，有利于表现主体的立体感和环境的纵深感，如图 3-21 所示。

图 3-21 《青岛一大怪：屋子红瓦盖》（袁东斌摄）

用斜侧面方向拍摄人物兼有正面拍摄与侧面拍摄的特征与优点，既能表现人物的内在气质、心理活动，又能刻画人物的轮廓形态以及交流时的表情和动作手势。在拍摄时，由于被摄者有时并不需要直视镜头,所以,会显得较为放松、自然,画面效果也就变得亲切活泼了。因此,斜侧面方向在人像拍摄中是用得最多的,如图3-22所示。

图3-22 《憧憬》(徐梦节摄)

> 在拍摄人像时给被摄对象一个视线引导,让被摄者不直接面对镜头,能让被摄对象更为自然、亲切,有利于展示其最美的一面。

在人像摄影中,采用斜侧面构图和侧逆光照明可以使被摄对象的正面和侧面形成鲜明的明暗对比,使人物五官中的眉、眼、鼻、嘴、耳各部位及躯干四肢的线条产生透视变化,加强了人物的立体形象,也能更好地表现人物的皮肤质感。同时,斜侧面构图还能够使人物所处的环境特征得到适当的表达,用环境的空间深度、明暗对比、虚实变化来烘托主体对象,使人物形象更加鲜明、突出。

3.3 拍摄高度

拍摄高度是指拍摄点与被摄对象之间水平线高度的变化关系,主要有平摄、仰摄和俯摄三种造型效果。拍摄高度的变化将对画面上地平线的高低,景物在画面上的展示程度、远近距离,主体与环境及画面结构配置等的变化产生影响。同时,受视觉心理的影响,拍摄高度往往还可以寄托拍摄者对被摄物的褒贬好恶的情感。

3.3.1 平摄角度

平摄角度指的是拍摄点与被摄对象处于同一水平面上。平摄角度所构成的画面效果接近于人们平常观察生活的视觉习惯,被摄对象不会因为产生透视效果而变形,显得自然、真实和亲切,因而在画面拍摄中得到了最广泛的应用。

在人像拍摄中采用平摄角度可以使人物的五官得到较好的表现,容易与观众之间产生情感交流,给人平易亲近的感觉,因此在拍写真照、证件照和留念照等时都会大量运用平摄角度,如图 3-23 所示。

图 3-23 《奥黛丽·赫本》([美]塞西尔·比顿摄)

> 平面角度拍摄的缺点是往往把同一水平线上的前后景物相对地压缩在一起,容易使主体重叠,也不利于空间感的表现,因此以平摄角度拍摄要注意选择、简化背景,通过运用景深或镜头的透视等造型手段营造画面的空间感。在用平摄角度拍摄风景照时还应注意避免地平线平分画面,如图 3-24 所示。

图 3-24 《浦东新貌》(袁东斌摄)

3.3.2 仰摄角度

拍摄点低于被摄对象,以仰视的角度来拍摄处于较高位置的物体,这种角度称为仰摄角度。以这个角度拍摄的物体,透视感和高度感会得到明显的增强,有助于强调和夸张被摄对象的高度,有助于强化跳跃动体向上的趋势,有利于表现人物高昂向上的精神面貌,以及表现拍摄者对人物的仰慕之情,如图3-25所示。

图3-25 《忠魂千古》(袁东斌摄)

仰摄角度的画面具有较强的抒情色彩,因此常用仰摄角度来表现英雄人物,渲染人物昂扬的精神面貌,使观众产生敬仰之情。在风光画面中,仰摄角度会使天空占据较大的面积,画面显得十分空灵,具有抒情写意的风格,并且在简洁背景的衬托下主体轮廓清晰,十分突出,而大片的天空和云彩令人心旷神怡,能给观众留下很大的想象空间,如图3-26所示。

图3-26 《轮》(陈旦立摄)

> 在使用仰摄角度进行拍摄时应注意避免镜头过仰,否则容易在画面上产生人和物体严重变形的视觉效果。

3.3.3 俯摄角度

拍摄点高于被摄对象,以俯视角度来拍摄处于较低位置的物体,这种角度称为俯摄角度。在以俯摄角度拍摄的画面中,视野更加辽阔、宽广,远景、近物尽收眼底,有"一览众山小"之感。俯摄角度同时也能很好地交代被摄景物与所处环境的关系,画面的空间感得到了加强,从而展现出雄伟壮观的气势,如图3-27所示。

图3-27 《疑是飞碟落闽南》(袁东斌摄)

俯摄角度适用于表现规模和气势,富有表现力地展示巨大的空间效果,尤其擅长表现广袤的原野、起伏的山峦、蜿蜒的河流、辽阔的大海等地形地势,以及群众集会、游行、欢庆等壮观的场面,如图3-28所示。

> 在拍摄人物时,由于俯摄角度容易因透视的变化而使被摄对象产生变形、丑化,容易给人造成心理上的压抑感,表现出沉闷、鄙视的寓意,常在影视作品中用于丑化反面角色或表现一种沉闷压抑的气氛,因此在拍摄人像时要"慎重"使用这个角度。

"横看成岭侧成峰,远近高低各不同"。景别、方位、高度三要素之间既是相互制约的,又是相辅相成的。对任何景物采用"横看"或"侧看",以不同的"远近"或"高低"来观察,均可以得到"成岭"或"成峰"的"各不同"的印象。在画面创作中,不同的拍摄点所形成的画面构图

图 3-28 《绍兴水色》(袁东斌摄)

形式是千变万化的。在这"万变"之中有一点是不变的,即拍摄点的选择必须符合客观实际的需要,必须符合拍摄者的创作意图。只有这样,拍摄者对客观世界的体验、认识、评价和感情色彩,才能通过恰当的拍摄点所形成的新颖的构图形式表达出来。

3.4 练习与实践

3.4.1 练习

1. 填空题

(1) 景别指的是镜头画面中_____和_____的变化。

(2) 根据视觉距离变化的远近和景物范围的大小,习惯上将景别分为_____、全景、_____、近景和_____。

(3) 在拍摄人物时,为了完整地表现人物的形体动作,通过人物的动作来揭示内心的情感和心理状态,表现特定环境中的特定人物,可以采用_____(景别)来拍摄。

(4) 不同的景别有不同的表现力,因此要根据表现意图决定景别,正如绘画理论中所讲的"远取其势,_____"。

2. 简答题

(1) 拍摄全景画面的注意事项有哪些?

(2) 正面角度拍摄存在着哪些缺点?应如何克服?

(3) 斜侧角度为何在人像拍摄中运用得最多?拍摄时应注意什么?

3.4.2 实践

1. 选择一幢建筑拍摄一系列画面,要求分别采用平摄角度、仰摄角度、俯摄角度进行拍摄,拍摄完成后分析其不同特点与注意事项。
2. 拍摄一系列人物画面,要求分别从人物的正面、背面、斜侧面和正侧面进行拍摄。

3.4.3 名作欣赏与点评

请分别从景别、拍摄方位、拍摄高度三方面对图 3-29～图 3-31 所示的构图进行点评,谈谈作品的成功之处在哪儿,有什么值得大家学习的。如作品还有提高的余地,应从哪几方面进行改进。

图 3-29 《拿手榴弹的小孩》([美]黛安·阿伯斯摄)

图 3-30 《繁忙的机场》([美]安德鲁·布鲁克摄)

图 3-31 《杰奎琳·肯尼迪》([美]玛丽·西尔弗斯通摄)

第4章 数字画面的构图

【学习导入】

每种艺术形式都有其独特的规律和原理,构图在数字画面的创作中起着至关重要的作用。构图能够体现创作者的思维过程,它需要在复杂、凌乱的事物中找出秩序;构图体现创作者的组织能力,它需要通过构成元素的组织展现作品的寓意。好的构图能带给人美的享受和情操的陶冶,同样的内容通过不同的构图形式的表达会传达给观众不同的感情和情绪,从而使观众或吃惊,或欣喜,或伤感,或震撼。因此,构图能够增强作品的感染力,给作品植入强大的生命力。

【内容结构】

本章的内容结构如图 4-1 所示。

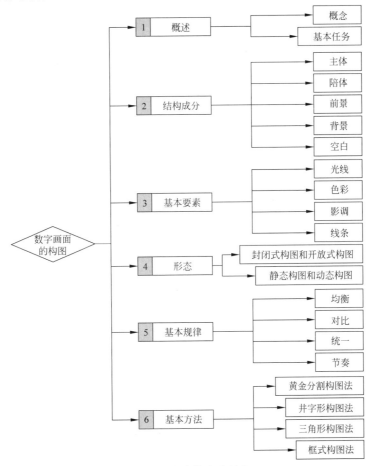

图 4-1 本章的内容结构

【学习目标】

1. 知识目标
- 了解数字画面构图的概念和基本任务。
- 理解数字画面构图的结构成分、基本要素和构图形态。
- 掌握构图的基本规律和基本方法。

2. 能力目标
能够灵活运用构图知识进行作品创作。

3. 素质目标
能够分析不同作品的构图特点。

4.1 数字画面构图概述

4.1.1 构图的概念

"构图"一词来源于英语的 Composition，是西方绘画艺术的术语，它的含义是把各个部分组成、结合、配置并加以整理，从而形成一个艺术性较高的画面。数字画面构图与绘画有很大的不同，绘画可以超脱于现实世界画出完全不存在的画面，而数字画面构图则受到严格的限制，因为镜头对准的是真实世界。因此，在摄影摄像中构图是指在有限的空间或平面上把被摄对象及各种造型元素进行有机的组织、选择和安排，以塑造视觉形象，构成画面样式的一种创作活动。

构图主要由创作者通过造型手法、画面组织的具体形式和相关技术手段来实现。它既是一个思维过程，也是一个组织过程，不仅要从自然存在的混乱事物中找出秩序，还要把大量散乱的构图要素组织为一个可以理解的整体。

4.1.2 基本任务

每一个题材，不论它平淡还是宏伟，重大还是普通，都包含着视觉美点。在利用数字画面表现具体事物时应该撇开它们的一般特征，运用各种造型手段，在画面上生动、鲜明地表现主体形象，正确地选择和安排主体的位置，处理好主体与其他成分的关系，以恰当的拍摄角度和景别配置好光、影、色、线、形等造型元素，获取尽可能完美的形式与内容高度统一的画面，从而最大限度地阐明创作者的意图，这是数字画面构图的基本任务。

4.2 数字画面构图的结构成分

4.2.1 主体

所谓主体就是指画面中主要表现的对象，是主题思想的重要体现者，也是构图要突出的中心内容，在画面中占主导地位，是控制画面全局的焦点。其作用主要有下面两个。

（1）内容表达。主体必须是内容的中心，为主题服务，承担着表达主题思想的任务，是引导事件发展的主要形象，也是观众关注的焦点。

（2）结构画面。主体是画面结构的中心，是陪体和环境处理的依据，其他结构成分都应该为画面的主体服务，它的一举一动都会改变画面的整个布局。

在数字画面的构图中，明确的主体最大限度地吸引和控制着观众的视线和注意力，能够使观众进一步对画面展开分析和想象，从而深度挖掘作品的内涵，如图4-2所示。

图4-2　明确的主体

突出主体的方法多种多样，既可以在内涵和形式上加以实现，也可以通过主体位置的安排和影像大小的设计等进行控制。例如，利用各种对比方法将主体安排在前景位置，使用近景和特写等表现手法都是突出主体的有效手段。

4.2.2　陪体

陪体是画面中与主体有紧密联系、构成特定关系，同时辅助主体表达思想、传递信息的对象。在数字画面中，陪体的出现主要是起陪衬、烘托、对比、解释和说明主体的作用，只要能起到这方面的作用，并且与主体有着直接的关系，就属于陪体的范畴。通常情况下，作为陪体的对象处于与主体相对应的次要位置，与主体相互呼应，恰到好处地设置陪体有利于表达作品的主体特征和寓意，画面也会因此更加生动、有趣。

在数字画面中，主体的作用固然重要，但却不能因此而忽视陪体的作用。在很多情况下，如果没有陪体的帮助，主体也很难发挥作用。一般来说，陪体的作用主要表现在以下方面。

（1）陪衬和烘托主体，对主体起到解释、限定、说明的作用，帮助主体体现画面内容，使画面内容表达更明确、充分，如图4-3所示。

（2）均衡画面，美化镜头。红花需要绿叶扶，陪体可以起到丰富画面影调层次，均衡色彩、构图，加强画面的纵深感和空间感，活跃画面，增强艺术感染力等作用，如图4-4所示。

图4-3　蜜蜂　　　　　　　　　　图4-4　女孩（汤文经摄）

(3) 对情节的发展和事件的进展起推动作用。

对陪体的处理与主体有所区别,陪体不能压过主体,两者应该有主有次、主次分明,一般应遵循以下原则。

(1) 陪体位置没有主体重要。
(2) 陪体形象不如主体完整,但又足以表明其性质和特征。
(3) 陪体色调没有主体醒目。
(4) 陪体角度没有主体突出。

陪体的这些处理原则主要是为了防止喧宾夺主、本末倒置。

> 与主体一样,陪体可以是一个人,也可以是自然景物。

4.2.3 前景

前景是指画面中处于主体的前面,即位于主体和镜头之间,并且与主体没有直接关系的景物。陪体的位置在很多时候也处在主体的前面,但由于陪体与主体有着直接的关系,因此陪体不是前景。前景是数字画面中一种很独特的事物,是视觉语言所特有的一种现象和手段。通常,被当作前景的景物多为树木、花草,有时也可以是人或者物,前景虽然与主体没有直接的关系,但其出现在画面上却可以发挥一些特殊的功能与作用,主要表现在以下几方面。

(1) 渲染气氛、表现环境,彰显时间、地点等信息。利用富有季节性和地域性特征的花草树木作为前景,有助于渲染画面的季节气氛和地方色彩。图 4-5(a)中以头顶的经幡为前景,很好地交代了环境,反映了西藏独特的人文背景。在故事情节比较突出的画面中,前景可以交代时间、地点,甚至暗示人物的内心世界,推动情节的进一步发展。图 4-5(b)以一堆啤酒瓶作为前景,反映出了主人公五味杂陈的心情。

(a) 表现环境(弗兰克·达斯克 摄)　　(b) 前景渲染气氛(夏永康 摄)

图 4-5　前景渲染气氛

此外,利用具有季节气氛和地方特征的景物作为前景可以交代事物所处的环境,使画面具有浓郁的生活气息。

(2) 增强画面的空间透视感。数字画面是一个二维的平面,它在反映和表现三维空间时通常要借助透视手段来完成。透视有一个重要的条件,就是画面中的景物要具有纵深关系。在很多时候,画面中主体和陪体的位置并不能体现这种关系,或者这种关系体现得不够充分,这时借助于前景就可以使画面的纵深感和空间感比较突出,如图 4-6 所示。

（3）帮助画面突出主体。数字画面中的主体对象并不是越大越好，有时利用前景适当地遮挡一下反而会使主体更为突出和醒目，此时前景起的是一种反衬的作用，如图4-7所示。

图4-6　前景增强透视感　　　　　　　图4-7　关在笼子里的小猫

> 当画面中表现的主体人物与陪体影像大小相当时可以把前景作为一种技术手段来运用，用前景适当地遮挡陪体，同样可以达到突出主体的目的。

（4）均衡画面。在拍摄过程中常有这种现象，即确定了主体之后发现构图不太理想。画面创作毕竟是一种视觉上的表现，视觉感受很重要。遇到这种情况，通常是寻求前景来帮助构图，使画面看起来更加稳定、均衡。比如拍摄桂林山水，如果只拍摄平静的水面和远处的景物，画面会显得缺少生机和活力。此时可适当地选取树叶作为前景，这样在解决了构图的同时还会使画面具有一种深邃感，如图4-8所示。

图4-8　桂林山水

4.2.4　背景

背景是位于主体后面用来衬托主体的景物，用于强调主体所处的环境。在很多时候，背景起到的作用与前景有些相似，比如渲染气氛，表现环境，加强空间透视效果，突出主体，平衡画面等。背景与前景最大的不同在于，一幅数字画面可能没有前景，但是它绝对不会没有背景，因此背景的运用更应引起创作者的高度重视。下面列举背景的处理方法。

1. 简化背景

背景无法避免，但却可以通过简约的方式尽量去除不必要的背景，使信息的传递更为具体和明晰，力求通过简洁、明快的背景来衬托主体，从而强化主体的视觉吸引力。比如用干净的天空、宽阔的水面、翠绿的草地作为背景都可以清晰地刻画出主体的轮廓，突出主体视觉的中心地位。此外，使用长焦镜头压缩空间以及利用景深虚化背景都是突出主体的好方法，可以有效简化背景，如图4-9所示。

2. 抓住特征

人们每到一个地方旅游都喜欢与标志性的事物合影留念，这就是为了抓住旅游地的特征，清楚地交代地点和地方特色，如图4-10所示。除此之外，在一些大型活动、突出环境、体现时代特征等题材的作品的创作中也可通过抓住背景特征这一特点来构图，从而加深观众对作品主题的理解。若主体是人物，还可以借此突出人物的职业、性格等。

图4-9 红叶

图4-10 十八街麻花（汤文经摄）

3. 控制色调

运用色调对比是画面构图中突出主体、增强反差的重要手段，在拍摄时应尽量避免背景与主体色调相近或雷同。如果主体以浅色为主，则应尽量选择暗背景；如果主体以深色为主，则应选择亮背景。即暗背景衬托亮主体，亮背景衬托暗主体，从而形成色调的反差，使主体具有立体感、空间感以及清晰的轮廓线条，增加视觉重量，如图4-11所示。

图4-11 将主体色调亮

4.2.5 空白

在摄影摄像中,空白一般指的是画面中色调相近、影调单一,用来衬托主体,并失去实体意义的物体。空白可以是天空、草原、大海、白墙,以及因景深控制造成的虚化背景等,在画面构图中能起到突出主体、创造意境、协调关系等作用,同时有助于作者创作主题的表达。

1. 突出主体

拍摄时在主体周围留出一定的空白是造型艺术的一种规律,可以起到突出主体、增强视觉冲击力的作用。因为人们对物体的欣赏是需要空间的,一件精美的艺术品,如果将它置于一堆杂乱的物体之中,就很难欣赏到它的美,只有在它周围留有一定的空间,精美的艺术品才会绽放它的艺术光芒。同理,如果将主体与其他景物叠放在一起,则会呈现嘈杂、混乱的视觉感受。

2. 创造意境

空白是表现意境的有效手段,在画面构图中有着不可或缺的作用。留取适当的空白能让观众的视觉有回旋的余地,思路也有变化发展的可能。反之,如果画面被塞得满满的,则会产生臃肿、压抑的感觉。

空白常常洋溢着作者的感情、观众的思绪,作品的境界也能得到升华。画面的空白不是孤立存在的,它是实处的延伸,所谓空处不空,正是空白与实处的互相映衬才能形成不同的联想和情调。比如齐白石画虾,几只透明活泼的小虾周围大片空白,没有画水,但人们觉得周围空白处都是水,使画面生动活泼、空灵俊秀。总的来说,在一个画面中如果空白少,整体上就显得写实;如果空白多,则显得抒情、写意。

3. 协调关系

空白是组织画面中各个对象呼应关系的条件,是协调它们之间相互关系的纽带,适当地留取空白能使画面中的其他实体对象与主体产生一定的联系和呼应,在创作中要根据不同的线条延伸方向、不同的光线照射情况等来确定空白的留取以及空白与实体的比例关系,勾勒出具有创造性的画面构图。

4.3 数字画面构图的基本要素

4.3.1 光线

光线是人类生活中不可或缺的物质现象,为人们提供了看清景物的外部形态、表面结构、位置关系和不同色彩的必要条件,离开了光线就无法在电视屏幕上呈现形象,一切造型手段都无从谈起。因此,光线是最基本也是第一位的元素,是画面构图的基础和灵魂。鉴于光线的重要性,本书将另行章节详细讲解光线的相关知识,这里不再赘述。

4.3.2 色彩

如果说光线赋予画面以生命,那么色彩就给画面注入了情感。作为画面的重要构成元素之一,色彩在构图中也有着举足轻重的地位和作用。诸如怎样获取完美的画面色彩构图,如何利用色彩基调来烘托气氛、突出主题,以及怎样运用色彩的感情倾向来更好地塑造人物形象、传达思想感情等问题是创作过程中不得不涉及的课题。

1. 色彩的视觉心理

人们看到不同的色彩往往会产生不同的感受,从而引发不同的心理反应,例如杂乱、刺眼的色彩可能使人感到烦躁不安,而和谐悦目的色彩会让人感到轻松舒适。一般来说,红色、橙色和黄色能给人们带来温暖的感觉,而青色、蓝色和紫色则给人带来寒冷的感觉。色彩给人的冷暖感觉如表 4-1 所示。

表 4-1 色彩冷暖感觉对照表

颜色	红	橙	黄	粉红	绿	草绿	翠绿	青	蓝	紫
冷暖感觉	基本暖色	暖色	暖色	偏冷的暖色	中间色	偏暖的中间色	偏冷的中间色	冷色	基本冷色	偏暖的冷色

从表 4-1 中可以看出,红、绿、蓝三基色在人的视觉反应和心理联想上分别诱发了基本暖色、中间色、基本冷色的感觉。形象地说,红色总是与人们印象中的朝阳、火焰、热血等相联系,它是温暖的;蓝色常会令人联想到月夜、寒天、冰湖等,它是清冷的;而绿色是生命之色,它是协调的,既不偏暖也不偏冷。

> 中间色在暖色环境中可以起到暖色的作用,而在冷色环境中则可以起到冷色的作用。

2. 色彩的感情倾向

色彩和情感不可分割地连接在一起,左右着人的情绪,影响着人的情感。生活中,人的情感都是与色彩联系在一起的。相比色彩的视觉心理,色彩的感情倾向则更丰富一些,它是人脑的一种逻辑性与形象性相互作用、富有创造性的思维活动过程。

色彩的感情倾向会受到诸多因素的影响,既有色彩内在因素的作用,也有历史、文化、民族、信仰、生活环境、时代背景以及生活经历等外在因素的作用。所以,同一种色彩对不同的人可能会引起不同的情绪反应和审美判断,尽管如此,大多数人对色彩的感情倾向还是存在共性的,如表 4-2 所示。

表 4-2 常见色彩的情感内涵

颜 色	具 体 联 想	抽 象 情 感
红色	太阳、火焰、热血	热情、革命、兴奋、权势、力量、愤怒、色情
黄色	土地、秋天、阳光	收获、欢乐、希望、明快、悦耳、成熟、稳重
绿色	春天、树叶、草坪	生命、安全、和平、清雅、生机盎然、恬静
蓝色	苍穹、大海、夜色	理想、冷漠、忧郁、深远、平静、无限的空间
黑色	夜晚、葬礼、煤矿	死亡、痛苦、沉重、悲哀、诡秘、恐怖、凝重
白色	冰雪、鸽子、护士	神圣、和平、宁静、优雅、纯洁、洁净、高尚
灰色	乌云、老鼠、灰烬	压抑、绝望、阴森、消沉、阴暗、暧昧

需要指出的是,表 4-2 所提到的色彩感情倾向并非像数字原理或代数公式那样精密严整、一成不变,这些理论的总结和归纳只是建立在最普遍、最一般的视觉规律之上,具有方法论上的意义。在进行画面的色彩构图时还必须结合具体的生活场景、表现对象及主题内容

来区别对待、随机应变。

3. 色彩的对比

色彩之间的相互对比和相互烘托是色彩感染力的重要表现手法,通过对比色的衬托会使主色更加强烈、鲜明,同时使整个画面色彩丰富、和谐悦目,产生富于变化且带有韵律感的画面。

色彩的对比主要包括不同颜色之间的对比、不同明度的对比、纯度差别的对比、冷暖色调的对比以及色彩面积大小的对比,合理地利用色彩的对比有利于表现画面的主题与内涵,赋予作品更强的表现力和视觉感染力。

4.3.3 影调

影调是指画面中的影像所表现出的明暗层次关系,它最能影响视觉感受。丰富的影调有助于产生恬静、温和、舒畅之感;粗犷的影调有助于给人以跳跃、刚强、激烈、兴奋之感。影调是处理画面构图、营造现场气氛、增强语言效果、表达思想情感、反映创作意图的重要手段。

1. 影调的分类

1) 摄影画面中的影调

传统摄影艺术将画面的影调分为高调、低调和中间调。

高调照片以浅灰和白色为画面的主基调,常给人轻盈、纯洁、优美、明快、清秀、宁静、淡雅和舒畅的感觉,适宜表现明朗秀丽的风光、浅色的静物以及人像摄影中的儿童、少女、医生等,如图4-12所示。

低调照片以黑色影调为基础,黑色占据了画面中的绝大部分,灰色和白色较少,能给人神秘、肃穆、忧郁、含蓄、深沉、稳重、粗豪、沧桑、倔强等感觉,适宜表现饱经沧桑的老人、威信很高的领袖以及性格深沉的年轻人等,如图4-13所示。

图4-12　稻子与稗子(李英杰摄)

图4-13　愤怒的丘吉尔([加]尤瑟夫·卡什摄)

对于中间调照片,画面中的黑、白、灰3个层次所占的比例适中,被摄物的表面结构能够得到真实的再现,符合人们正常的视觉习惯。中间调照片在题材的表现上较自由,适宜表现人物、静物、风光、建筑等,日常生活中的照片大多为中间调。

2)电视画面中的影调

电视画面构图通常以画面影调的明暗反差进行分类,可分为硬调、软调和中间调。

硬调画面反差强烈,缺乏过渡,对细节表现较差,给人以粗犷、硬朗的视觉效果,如图4-14所示。

软调又叫柔和调,明暗反差较小,影调柔和,中间过渡层次较多,对细节有深入的刻画,常给人以柔美、细腻的视觉感受,如图4-15所示。

图4-14　硬调(来源于《新丝绸之路》)　　图4-15　软调(来源于《新丝绸之路》)

中间调又叫标准调,它明暗兼备、层次丰富、反差适中,在电视画面构图中最为常见。

2. 影调的作用

影调是一种既简单又十分复杂的画面语言艺术,它通过不同环境下光与影的运用使画面升华出无数耐人品味的艺术效果,在影像的画面艺术造型中有着以下作用。

(1)突出主体。在拍摄时把明亮主体放在暗背景前或把暗主体放在明亮背景前,可以使主体更加突出、醒目,如图4-16所示。

(2)增强立体感。影像创作的最终目的是利用二维空间(长、宽)的画面来表现现实三维空间(长、宽、高)中的人或物的具体形象。换句话说,在影像画面中,被摄主体的形状和纵深空间的构成是借助于影调分布和空间透视规律来体现的,如图4-17所示。

图4-16　暗背景亮主体　　　　　　　　图4-17　增强立体感

（3）突出质感。所谓质感，是指物体表面的结构感，是被摄对象最鲜明的外在形象特征，只有把物体的轮廓和质感表现出来，才能完成突出主题和表现主体的作用，如图4-18所示。

（4）均衡画面。采用不同角度的光线照明可以使被摄对象形成长短不一的阴影，这个阴影虽然没有重量，但在影像画面上却是有形的，而且还占据了一定的位置，它可以帮助构成影像画面的相对均衡，如图4-19所示。

图4-18　突出质感

图4-19　均衡画面

4.3.4　线条

线条是指被摄对象呈现出的线状特征，它是最基本、最主要的构图元素，任何构图都离不开线条。自然界中并不存在具体可见的线条，但是一切物象都可以通过线条进行表达。比如，高大耸立的建筑物可以抽象成垂直线条，辽阔的海面和草原可以抽象成水平线条，蜿蜒曲折的山间小路可以抽象成曲线条。

线条对构图的影响很大，它源于人们的生活经验和审美经验的积累。线条是形成画面透视的主要元素，不同的线条形式和方向会产生各自独特的视觉感受。

1. 横线结构

横线构图能在画面中产生宁静、宽广、开阔、博大等象征意义，并为画面赋予左右方向上的视觉延伸感，常用于表现地平面、海面等。但单一横线容易割裂画面，因此在构图中忌讳横线从画面中心穿过。在一般情况下可上移或下移躲开中心位置，或者在横线的某一点上安排一个事物，使横线断开一段，如图4-20所示。

图4-20　横线结构

2. 垂线结构

垂线象征着坚强、庄严、有力，给人高大、耸立、威严的感觉，常用于表现树木、森林、柱子、高楼等。垂线构图比横线构图富有变化，但单一垂线也存在和横线一样不足的地方。因此，在实际拍摄中常使用多线结构，利用对称排列的透视手法使主体醒目、主题突出，从而产生意想不到的效果。

在垂线构图的内容选取上既可以表现垂线的力度和形式感，使画面简洁、大气，也可以在画面中融入一些能带来新鲜感的非对称元素，为画面增加新意，如图4-21所示。

3. 斜线结构

斜线是画面构图中使用频率很高的线条，它非常生动，具有流动、失衡、紧张、危险等内在气质，在表现力量、方向感、动感方面具有明显优势，常常使静态的画面具有动态效果，还能有效地增强画面的纵深感和空间感，提升被摄主体的气势和视觉冲击力，如图4-22所示。

4. 曲线结构

曲线是人们在生活中常见的一种极富表现力的线条，象征着柔美、浪漫、优雅，给人自然、柔和、

图4-21 垂线结构（东方明珠）

流畅的感觉，通常用于表现风光、建筑、道路以及河流等。曲线的形式非常丰富，有S形、弧形、圆形和C字形等。

对于曲线结构的把握，关键是要善于发现和提炼，通过角度的选择、景别的控制，结合光影、运动等手段将这些曲线强化出来，呈现在画面中，如图4-23所示。

图4-22 斜线结构（雷依里摄）

图4-23 曲线结构

> 以上是4种常见的线条结构形式,除此之外,线条自身也具有虚实、粗细等特点,这些同样可以产生独特的视觉节奏,为数码画面的创作提供参考。

4.4 数字画面构图的形态

数字画面构图的形态多种多样,摄影构图与摄像构图也不尽相同,本节侧重于从封闭式构图和开放式构图、静态构图和动态构图来分别阐述摄影与摄像的构图形式。

4.4.1 封闭式构图和开放式构图

1. 封闭式构图

在构图艺术中,传统艺术家往往把画框本身当成一个相对完整的空间,与主题和主体有关的表现元素都呈现在一幅画面当中,由此形成了封闭式构图的古老传统。封闭式构图十分讲究构图的章法,崇尚画面中主体形象的完整性,强调形式为内容服务,注重引导观众的视线向画面中的主体集中,通常用于风光、肖像、静物、小品、商业摄影等题材的拍摄,展现唯美、均衡、完整的画面形象。

封闭式构图的主要特点可以归纳为以下几点。

(1) 主体形象完整。在封闭式构图中,人们构图时的思考方式是把它作为一个相对完整的、本身具有一定独立性的空间来对待,因此,力求完整是画面布局的基本原则。也就是说,封闭式构图不只表现主体的某一局部,还将被摄主体完整的形象展现在画面中,观众一般不会觉得有什么缺失,能留下一个直观明了的印象。

(2) 有明确的趣味中心。封闭式构图一般将主体安排在画面的视觉中心或黄金分割位置,以此来突出主体,深化主题,吸引观众的注意力。

(3) 整体结构稳定。封闭式构图一般都遵循传统的构图准则,讲究画面布局的对称、均衡、和谐与呼应,从结构上给人一种稳定感。

(4) 注重画内的完整表达。封闭式构图将观众的视觉感受和心理联想局限在可视画面内,无须产生画外联想,仅靠画内信息即可将主题表达得淋漓尽致。

2. 开放式构图

开放式构图是受近代西方绘画构图形式的影响而产生的一种摄影构图形式。这种构图形式并不拘泥于被摄对象本身在画面上的完整,只求整个画面结构的合理、完整与统一,拍摄时完全可以将被摄主体置于画面的任意处,主体的大小、远近可以有强烈的变化,构图灵活多变,能将观众的视线从画面的中央引向四周,并有向画外延伸的效果,造成了极强的视觉冲击力。开放式构图是现代摄影中最常见的一种构图形式。

开放式构图的主要特点可以归纳为以下几点。

(1) 不追求主体的完整形象。开放式构图与封闭式构图相反,在画面中并非要展现一个相对完整的信息,有时特意使画面的内容变得不完整,尤其是拍摄近景、特写时都对其进行大胆切割,被裁掉的部分就自然成为悬念。

(2) 把主体安排在非视觉中心。开放式构图在对主体位置的经营上摒弃了封闭式构图的那种严谨性,只要内容需要,就可以将其安排在画面的任一位置。也就是说,开放式构图常常把主体处理在非视觉中心和非黄金分割位置,表现出一种明显的反传统倾向。

(3) 不过分追求稳定的结构。开放式构图的结构趋于松散,不过分讲究画面的稳定,常常利用镜头的某些特性或拍摄技巧将原本很稳定的事物拍摄成动荡不安的画面,以表达创作者的某种意识和情趣,借以达到更深的寓意。

(4) 注重画外的表意。在开放式构图中,画面中的某些元素或者是被切割掉一部分,或者有完整的形象,但其运动状态或某种指向有向画外发展的趋势,让人产生对画外的联想。也就是说,画里画外发生了某种微妙的联系,人们看到的不只是作品方框大小的画面,而是在头脑中产生了更大、更广的画面。

(5) 构图的随意性。开放式构图似乎是随时随地没有准备的一次拍摄,尽管画面上会略显杂乱,但具有现场的真实感,更容易使观众对画面中呈现的内容产生信任感,虽然不精美,但更真实。因为它带有很强的随意性,拍摄的思维也可以放得更开、更广,往往可以得到耐人寻味的效果,适合于表现以动作、情节、生活场景为主题的内容,尤其在新闻摄影、纪实摄影中更能发挥长处。

4.4.2 静态构图和动态构图

1. 静态构图

静态构图是指画面造型元素及结构都没有发生明显变化的构图形式,用于表现相对静止的对象或运动对象的静止瞬间。静态构图有利于看清对象体积、空间位置及对象与环境的关系。通常情况下,静态构图要满足下面三个基本条件。

(1) 镜头和被摄对象不发生空间位移,即机位固定。

(2) 在拍摄过程中无摇操作,即光轴固定。

(3) 在拍摄过程中无推拉操作,即焦距固定。

也就是说,在机位固定、光轴固定、焦距固定的情况下拍摄的画面采用的就是静态构图形式。

静态构图在画面造型上主要有以下表现特点。

(1) 静态构图容易使对象尤其是主体对象的形象表现得比较鲜明、清晰和深刻。静态构图排除了运动因素对画面的影响,让观众以固定的视角去观察,这种构图方式有利于展示静止对象的性质、形状、体积、规模,善于表现人物的神志、情绪、心态,体现情感关系的变化。

(2) 静态构图容易使对象的空间位置关系表现得比较清晰、明朗。在静态构图中,对象都相对不动,主陪体关系会表现得比较明显。这种特点使静态构图画面天然地具有一种适合于介绍或交代对象间方位关系的表现特长。如果对象的这种位置关系值得强调,采用静态构图就是最合适的选择。

(3) 静态构图适合于表现静态美并营造恬静的氛围。动和静是生活中的两种基本状态,动有动的美,静有静的美。当事物具有一种静态美时,静态构图是最适合的表现形式。除了表现静态美以外,静态构图在营造恬静氛围,表现沉思、沉静、沉浸时也具有一些特殊的作用。

(4) 静态构图的前景和背景具有更强的表现作用。在静态构图中,由于对象基本不动,观众的大部分注意力会集中在前景和背景上面,使静态构图的前景和背景具有更强的穿透力和表现力。如果前景或背景在画面中具有比较重要的表现作用,选择静态构图往往是最适合的。

(5)静态构图更适于表现对比、象征、写意等表现性内容。对比和象征等表现手法往往是利用对象所具有的某种性质及特点来传递内容、表达思想的,这种通过比较、联想的方式传递信息的画面只有在稳定、适于注意的前提下才容易达到理想的效果。

(6)静态构图往往具有独立的表述特性。电视画面是一种以形象为基础、视听兼备的语言表达体系。在这个体系中,静态构图往往具有独立的性质,即它能以独立的单元结构存在于一个影片中。静态构图的这种特点使它具备了独立承担表现任务的功能。

2. 动态构图

动态构图是指画面造型元素与结构连续或间断地发生变化的构图形式,它是画面内部被摄对象的运动与画面外部摄像机镜头的运动相结合的产物。

动态构图的具体实现方法和构图形式非常丰富,大致可以归纳为下面三种。

(1)摄像机不动,被摄对象运动。

(2)摄像机运动,被摄对象不动。

(3)摄像机运动,被摄对象运动。

无论是摄像机的运动还是被摄对象的运动都会使画面构图形式发生变化,或者主体位置发生变化,或是景别、角度、背景、拍摄方向、透视关系甚至光线条件发生变化,这都具有动态构图的特征。

动态构图在画面造型上主要有以下表现特点。

(1)运用动态构图表现人物的面貌。尽管在一般意义上人物面貌表现的最佳选择是静态构图,但处于某一情境当中的人物可能会缺乏静态的瞬间,在这种情况下选择动态构图来表现人物面貌可能就是退而求其次的一种选择,这种选择可能包含了无奈,但却是一种表现的必要。另一种情况,利用静态构图表现人物面貌其画面长度必然要受到限制,通常这类画面如果延续6s就会让人产生厌倦情绪。因此,为了追求较长时间的画面表现可以选择动态构图来表现人物面貌。

(2)运用动态构图表现对象运动和变化的状态。静态构图以不动为构图的第一要务,而动态构图则恰恰相反,这就要求在拍摄时要尽量注意对运动的表现。表现运动除了通过对象本身的因素之外,与拍摄的方向、角度、景别及镜头的焦距都有很大的关系。一般来讲,摄像机与对象运动方向的角度越小、距离越远,越不利于表现运动;运用大景别会减缓运动表现,运用小景别会增强运动表现;使用长焦距镜头对纵向运动会有一定的减缓作用,而对横向运动则会有所加强;使用短焦距镜头对横向运动会起到减缓作用,而对纵向运动则会起到加强的作用。

> 在运用动态构图表现对象的运动状态时,确定运动的表现幅度是控制构图的一个重点,也是难点。在具体拍摄时,是将对象的动态做常规的处理还是加强处理,抑或是减缓处理,确实是一个非常重要的问题,因为其处理方式直接影响了运动构图画面的最终形态。

(3)制造某种节奏或气氛。动态构图具有一种感性因素,适合用来表现某种气氛或形成某种节奏。当然,要想取得这种效果还必须结合具体的内容,同时要与静态构图很好地配合起来才能真正发挥动态构图的这种优势。一般来说,运用动态构图可以制造紧张、热烈、欢快、不安、动荡等多种情绪和气氛。

4.5　数字画面构图的基本规律

4.5.1　均衡

画面的均衡是指各构成单元视觉重量关系的平衡与稳定,主要体现在主体与陪体之间的轻重、大小、虚实、疏密、繁简、对比等关系,使画面取得总体布局上的稳定。在数字画面构图中,为了达到均衡的目的,可以使用天平原理和杠杆原理进行指导,权衡两个或者更多元素在画面上的布局。

天平原理就是指以画面中心划分的左右空间中的两个元素,当它们的形状、大小以及色彩等大致相同时便获得了均衡,这种均衡在艺术上称为"对称均衡",如图 4-24 所示。

"非对称均衡"则是根据杠杆原理利用主体与陪体之间的大小变化、色彩对比、动静结合、虚实关系等通过合理布局使主陪体之间和谐共存,给人以美的感受。为了达到这种均衡,人们往往把较重的物体安排在靠近画面中心的位置,而把较轻的物体安排在离画面中心较远的位置。如图 4-25 所示,夕阳和桥翼就是画面中的两个主要对象,其布局基本达到了"非对称均衡"的效果。

图 4-24　对称均衡(李若兰摄)　　　　图 4-25　非对称均衡(黄振腾摄)

4.5.2　对比

对比是把两个或两个以上的对象所具有的不同性质、不同质量、不同体积、不同特点等表现元素加以比较和说明的构图方式,通过比较使对象与对象所具有的特殊性质得以显现。在对比构图中,对象与对象的差别是构图存在的依据。换句话说,所谓对比就是抓住对象之间的差别和特点并通过这些差别和特点的比较来体现其想法、意图的画面处理方式。

在现实生活中,很多对象经常会体现出相反、对立或不同的性质。抓住这些不同之处,比如利用对象与对象之间体积的大与小、光线的明与暗、色彩的冷与暖、焦点的虚与实等差别和特点,通过对比的方式可以使对象获得突出和鲜明的表现,造成醒目的效果,如图4-26~图4-29所示。

图4-26　大小对比

图4-27　明暗对比

图4-28　冷暖对比

图4-29　虚实对比

运用对比要注意割舍画面中与主题无关或不重要的视觉元素,突出对象的差别和特点,将对象所具有的对比元素尽量做放大处理,以强化对比效果。对于具有对比性质和特点的对象,如果在处理上重点不够突出,往往会削弱画面对象的对比作用,甚至可能被其他视觉元素所掩盖。

> 对比表现除上面提到的一些之外,还有形状对比、数量对比、质感对比、快慢对比、动静对比、疏密对比和刚柔对比等多种方法。

4.5.3　统一

统一是以变化为表现特点,当然统一的变化有着幅度的限制,不是没有规则的变化。统一原则上允许构图元素发生变化,但一定要以某一种构图元素为主。在统一构图中,如果以斜线条为主来安排画面,画面中可以有一些横的或竖的线条,但这些变化的线条不能破坏斜线条对画面的统治地位。

对于统一构图来说,它强调的是统一原则下构图元素的多样性。多样产生变化,有变化不统一就凌乱,统一无变化就单调,这是统一构图的核心准则。统一构图既可以体现在单幅摄影画面中,也可以体现在整个摄像画面中。这就要求创作者在处理构图时不仅要注意形式的多样,还要注意方法和手段的多样,同时这些形式、方法和手段还要在整体风格和面貌上达到统一的要求,而不能毫无联系,各行其是,缺乏统一的格调。

4.5.4 节奏

节奏是较复杂的重复,它不仅是简单的韵律重复,还常伴有一些因素的交替。它是一个有秩序的进程,提供了可靠的步调和格局。在创作过程中,若是发现和再现了某种节奏,就意味着从无序中找到了秩序,从杂乱中找到了和谐因素,从而能激发观众丰富的想象力,使作品产生独特的视觉感染力。

节奏产生的形式可以归纳为以下 4 种。

(1) 重复的节奏。重复是节奏最简单的形式,整齐地把相近或相同的元素在画面中进行排列是常用的表现形式。需要特别指出的是,对于重复的节奏要特别注意避免呆板、乏味的创作。

(2) 交替形成节奏。由两个或者两个以上不同的形式因素进行排列,形成具有多个重复形式的节奏,这样可以形成多样性,有助于减少单调。

(3) 辐射形成节奏。辐射形成的节奏可以很好地控制画面的视觉中心,从中心向四周辐射的线条或者其他视觉元素节奏明显、韵律突出,能够很快地抓住观众的视线。

(4) 动感节奏。为了追求画面的协调统一,把相似的物体组织起来就会产生一种运动或者流动的特性,即动感节奏,运用色彩、形状、质感等的重复出现,使画面的动感更加生动,从而控制观众的视觉观察点在各物体间进行流动。

4.6 数字画面构图的基本方法

4.6.1 黄金分割构图法

"黄金分割"也叫"黄金律"或"黄金比",它是古希腊和文艺复兴时期绘画艺术家们使用最多的一种画面分割比率。所谓"黄金分割",就是在一条线段上分割后所形成的长边与整个线段的比值等于短边与长边的比值(即 0.618),如图 4-30 所示,$AC/AB=CB/AC=0.618$。实践证明,"黄金分割"的画面排布可以给观者带来愉悦的视觉感受,它具有严格的比例性、艺术性、和谐性,符合人们的视觉习惯,蕴藏着丰富的美学价值,因此被认为是最具美感的画面布局形式。

以 4∶3 画幅为例,按照"黄金分割"的原则加以分割后会形成横-竖各两条分割线(即黄金分割线)和 4 个交叉点(即黄金分割点),如图 4-29 所示。毫无疑问,这些线和点所在的位置是画面中最能吸引观众视线的位置,也是画面中的主体常常出现的位置,如

图 4-31 所示。

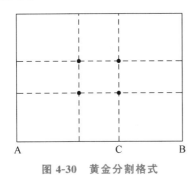

图 4-30 黄金分割格式

图 4-31 黄金分割构图

> "黄金分割"原则只是构图时的重要依据而不是唯一依据,也就是说,"黄金分割线"并不是一条不可逾越的线。

4.6.2 井字形构图法

井字形构图又叫"九宫格构图",它是最为常见、最基本的构图方法。其原理是将画面当作一个有边框的面积,把上、下、左、右 4 条边都三等分,然后用两条水平线和两条垂直线把这些对应的点连起来,在画面中就构成一个"井"字,从而使画面被分割成 9 个相等的方块,4 条分割线出现 4 个交叉点,而这些交叉点就是画面的趣味中心,如图 4-32 所示。

通常,创作者就在这 4 个点上选择一处作为表现主体的最佳位置,自然能够吸引人们的视线,如图 4-33 所示。

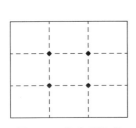

图 4-32 井字形格式

图 4-33 井字形构图

> 在实践创作中,并不是说主体非得准确地置于交叉点上,它常常出现在交叉点附近。

4.6.3 三角形构图法

三角形是一个均衡、稳定的形态结构,创作者可以把这种结构运用到摄影与摄像构图中。大千世界,三角形的元素和组合无处不在,这种造型在构图中又可以分为正三角形和倒三角形的表现形式。正三角形的造型可以传递一种安定、均衡的画面情绪,在表现稳重、简洁的同时给人大气之感,如图 4-34 所示。

倒三角形构图更加新颖,但画面的稳定和均衡感没有正三角形构图强烈,相比之下,它更能表现一种张力和压迫感,使画面更富有视觉冲击力,如图 4-35 所示。

图 4-34　正三角形构图(雷依里摄)

图 4-35　倒三角形构图(雷依里摄)

4.6.4　框式构图法

框式构图的对象通常具有某种图案效果,框式构图是利用前景或处于前景位置的陪体的框式形式,适当地安排这个形式与主体的位置。框式构图中的图案形式通常都处在画框的边缘位置。框式构图法能体现画面的纵深感,具有一定的装饰性和趣味性,并具有引导观众视线进入画面主体的作用,使观众产生强烈的临场感,如图 4-36 和图 4-37 所示。

图 4-36　框式构图(梦影者摄)

图 4-37　框式构图

> 数码画面构图的基本方法还包括横线构图法、垂线构图法、斜线构图法和曲线构图法，详细内容请参阅 4.3.4 节，这里不再赘述。

4.7 练习与实践

4.7.1 练习

1. 填空题

（1）_____ 是指画面中主要表现的对象，是主题思想的重要体现者，也是构图要突出的中心内容，在画面中占主导地位，是控制画面全局的焦点。

（2）_____ 是画面中与主体有紧密联系、构成特定关系同时辅助主体表达思想、传递信息的对象。

（3）在摄影摄像中，_____ 一般指的是画面中色调相近、影调单一，用来衬托主体并失去实体意义的物体。

（4）基本暖色是指 _____，基本冷色是指 _____。

（5）_____ 是指画面中的影像所表现出的明暗层次关系。

（6）_____ 照片以浅灰和白色为画面的主基调，常给人轻盈、纯洁、优美、明快、清秀、宁静、淡雅和舒畅的感觉。

（7）_____ 照片以黑色影调为基础，黑色占据了画面中的绝大部分，灰色和白色较少，能给人神秘、肃穆、忧郁、含蓄、深沉、稳重、粗豪、沧桑、倔强等感觉。

（8）按画面影调的明暗反差进行分类，电视画面构图可分为 _____、_____ 和中间调。

（9）静态构图要满足三个基本条件，即 _____、_____ 和 _____。

（10）构图的基本规律包括 _____、_____、统一和节奏。

2. 简答题

（1）简述主体的作用。
（2）陪体的处理与主体有所区别，主要表现在哪些地方？
（3）前景的作用有哪些？
（4）空白在构图中有何作用？
（5）数字画面构图的基本要素有哪些？
（6）简述封闭式构图和开放式构图的区别。
（7）静态构图和动态构图在画面造型上有哪些表现特点？
（8）至少列举 4 种基本的构图方法，并进行简要描述。

4.7.2 实践

1. 练习高调照片和低调照片的拍摄方法。
2. 根据数字画面构图的基本方法分别拍摄出黄金分割、井字形、三角形、框式等构图形式的作品。

3. 对比是数字画面构图的基本规律之一,请自选样片进行分析,并写出对该规律的认识和感想。

4. 练习硬调画面和软调画面的拍摄方法。

5. 练习封闭式构图和开放式构图的拍摄方法。

6. 进一步掌握主体、陪体、前景、背景和空白在电视画面构图中的地位和作用,拍摄一段不短于 5 分钟的视频。

第 5 章　数字画面的拍摄用光

【学习导入】

有这样一个故事，一位实业家准备举行宴会，当来宾围住摆满了美味的餐桌就座之后主人首先点亮了红色的灯，在红光照射下肉食看上去颜色很嫩，使来宾食欲大增，但蔬菜却变成了黑色，马铃薯显得鲜红。随后，红光变成了蓝光，烤肉现出了腐烂的样子，马铃薯像是发了霉。等黄灯打开后，葡萄酒看上去就像蓖麻油，没有人再想吃东西了。主人又打开日光灯，宾客们的食欲又恢复了。由此可以看出，相同的被摄体当照射光线不同时给观众带来的感受是千差万别的。因此在数字画面拍摄过程中只有会用光、用好光才能创作出令人赏心悦目的作品。

【内容结构】

本章的内容结构如图 5-1 所示。

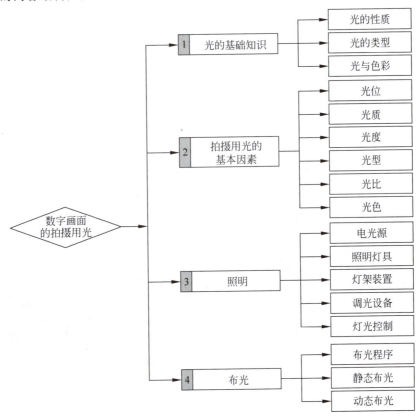

图 5-1　本章的内容结构

【学习目标】

1. 知识目标

了解光的基本知识,掌握拍摄用光的因素和概念。

2. 能力目标

具备熟练使用照明灯具的能力,熟练掌握布光和采光的基本技术。

3. 素质目标

培养学生对摄像用光的兴趣以及对事物的认知和理解能力,培养和提高学生的审美能力。

5.1 光的基础知识

5.1.1 光的性质

摄影(photograph)来自于希腊文,原意为光画,就是用光线来作画的意思,以区别用画笔和颜料来描绘图像的古老绘画方式。画面创作者为了更好地"用光写作",首先必须掌握画面用光的性质。

1. 光谱成分

太阳光辐射出来的是包含各种单色成分的光谱带,因而它是一种复合光,给人以白光的综合感觉,这一现象已经由人们熟悉的棱镜分色实验所证实,如图5-2所示。

> 关于阳光究竟为何物,人们在认识上经历了漫长的岁月。直到1665年,英国伟大的科学家牛顿运用三棱镜将一束阳光分解成了红、橙、黄、绿、青、蓝、紫7种色光,经过反复试验,牛顿得出结论:白色的阳光是由7种颜色的光混合而成的,而且7种色光的混合有其固定的比例。牛顿设法将这7种色光混合成了白光,这样他就发现并证明了白光的内在规律。

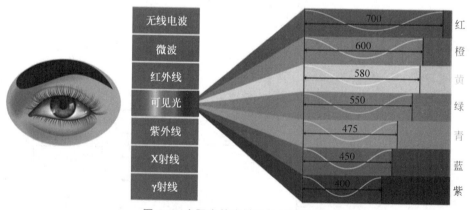

图5-2 太阳光的光谱成分(见彩插)

2. 光的三原色

在光谱中,红色光、绿色光、蓝色光因为能合成白光和各种不同的色光而被称为原色光,如图 5-3 所示。彩色光电传播系统(包括相机、摄像机)就是根据光的"三原色"原理来反映景物颜色的。由两种原色光混合而成的色光称为复合色光,复合色光所表现出来的颜色称为间色。在光谱中,黄色光、青色光、品红色光都是复合色光。

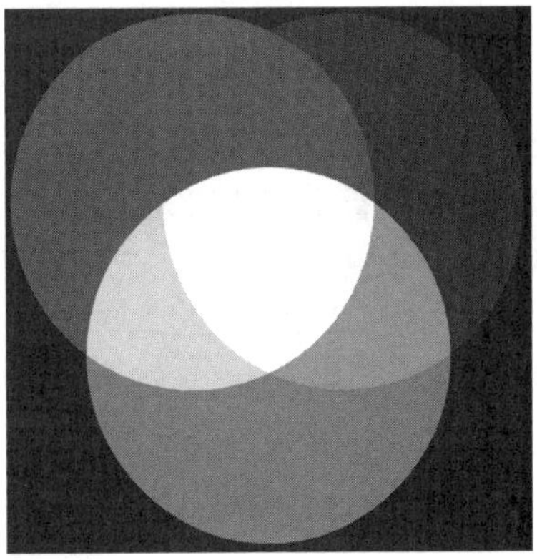

5.1.2 光的类型

在拍摄中,照亮物体的光线往往不止一种,许许多多的不同光线构成了环境的光效。一切可以发光的光源根据其来源可分为自然光和人工光两大类。

图 5-3 光的三原色(见彩插)

1. 自然光

天然发光的光源称为自然光。从画面拍摄的角度讲,可利用的自然光主要是太阳和天光。太阳是主要发光光源,太阳光除直接照射到地球上以外,一部分光被大气层吸收,透过大气层再照射于地面,此光被称为天光。

> 近年来,由于增感镜头的出现,摄像机的灵敏度不断提高,有时可直接拍摄月亮和月光下的景物,那么月亮也可以算自然光了。

自然光的特点:亮度强,照明范围广且均匀;自然光的强弱随季节、时间、气候、地理条件的变化而变化;日照强弱又受天气变化的影响分为晴、阴、晦、雾、霾、雨、雪,其光照度各不同。地理条件变化对日照强弱的影响也很大,在高山、平地、高空、海底所受光的强弱也各不相同。如所处的经纬度不同,海拔高低不同,其照度、色温也不同。海拔较高的地区,直射阳光较强,散射的天空光较弱,景物反差较大,天空呈暗蓝色。相反,海拔较低的地区,天空散射光较强,景物反差较柔和。利用自然光进行拍摄不用刻意地准备、摆布各种灯具,所拍的画面显得自然、真实,因此受到了广大拍摄者的青睐。图 5-4 所示即利用自然光进行的拍摄。

图 5-4 《土楼人家》(袁东斌摄)

2. 人工光

相对于自然光,一切由人加工制造的发光光源均为人工光,如灯光、反光器(反光板、反光镜)。在拍摄中常用的灯光有白炽灯、碳弧灯、碘钨灯、卤钨灯和镝灯等。

内景拍摄全部使用人工光,外景摄影则以自然光为主,辅以人工光。使用人工光较少受客观条件限制,光位的确定、亮度的控制、光影的布置和各种效果光的使用等都可由拍摄者自己来支配,这使得拍摄者可创造丰富的画面影调,塑造不同的人物形象和光线效果,同时不受季节、时间、气候、地理条件的限制,可按创作者的艺术构想从容地进行创作。图 5-5 所示即利用人工光进行的拍摄。

图 5-5 《亭亭玉立》([美]爱德华·韦斯顿摄)

实例　经典画面

1927 年,韦斯顿的摄影进入了一个新的领域。在访问一个画家朋友时,他带回了一批贝壳,他对它们进行长时间的曝光,以各种想到的组合安排、布光、运用背景。这些贝壳照片(见图 5-5)带着一种强有力的形体感和神秘的内在生命,这使得它们跟以前出现过的静物照片有了显著的区别。

3. 混合光

混合光就是自然光、人工光或不同色温光源同时并用的照明光线,既具有硬光性质又具有软光性质的光线为混合光。日常生活中实际存在的光线经常是直射光和反射光的混合。在画面拍摄实践中,混合光照明一般需经调整,统一色温,以适应摄影、摄像 CCD 彩色平衡的要求,使亮度平衡,以调整影调明暗反差。在特殊条件下,也可利用混合光造成特定的光线效果,如某些夜景中蓝色的日光及暖色的灯光等。

5.1.3 光与色彩

五彩缤纷的世界是在光线的照射下呈现出来的,有光才会有色,没有光就没有色。色彩固然是现实事物本身的属性,但色彩更是读者主观感觉的属性,所以色彩是一种主、客观综合属性。在摄影摄像艺术里,对色彩的研究主要是研究如何用色彩表情达意,为此大家必须了解物体的色彩、不同色彩对人的心理影响和表现情感的特征。

1. 光源色、固有色与环境色

光源色、固有色与环境色是大家研究色彩理论之前要掌握的概念,也是理解色彩关系的第一步。在创作过程中有以下公式。

$$被摄体呈现颜色＝固有色＋光源色＋环境色$$

1) 固有色

固有色是指本身不发光的物体在标准光源(通常是太阳光)照射下所具有的各种颜色。固有色是不能随意改变的,固有色改变意味着物体性质发生变化。这类物体虽然自身不能发光,但它能反射、吸收或透过某种特定波长的光,从而经过该物体入射到人眼引起各种不同的色彩感觉。例如,不同种族的人肤色不相同,黄皮肤是黄种人的特征,白色是白种人的特征,黑色则是黑种人的特征……未成熟的苹果是青色的,成熟的苹果则是红色的。

2) 光源色

光源色是指发光体(光源)发出的可见光给人的色彩感觉,或是光源照射到白色、光滑、不透明物体上所呈现出的颜色。同一物体在不同的光源下将呈现不同的色彩:在白光照射下的白纸呈白色,在红光照射下的白纸呈红色,在绿光照射下的白纸呈绿色。因此,光源色光谱成分的变化必然会对物体色产生影响。电灯光下的物体带黄,日光灯下的物体偏青,电焊光下的物体偏浅青紫,晨曦与夕阳下的景物呈橘红、橘黄色,白昼阳光下的景物带浅黄色,月光下的景物偏青绿色等。光源色的光亮强度也会对照射物体产生影响,强光下的物体色会变淡,弱光下的物体色会变得模糊晦暗,只有在中等光线强度下物体色最清晰可见。因此,大家在拍摄过程中应该注意对光源色的选择和应用,避免出现偏色。

3) 环境色

环境色是物体所处环境色彩的反映。物体除受主要发光体(或反光体)的照射以外,还可能受到次要发光体(或反光体)的影响,这种在物体暗面呈现的色彩就是环境色,在素描中俗称"反光"。每一种物体都向它周围空间反射色彩。如果这个物体呈蓝色,那么它必然会反射出蓝光,从而对近旁的物体形成环境色。物体表面越光滑,这种反射对周围的影响就越明显。在拍摄过程中,大家同样要关注环境色,让其为画面加分,而不至于成为所摄画面的干扰因素。

2. 色彩的三要素

人眼可以识别的色彩数以万计,鉴别、评价色彩的主要依据是色相、明度、饱和度。

1) 色相

色彩是由于物体上的物理性的光反射到人眼视神经上所产生的感觉。色的不同是由光的波长的长短差别所决定的。色相即色彩的相貌,是指不同波长的光给人的不同色彩感受。波长最长光的是红色,最短的光是紫色,通常把红、橙、黄、绿、蓝、紫和处在它们之间的红橙、黄橙、黄绿、蓝绿、蓝紫、红紫这 6 种中间色——共计12种色作为色相环,如图5-6所示。在色相环上排列的色是纯度高的色,被称为"纯色"。这些色在色相环上的位置是人们根据视觉和感觉的相等间

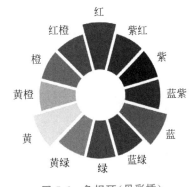

图 5-6　色相环(见彩插)

隔进行安排的,用类似这样的方法还可以再分出差别细微的多种色。在色相环上,与环中心对称并在180°的位置两端的色被称为互补色。

2) 明度

明度表示色所具有的亮度和暗度。计算明度的基准是灰度测试卡,如图5-7所示。黑色为0,白色为10,0～10等间隔地排列为9个阶段。色彩可分为有彩色和无彩色,但后者仍然存在着明度。作为有彩色,每种色的亮度、暗度在灰度测试卡上都具有相应的位置值。彩度高的色对明度有很大的影响,不太容易辨别。在明亮的地方鉴别色的明度比较容易,在暗的地方就难以鉴别。

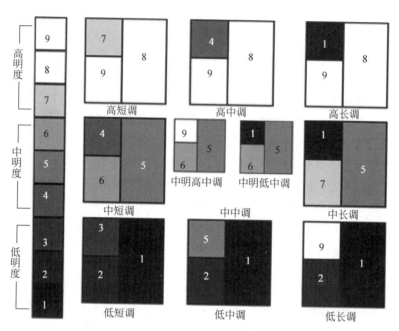

图 5-7　灰度测试卡

3) 饱和度

饱和度也叫色纯度,是指物体色彩的纯正程度或鲜艳程度。一种色彩中含有消色成分(黑、白、灰)后会影响其色彩的纯度。某一色彩含的消色成分越少,本色成分越多,其鲜艳程度越高,越饱和,反之就越不鲜艳、不饱和。最纯的色是光谱色,不过我们在生活中很难看到。调整饱和度就是调整图像色彩的深浅,在将一个彩色图像的饱和度调整为0时,图像就会变成灰色。增加图像的饱和度会使图像的颜色加深,影响色饱和度的光线性质是照明方式、物体的表面结构、曝光条件和光学附件的使用以及大气透视效果等因素。

3. 色彩的心理感受

人们在生活中对色彩的认识也有许多心理反应,人们常把色彩和温度、重量、运动等感觉联系在一起,把色彩分成冷色、暖色,重色、轻色,或突出色和隐蔽色等。

1) 色彩的冷暖感

在不同色光的照射下,人的肌肉机能、血液循环可引起不同的反应,人的温度感觉、血液循环速度、血压、脉搏等,在红色环境中升高,在蓝色环境中降低,看到红橙色就联想到太阳、火焰,因而感到温暖;看到蓝、紫色则联想到大海、天空,因而感到凉爽。因此,颜色就有了冷暖之分,红、橙、黄等色为暖色,能给人以温暖的感觉;青、蓝等色为冷色,能给人以冷的感觉。绿和紫在色彩的冷暖感觉中属于中性或者说冷暖不定。它们会受到色彩环境的影响,在冷色环境中会显得较暖,而在暖色环境中会显得较冷。例如,绿色和蓝色搭配时表现出偏暖的特性,和橙色搭配时表现出偏冷的特性。对于紫色来说,也是如此。

冷暖对比是指色彩构成中冷暖色的配置关系,是色彩构成和色彩表现的重要规律。在色调构成中,那些色调鲜明、趋向单一的色调画面冷暖搭配非常重要。例如,在红色画面中如果没有一小块冷色,就让人感觉是单色画面,在这里冷暖对比称为色彩的平衡。在表意上,强烈的冷暖对比常常暗示着某种对立的不调和因素或对抗因素。

2)色彩的重量感

色彩的配置还可以让人有轻重和软硬的感觉。根据色彩体验,我们对明度低的色彩很容易联想到重而硬的物体,如金属、煤、石块等;明度高的色彩会让我们联想到红黄花朵、吐露的新芽、飘浮的彩云等。在看白色和黑色的抽象图形时,我们总是觉得黑色比白色图形沉重,同样大小的物体涂成浅色的与黑色的相比,可以让人感觉重量减轻了。因此,在作品创作过程中可以在画面上通过色彩与构图的配合来表现物体的轻重与软硬。

3)色彩的空间距离感

两个及以上同形、同面积的不同色彩在相同的背景衬托下给人的感觉是不一样的。如图 5-8 所示,大小相同的白色长方形与黑色长方形在灰背景的衬托下,感觉白色比黑色近,而且比黑色大。

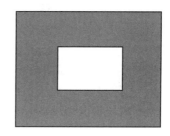

图 5-8 进退与膨胀实验

这说明不同的色彩给我们的空间距离感不同,如红色和黄色向我们靠近,有突出、前进的感觉;蓝色和紫色离开我们远去,给人一种隐蔽、后退的感觉;其他色彩处在这两者之间。这就是色彩的空间距离感。色彩的空间距离感存在着近暖远寒的规律,在明亮的环境里存在着近浓远淡的规律。

4)色彩的体积感

实验证明(肉体对色彩的反应,例如弗艾雷就在实验中发现),在彩色灯光的照射下肌肉的弹力能够加大,血液循环能够加快,其增加的程度以蓝色最小,并依次按照绿色、黄色、橘黄色、红色的排列顺序逐渐增大。也就是不同的色彩,虽然它们本身的体积相同,但给人的视觉感受不同,暖色调体积变大,给人以扩张的感觉;冷色体积变小,给人以收缩的感觉。在消失色中,白色体积变大,黑色体积变小,在色彩学里称为膨胀色和收缩色,这在造型上改变演员的形体形象很有用途。在生活中,胖人总爱穿一些冷色调或黑色的衣服,而瘦人则可以穿暖色调或浅一些的衣服,这就是利用色彩的体积感作用。

5)色彩的情感性

色彩的情感性源于人们对色彩产生的联想。色彩的联想是人脑的一种逻辑性与形象性相互作用的、富有创造性的思维活动过程。当我们看到色彩时能联想和回忆某些与此色彩相关的事物,并自发地将眼前的色彩与过去的视觉经验联系到一起,形成新的情感或思想观念。

实例

张艺谋的成名之作《红高粱》(如图5-9所示)中的色彩运用可谓到了绝处:大自然的苍凉、东方文化的神秘,通过创作者独特的造型摄影呈现在世界面前。九儿穿在身上的中间宽上下窄的红袄红裤;伙计们闪耀着古铜色彩的上身和他们桀骜不驯的光头;在震天的唢呐声里把阳光切割成无数碎片的扑棱棱抖动的一棵棵红高粱,日食的时候铺天盖地的红,高粱地里满眼透不过气的绿……在影片里,摄影出身的张艺谋大开大合,把视觉和造型艺术玩得酣畅淋漓,几乎每一个镜头都可以看作一幅饱满浓烈的剪影,大量运用的造型艺术以电影的语言横空出世,浓重的色彩,就那么泼墨一般地肆意挥洒……

图5-9 《红高粱》剧照

当要对所拍摄的内容进行画面的色彩设计或是在生活实景中选择、提炼和表现色彩时,不可死板地套用某种规律和格式,而应该根据主题和内容的需要选择感情特征明确、相互关系鲜明的色彩进行恰当、灵活、巧妙的匹配、组合和运用。

5.2 拍摄用光的基本因素

依据不同的拍摄要求,拍摄照明光源的调度与使用主要从光位、光质、光度、光型、光比和光色六方面着手。

5.2.1 光位

光位是指光源的照射方向以及光源相对于被摄体的位置。在摄影中,光位决定着被摄体明暗所处的位置,同时也影响着被摄体的质感和形态。光位可以千变万化,在被摄体与照相机/摄像机位置相对固定的情况下,光位可分为顺光、侧光、逆光、顶光和脚光5种。当被摄主体和照相机/摄像机的位置分别确定后,光源根据投射方向和摄影机之间所形成的角度可分为顺光、前侧光、侧光、后侧光和逆光5种,以灯光所处垂直面的位置可分为顶光、脚光等,如图5-10所示。如果进一步划分,顶光还可分为前顶光(顺顶光)、顶光、后顶光(逆顶光)几种,其中的后顶光接近于逆光的效果。脚光还可分为前脚光、脚光和后脚光等。

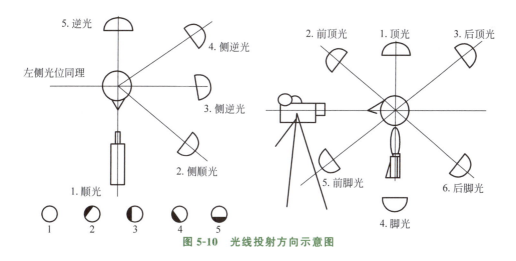

图 5-10　光线投射方向示意图

1. 顺光

光源高度与照相机/摄像机高度相接近，处在同一个水平面上，光线的投射方向与照相机/摄像机的拍摄方向相一致，称为顺光，也叫正面光。顺光照明的特点是物体被均匀照明，只能看到受光面（亮面），看不到暗面（背光面），投影被自身遮挡，有利于消除不必要的投影；层次平淡，被摄对象具有暗轮廓形式；光源照明效果均匀平淡，没有显著的反差，能冲淡被摄体的褶皱，对被摄体表面凹凸之处和外表结构起着隐没作用。在人像摄影中，顺光常用来拍摄年轻女性、儿童，用于突出他们光洁、细腻、平滑的肌肤。

> 用顺光照明，被摄对象的阴影投在被摄对象的后方，不利于表现被摄体的立体感、质感，也不利于拍摄多层景物和大气透视效果，景物空间感不强，画面显得平淡，没有起伏，所以有时又称为平光。因此，在顺光照明的情况下，被摄对象的立体感、质感主要依赖于它本身固有的立体形态；画面的色调、影调层次主要依赖被摄对象自身的不同色调和明暗来体现。大家在拍摄时要特别注意景物本身的色彩选择、明暗配置，如图 5-11 所示。

图 5-11　《柿子红了》（袁东斌摄）

第 5 章　数字画面的拍摄用光

2. 侧光

光源的投射方向与摄影机的拍摄方向成 90°左右的光线为侧光。侧光的特点是被摄体受光面和背光面各占一半,投影在一侧。虽然物体看不清全貌,但亮面、次亮面、暗面、次暗面和明暗交界线 5 种影调成分显著,影调变化大,层次丰富,画面的立体感较强。物体的影子留在画面中,形成了鲜明的明暗反差和显著的光影,能较好地塑造被摄对象的立体形状和表达空间的纵深感。

采用侧光照明拍摄风光,画面中的立体景物有着显著的投影,丰富了阶调层次,加强了空间纵深感,使画面中的明暗配置得到了均衡。运用侧光照明,被摄对象的明暗反差会加大,但明暗之间缺乏细腻的过渡层次,因此侧光照明要注意被摄对象受光面与背光面的亮度比值。如果被摄对象本身的明暗对比和亮度反差已经比较大,最好不要运用侧光照明,以免使亮度反差进一步加大。一般不用它表现正常的人物肖像,但必要时可用来拍摄某些特殊光效,创造特定的光线气氛。

3. 前侧光

前侧光又称为斜侧光或侧顺光。光源的投射方向与照相机/摄像机的拍摄方向成 45°左右的光线为前侧光,如图 5-12 所示。前侧光照明的特点是由于光线是从被摄对象的前侧方向照射而来,使得被摄对象的大部分处于受光面,小部分处于背光面,既能看到物体的全貌,又有利于表现物体的立体感、质感和形态感;被摄对象的投影落在与光源相反方向的斜侧面,对人物脸部来讲,这时鼻影和面颊的阴影重合,可以构成明显的影调对比。在前侧光照明下景物会产生投影,处理得好可丰富画面构图,使用适当的辅助照明,被摄对象表面的褶皱和凹凸之处会形成明暗过渡的影调层次,可以获得轮廓线条清晰、明暗反差和谐的效果。这种前侧光照明比较符合人们正常的视觉习惯,所以常常作为主光的光位,或修饰景物、人物的局部。

> 前侧光是摄影摄像艺术中运用最多的光线,在拍摄人物肖像时这种照明效果运用更为普遍,如图 5-12 所示。前侧光对于摄像画面不利的一点是在光线投射的另一侧会产生投影,当被摄对象的个数比较多并且彼此较近,或者被摄对象的景别范围比较大,或者主体和背景距离较近时尤其显得突出。因此运用前侧光照明拍摄:一是要注意将投影处理好,防止投影遮挡被摄对象;二是要注意画面中不要出现大面积投影,因为这样容易破坏画面构图的美感。

图 5-12 《嗅》(徐梦节摄)

4. 侧逆光

侧逆光又称为后侧光，光源的照明方向与照相机/摄像机的拍摄方向大约成135°夹角，即从拍摄对象的侧后方向照明。侧逆光的特点是会增加全景画面的层次感和空间感，照明效果能够在被摄对象的一侧勾画出一条明亮的高光轮廓线条，受光面将被摄对象的轮廓、基本脉络、形态和姿态以亮斑的形式勾画出来，使被摄对象与背景之间明显地区分开，主体突出，画面生动活泼，而被摄对象的大部分处于背光面，处于阴影层次之中，被摄对象的细节面貌不是很清楚，质感基本损失。

当被摄对象色调单一、亮度间距不大时，侧逆光会加大被摄对象自身的亮度反差，同时侧逆光所形成的亮斑往往也会成为画面构图中一个比较活跃的因素，在造型上能使画面增加一块亮斑，加大景物的亮度范围，使画面生动活泼。在表现人物时，一般需要加正面辅助光。若用侧逆光做主光，辅助光不可超过它的亮度，否则会造成虚假的人工痕迹。

5. 逆光

逆光又称为背面光，光源的投射方向与照相机/摄像机的拍摄方向成170°～180°夹角，即从拍摄对象的正后方向照明。逆光照明的特点是从背景中分离出主体，从而使主体突出，运用逆光拍摄大场面能加强空气透视效果，物体之间层次清楚，使画面空间感加强，如图5-13所示。在拍摄特定艺术效果的环境或肖像时，从正面补不同亮度的散射光照明可使画面产生不同的明暗对比关系，造成景物的剪影、半剪影等不同效果，这时人物脸部全部淹没在阴影之中。

在逆光照明下，单个被摄对象的立体感表现不强，但群体被摄对象的空间感和立体

图 5-13 《处江湖之远》（袁东斌摄）

感却由于光线的勾勒而得到增强，这种效果在运用俯摄角度拍摄时尤为明显。对于不透光的被摄对象来说，逆光缺乏细腻的层次表现，但能增强被摄对象的亮度反差；而对于透光、半透光的被摄对象来说，逆光往往能够将其表现得色调丰富、层次鲜明。逆光照明能够强调各种物体的轮廓形态和物体之间的距离，有利于增强空气的透视效果，因而能够增强画面在空间深度方面的表现。

> 近年来，由于摄像机的动态范围提高，人的面部处在暗部也能表现出皮肤的质感和影调层次，因此人们结合内容使用逆光做主光，拍摄人物肖像可获得更为生动、自然的画面形象。

6. 顶光

从被摄体上方投来的光线称为顶光，当光源的高度超过60°时就成了顶光光效。顶光的特点是顶光照明下的被摄对象水平面照度比较大，垂直面照度比较小，往往会形成比较大的明暗反差，缺乏中间过渡层次。

顶光照明会使人物的头顶、鼻梁、眉弓、颧骨等向外突出的部分明亮，而使眼窝、鼻

下、脸颊等向里凹陷之处较暗,形成一种类似于骷髅的形象,给人造成一种异常的感觉,有丑化人物的作用。除非有特定的造型要求,一般要避免使用顶光拍摄人物肖像。在用顶光拍摄人物肖像时,多半是为了表现特定的光效或烘托某种特定气氛。在北方,因为人们生活当中很少有顶光照明的经验,所以往往把顶光当作一种非正常光线;而在南方,特别是北回归线以南的地区,顶光照明在生活中比较常见,因此人们并不觉得有什么反常之处,如图5-14所示。

图 5-14 《粼粼》(陈艳摄)

7. 脚光

从拍摄对象下方投射来的光线称为脚光,当光源低于视线 60°时产生脚光效果。脚光的特点是光影结构与顶光相反,人物下颌、鼻尖、颧骨下方较亮,灯光投影在人物脸部高出部位的上方,它同样是丑化人物的反常光线。在脚光照射下的被摄对象一般会产生一种反常的视觉效果,给人造成一种异常感受。因此,在人们的观念中脚光属于一种非正常光线。

很多影视作品常用脚光来塑造反面人物,或者用来制造、渲染恐怖和惊险气氛。在自然光效法中,多用脚光表现特定的光效,如油灯、炉火和烛光等。脚光也可用作修饰光,用来修饰眼神、衣服或头发等。在拍摄玻璃柜、水池等时,脚光可增强被摄体的立体感和空间感,或用于渲染特殊气氛,如恐怖、惊险,或丑化某一人物造型。

5.2.2 光质

光质是指光的性质,即光线软硬的程度。所谓硬,是指光线产生的阴影明晰而浓重,轮廓鲜明、反差高;所谓软,是指光线产生的阴影柔和而不明快,轮廓渐变、反差低。光线的软硬是相对而言的,但直接决定的因素首先是灯距本身,还与照明的光强和光源的面积有关。通常,强的光线较硬,弱的光线相对较软,点光源发出的光常为硬光,面光源产生的照明相对较软。

直射光照明是点状光源照明,并且没有经过其他中间介质,因此光线照射比较强烈,方向性明显,也被称为硬光。就像晴天下的太阳光,其照射被摄体后勾勒轮廓与形体线条的能力较强,且被摄体受光面与背光面的反差强烈,得到的投影浓重。硬光有利于塑造形体,突出主体与制造空间。硬光往往给人刚毅、富有生气的感觉,如图5-15所示。

图 5-15 《家园》(袁东斌摄)

散射光是大面积照明,光强较弱,没有明显的方向性,在被摄对象方面不能形成明显的受光面、背光面和投影,因此也被称为软光,类似自然光下多云蔽日或者阴天的散射光、大面积的面光源。软光适于反映物体的形态和色彩,但不善于表现物体的质感,照射被摄体后得到的反差较小,色调层次丰富,投影浅淡。软光往往给人轻柔、细腻之感。

5.2.3 光度

光度是光的最基本因素,它是光源的发光强度,光线在物体表面的照度,以及物体表面呈现的亮度的总称。有了一定发光强度的光源就有了一定的照度,从而物体就有了一定的亮度,因而我们能看见物体。光源的发光强度不同,照度也不同,从而物体的亮度也不同。在摄影摄像中,光度与曝光直接相关,光度大,所需的曝光量小;光度小,所需的曝光量大。此外,光度的大小也间接地影响景深的大小和运动物体的清晰或模糊,大光度容易产生大景深和清晰影像的效果;小光度则容易产生小景深和模糊的运动影像效果。从构图上来说,曝光与影调或色彩的再现效果密切相关,丰富的影调和准确的色彩再现是以准确曝光为前提的,有意识的曝光过度与不足也需以准确曝光为基础。因此,大家只有掌握光度与准确曝光的基本功才能主动地控制被摄体的影调、色彩以及反差效果。

5.2.4 光型

对于被摄体而言,拍摄时所受到的照射光线往往不止一种,各种光线有着不同的作用和效果。光型是指各种光线在拍摄时对被摄体所起的作用。灯光按照光线的造型效果可分为主光、辅光、轮廓光、背景光、装饰光和效果光等。

1. 主光

主光是表现主体造型、塑造画面形象的主要光线,用来照亮被摄物体主要的和最有表现力的部分。其他光的配置都是在主光的基础上进行的,主光不一定是最强的光,但起着主导作用,突出了物体的本质属性。主光的作用是描绘人或物的主体形状及主要轮廓线条,起主要的造型作用,故又称塑造光。主光的光源属于直射光的性质,能在画面上形成明显的光源方向以及亮部、阴影和投影,能表现被摄体的立体感和质感,以吸引观众的注意力。

2. 辅助光

辅助光简称辅光,又称补光,是用来弥补主光表现力不足的一种光线,对主光起辅助作用,帮助人们塑造被摄主体的形态,表达被摄主体的全部特征。辅光的作用是提高主光所产生阴影部位的亮度,使阴暗部位也呈现出一定的质感和画面的中间层次,同时减小影像反差。辅助光光源属于散射光性质,具有光线柔和、细致的特点。辅光的强弱变化可以改变影调的反差,形成不同的气氛。一般主光和辅光的光比约为 2∶1,若光比大,则影调硬;光比小,则影调软。

> 传统的辅光一般都是来自照相机/摄像机方向。自然光效法的辅光是以环境反射光为布光依据的。在自然环境中,如果阳光做主光,则天空光和地面环境反射光是辅光的依据;在室内,墙壁、家具等环境反射光是辅光的依据。辅光可以有色度,它由环境色彩所决定。

3. 轮廓光

勾画被摄对象轮廓形式的光线为轮廓光,它可以使被摄对象产生局部或完整的光亮轮廓。轮廓不仅有助于把主要被摄对象与背景区分开来,突出主体,生动鲜明地展示被摄对象的轮廓形式,还能够区分表现被摄对象的多层次特点特征,有利于增强被摄对象的形式感、立体感和空间感。轮廓光也能提高影调的亮度范围,丰富影调层次,有助于增强画面造型的美感。

4. 背景光

背景光主要是照亮被摄对象周围环境及背景的光线,作用是突出主体、烘托主体、衬托被摄体、渲染环境和气氛。背景光可以消除被摄物在背景上的投影,使物体与背景分开,衬托画面的空间深度。背景光的亮度决定了画面的基调,对于高调画面,背景光的亮度可与主光的亮度相同或略高于主光,形成洁白、明净的背景;对于低调画面,背景光的亮度要低于辅光,形成深沉的背景;对于中调画面,背景光的亮度在主光和辅光之间,约为主光的 2/3。

5. 装饰光

装饰光用来突出被摄物的某一细部造型的质感,以达到造型上的完美。装饰光多为窄光,人像摄影中的眼神光、发光以及商品摄影中首饰品的耀斑等都是典型的装饰光。装饰光的作用是对被摄体局部进行装饰或显示被摄体细部的层次,使所表现的形象更加完美、更富有艺术魅力,并达到照明的平衡。在主光、辅光、轮廓光、背景光依次布局完善以后,分析被摄物局部的亮度是否合适,层次表现是否完美,如不够理想,就用装饰光修饰这些局部和细节部位。

6. 效果光

效果光是用人工光源再现现实生活中一些特殊光源的光线效果或特定环境、时间、气候等的照明。例如：从布景的窗户外投射强烈的灯光，使室内产生窗口投影，再现室外的阳光效果；由遮光板将点燃的碳精灯的光线迅速来回遮挡，产生闪电效果；将粗细、长短不同的条形红丝绸绑在风扇的防护罩上，使其被风吹起来，在灯光作用下形成火焰效果；用一个装有浅水的大盘放一些碎玻璃，轻轻地触动水面泛起波纹，在灯光作用下反射到被摄物上，产生水纹效果。

5.2.5 光比

从光照亮被摄体的角度而言，光比是指被摄体的亮面与暗面所接收入射光的比率。光比大，被摄体上亮部与暗部之间的反差就大；反之，亮部与暗部之间的反差就小。无论是单灯照明还是多灯照明，用测光表分别测量被摄体亮面与暗面的入射光照度或反射光的强度均可得到二者的光比。

在单灯照明下，光比的调节由光源的强弱、软硬、发光距离等因素控制，可根据情况调整上述单个或多个因素，在不影响画面表现要求的情况下调节光比。在多灯照明下，被摄体的光比主要与主光和辅助光的强弱以及灯距的远近有关。主光和辅光光强的差别越大，光比越大，一般应控制好二者的光强之比。在二者光强都不变的情况下，推进主光，拉远辅光会增加光比，反之会缩小光比。在一个场景中，主光一般为基础光的 1.2～1.5 倍，辅光为基础光的 0.8～1 倍，轮廓光为基础光的 1.5～2 倍，背景光为基础光的 0.8～1 倍。

5.2.6 光色

光源真实、准确地重现物体的颜色，除了与光源的色温有关外，还与光源的显色性的好坏有关。光源的光谱能量分布决定了光源的显色性，光源的显色性如何对景物的色彩还原十分重要。我们通常观察到的物体的颜色是在日光条件下的，色彩还原最真实。而人工光源则不能很好地显示物体的本色，使颜色失真、偏色。人们常用显色指数对光源的显色性进行定量分析，分别用标准光源和待测光源照射 8 个颜色样品（红、橙、黄、绿、青、蓝、紫、品），使它们产生相对色差，然后算出每种颜色样品的显色指数，称为特殊显色指数。

显色指数又称为传色指数。一般来说，阳光是显色指数最好的光源，因为阳光具有红、橙、黄、绿、青、蓝、紫这样一个连续的光谱，景物在阳光照射下反映的色彩最为真实，所以人们就把阳光作为衡量人造光源显色指数的一个参照标准。当人工光源完全达到阳光显色标准时，光源的显色指数为 100；当人工光源达不到阳光显色标准时，光源的显色指数就会小于 100。光源的显色指数越接近于 100，表明光源的显色性能越好，光线照耀下的景物的色彩越接近真实的颜色；光源的显色指数越低，表明光源的显色性能越差，景物色彩失真的程度也就越大。

5.3 照 明

数字画面的拍摄是用光的艺术，不同的画面创作有不同的用光技巧和辅助工具，通过不同类型的灯所具有的不同光效可以塑造人物、营造气氛，甚至是变换环境。为了拍摄出理想的作品，摄影/摄像师必须了解各种灯具的性能并熟练运用。

5.3.1 电光源

根据光源的发光持续时间可以把电光源分成瞬时光源和持续光源,瞬时光源主要应用于摄影,持续光源在摄影和摄像中都可应用。

1. 瞬时光源

电子闪光灯是摄影公司或工作室常用的一种摄影照明装置。电子闪光灯是一种瞬间发光的照明灯具,其瞬间发出的光线强度高、速度快,可以将动态的画面凝固,而且这类灯具的色温为5500~6000K,属于白光,能够很好地表现人物皮肤的质感和真实地还原色彩,其特性非常适于拍摄人像。

1) 独立式影室电子闪光灯

独立式影室电子闪光灯(如图5-16所示)一般由造型泡、闪光管、灯头、电源线和灯架等部分组成,通常灯头上会有电源开关钮、造型泡调节钮、闪光管强度调节钮、试闪钮、闪光连线孔等,摄影师可以根据拍摄效果的需要自由调节灯具的发光强度及发光角度等。独立式影室电子闪光灯是拍摄人像时使用较多的,它具有回电速度快、色温较稳定、操作简单等特点,而且它发出的光均匀、柔和,能很好地表现质感和真实地还原色彩。

> 独立式影室闪光灯都是单独操作的,在触发时容易造成发光时间、发光强度不够统一等问题,因此大家应尽量选择同一品牌和同一型号的独立式影室闪光灯使用。

2) 电源箱式影室电子闪光灯

电源箱式影室电子闪光灯是由一个电源箱供电给插装在电源箱上的闪光灯(如图5-17所示)。在一个电源箱上可安装三个及以上的灯头,可以通过控制钮对每一只灯头进行调节,这些灯头可以单独工作,也可以一起工作。电源箱式影室电子闪光灯可以根据实际场景进行远距离的、不同高度的悬挂,由电源箱上的调节面板统一进行地面控制,因此其稳定性能和同步性能非常好,适合大场景和实景的灯光配置。

图5-16 独立式影室电子闪光灯

图5-17 电源箱式影室电子闪光灯

3) 热靴式电子闪光灯

热靴式电子闪光灯是安装在照相机热靴上使用的,它的金属触点与照相机热靴上的触点接触后按动快门闪光灯就可以工作（如图5-18所示）。它非常小，由数节干电池作为供给电源，可以在没有充足照明的光源条件下做拍摄的辅助照明工具，也可以在不方便使用大型闪光灯的情况下使用，有时它也被作为触发影室闪光灯的引闪工具。

实例

安东尼·卡瓦拍摄了这张令人印象深刻的模特儿肖像（如图5-19所示）。安东尼把独立式影室电子闪光灯放在了模特儿的右侧，在调整好闪光灯的高度和角度之后，安东尼要做的只有与模特儿交流，在模特最佳情绪出现的瞬间他按下了快门，闪光灯同时亮起……这张照片充分显示了瞬时灯具照明的魅力。

图5-18　热靴式电子闪光灯

图5-19　《无题》（［美］安东尼·卡瓦摄）

2．持续光源

持续光源最大的优点就是"所见即所得"，布光时看到的光效基本上就是最终看到的照片（应用于摄影）的光效。光源的持续作用有利于模特儿较好地适应环境，拍摄者也能从容地做好拍摄准备。常用的光源有卤钨灯、氙灯和三基色荧光灯等。

1）白炽灯

白炽灯作为照明光源最早进入人们的日常生活领域。在各种照明灯具层出不穷的今天，在画面拍摄中仍然采用白炽灯作为照明光源，除白炽灯的制造工艺不断改进，性能不断提高之外，还因为白炽灯有许多特点是其他光源难以具备的。它具有显色性好、使用方便、亮度可调、品种繁多等优点。白炽灯的主要缺点是发光效率比较低，普通照明用白炽灯的发光效率只有10Lm/W（流明每瓦）左右，因此在比较大的场面照明中白炽灯往往要被其他光源所取代。

2）卤钨灯

卤钨灯（如图5-20所示）是在白炽灯的基础上研制出来的，许多性能都比白炽灯更为优良，如光效高、体积小、寿命长、稳定性强等。卤钨灯是在常用的钨丝灯的基础上充入少量的卤素造成的，采用卤钨循环规律克服了灯泡玻璃壳易黑化的缺点，使灯泡的发光效率和寿命得到提高。卤

图5-20　插脚式石英卤钨灯

钨循环规律解决了白炽灯面临的发光效率与光源体积之间存在的问题,使照明光源开始向大功率、小体积方向发展。

> 为了安全地使用卤钨灯,有效地延长卤钨灯的使用寿命,充分发挥卤钨灯的工作效率,在使用卤钨灯照明时需要注意以下几方面。
> (1) 检查所用电源与使用的灯泡在电压参数上是否一致。
> (2) 在正式拍摄前必须提前试灯,试灯时要将灯泡对向无人的空地。
> (3) 在使用中要轻拿轻放。
> (4) 在使用前最好用酒精棉或软纸擦拭灯泡,装卸灯泡时要戴上洁净的手套或用软纸隔垫。
> (5) 在使用过程中产生的温度很高,要注意散热通风。
> (6) 关灯后不要立即将其放在容易燃烧的物品(如地板、桌椅等)上面,以免造成物品损坏。
> (7) 使用结束后要装进灯箱保管。
> (8) 在运输中要避免雨水淋袭和强烈的机械振动。
> (9) 在使用管形卤钨灯时必须水平使用,左右倾角不要超过5°。

3) 氙灯

氙灯是一种惰性气体灯。它的化学性能特别稳定,即使在高温状态下也不会与石英玻璃式电极发生化学作用。氙灯放电时的光色好,且其最大的特点是光谱能量分布接近日光,显色性好,呈点光源发射,使用方便,因此有小太阳之称,常用来做外景照明。氙灯的色温为6000K,Ra为95~97;光效高,发光效率为30~50Lm/W;平均寿命为1000~2000小时。

常用的球形氙灯如图5-21所示,电源是手提式电瓶,工作电压为直流24V,适用于野外无电源场合与新闻采访,连续使用时间不宜超过10min。球形氙灯是画面拍摄、舞台照明、探照灯、照相制版、投影放大仪、红外线照明探测技术以及模拟日光等方面的理想光源。

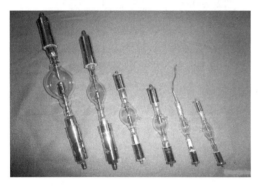

图5-21 150W、350W、500W、1000W 球形氙灯

4) 三基色荧光灯

三基色荧光灯因光谱能量分布曲线是由红、绿、蓝三种原色组成的而得名,其外形和日光色荧光灯一样。三基色荧光灯的荧光粉是把发红光、绿光、蓝光的荧光材料按一定的比例配制的,外形和普通日光灯一样,色温为3200K,Ra为85,发光效率为65Lm/W,平均寿命约为1000小时。三基色荧光灯发出的是柔和的散射光,辐射热量小,是一种低温光源,用于演播室,不会因带来高温而影响拍摄工作。

5.3.2 照明灯具

照明灯具一般分为聚光型灯具和散光型灯具。

1. 聚光型灯具

聚光型灯具是一种光束能聚能散的灯具,它射出的光线亮度高,照射范围可以调节,便于控制光斑的大小和形状。其光线方向性强,射程较远,边缘轮廓清晰,能使被摄物产生明显的阴影。最常用的聚光灯有菲涅耳聚光灯(如图5-22所示)、椭圆形聚光灯、回光灯(如图5-23所示)、追光灯(如图5-24所示)和筒子灯等。

图5-22　菲涅尔聚光灯　　　　图5-23　回光灯　　　　图5-24　追光灯

聚光型灯具由于光线强、可控性好等优点在演播室、舞台、户外大型演出等场合得到了广泛应用。聚光灯的新宠——电脑灯更使灯光师把"光影魔术"表演得淋漓尽致,如图5-25所示。

电脑灯(如图5-26所示)装有一个微型计算机电路,可以接收控制台发出的信号,并将它转化为电信号控制机械部分,实现各种功能。在使用过程中可以几台、几十台甚至上百台一起按灯光设计要求变换图案、色彩,其速度可快可慢,其场面瑰丽壮观,叫人惊奇。电脑灯的出现是舞台、影视、娱乐灯光发展历史上的一个飞跃,也使人们对灯光技术有了新的认识。

图5-25　电脑灯使用效果图　　　　图5-26　电脑灯

2. 散光型灯具

散光型灯具采用多光源组合形式,它的光学系统是一种散射形式。与聚光灯相比,它的反光碗较大,灯具前面没有螺纹透镜,因此光线的照射面积比较大。在照明中,它是一种大面积的泛光照明灯种,照度均匀,被照物体不产生明显的投影。这种灯多用于顶光照明与前景正面的辅光均匀照明。散光灯多用在辅光、底子光、天幕光照明中。常用的散光灯有新闻灯(如图5-27所示)、四联散光灯、天幕散光灯(如图5-28所示)和外景散光灯(如图5-29所示)等。

图 5-27 新闻灯

图 5-28 天幕散光灯

图 5-29 外景散光灯

5.3.3 灯架装置

1. 落地式灯架

现场摄像常用落地式灯架(如图 5-30 所示),安插聚光灯和新闻灯、回光灯、四联散光灯、外景散光灯等,一般由铝合金铸件和合金钢管装配而成,可按需要调节升降高度,并有稳固、可靠的制动装置。落地式灯架采用收拢折叠式结构,装拆方便,携带轻巧,三爪张开,立地稳固。

2. 悬挂式灯架

1) 固定式悬挂灯架

固定式悬挂灯架在布光时按具体情况控制任意一盏灯的开与关,不必移动灯的位置。这种灯架布光速度快,但装灯数量多,有些灯的利用率较低。

2) 移动式悬挂灯架

对于移动式悬挂灯架,在它上面设置一定数量的滑动支架,灯具可沿滑动支架移动,悬吊杆又可以升降,因此灯具的方位和高度可以任意调整。这种灯架的用灯数量较少,移动灵活,适合各种复杂节目的制作,但成本较高、维修量较大。

图 5-30 巨型落地式灯架

5.3.4 调光设备

演播室采用调光设备的主要目的是满足随剧情变化而调节的亮度要求。例如,利用调光设备可以达到清晨或黄昏的变化效果。另外,由于灯丝的冷态电阻比常态小得多,如果给冷态灯泡突然加额定电压,就会产生一个比额定电流大 10 倍左右的冲击电流。采用调光设备可使灯泡的电压逐渐上升,避免产生冲击电流,延长灯泡寿命。对于复杂节目,灯光要预先进行编组登记,在摄制时按场次预选重演,以提高工作效率。

数字调光台(特别是大回路)使用方便(如图 5-31 所示),其调光功能、备份功能、编组功能、调光曲线等均优于模拟调光台,价格也比较合理,常见的有 12 路、36 路、72 路、120 路、240 路、1000 路等,每路多为 2kW、4kW、6kW、8kW 等。

5.3.5 灯光控制

1. 控制灯光的亮度

控制亮度的方法主要有两种：一种是机械加减法，即通过控制点亮灯具的数量来达到发光总强度的增大或减弱，对于单灯，则可采用遮光板或可变光阑来改变灯具的透光量；另一种方法是电气控制法，即使用各种不同的调光器改变灯具的工作电压或电流，从而调整灯具的发光强度。这两种方法各有特点，第一种方法的优点是不会影响色温，缺点是调整不够方便。第二种方法则操作简单，且能实现自动和程控操作，其缺点是在改变发光强度的同时色温和显色性有较大的变化。

图 5-31 数字调光台

2. 控制灯光的色彩

灯光的色彩控制主要通过电脑灯实现，即通过控制电脑灯内的色片和多棱镜，来产生十多种乃至数十种的色彩变化，也可以把成批的聚光灯或雨灯分组，分别装上不同颜色的透明彩纸，通过开关分别控制色彩变化。

5.4 布　　光

布光就是布置灯光，即根据所拍画面的内容、主题选择采用某些灯具及阻光工具，在整个拍摄场景中产生某种光线效果。这种光线效果要具备4个功能：一是满足摄录技术所需的照度、色温、亮度对比；二是完成画面形象的造型，要化画面的平面结构为视觉上的立体结构，表达物体的质感、立体感和画面的空间透视感；三是利用光的方向、强弱、软硬及色调的配置，契合电视节目的主题、内容，帮助表达人物的情感和内心世界；四是形成一种意境或造成一种特殊艺术效果。布光的过程就是拍摄者运用"光线"这支画笔进行创作的过程，布光过程（如图5-32所示）的成败直接决定了画面创作最终的成败。

图 5-32 拍摄布光实战图

5.4.1 布光程序

1. 明确布光的目的性

在布光时不能无的放矢。在摄影布光时要根据摄影师对画面景调、明暗、色调等的要求进行布光,要根据编导对节目的要求和摄像镜头组的需要调整灯光。

2. 注重灯光的效果性

在布光时既要烘托画面气氛,更要在色光及情调上与节目内容的要求相一致。

3. 检查布设灯具的合理性

在布光时灯具的位置、角度、方向、亮度都要有利于反映景物的真实感,光源、灯具的选择都要为最终的拍摄目的服务。在光源、灯具有限的情况下更要注意灯具布设的合理性,从而实现最佳的拍摄效果。

4. 遵守布光的顺序性

大场面一般先布场景光,后布背景光,再布主体光,此时要求背景光能反映出布景的三维空间。主体光首先布置主光,确立主体的初步造型;然后配以辅光,以弥补主光的不足之处,改进未被主光照亮部分的造型。为了区分主体与背景,增强画面的空间感,可用轮廓光照明。如果主体的局部细节造型不理想或与整体不协调,则可使用装饰光来加强整体的造型与美感。各种光线应与主光和谐一致。如果主体的活动范围大,可以用两盏以上的灯做主光、辅光或轮廓光,但要注意光线的衔接,避免互相影响。

小场面一般先布主体光,后布背景光。因为小场面的主体与背景距离比较近,如果先布背景光,在布主体光时主光和辅光都投射在背景上,影响原来布好的背景光。所以小场面要先布主体光,然后根据主体光投射在背景上的范围大小、光亮程度来布背景光。

5. 检查用光的完整性

在布光完成后应该先进行试拍,在相机或监视器上观察实际拍摄效果,避免或消除阴影、景物遮光、光线交叉重叠、阴影区人为扩大等效果的产生和出现。

5.4.2 静态布光

静态布光主要用于摄影及摄像中被摄主体是"静态"的情况下。"静态"是相对的,不排除人物在原位置上的动作变化,如演员坐在某位置上演奏乐器,教师在演播室里讲课等。静态布光并没有"固定"的或"万能"的模式,在布光时要根据画面创作的需要进行灵活的选择。下面介绍几种常用的静态布光方法。

1. 三点式布光

三点式布光法(如图 5-33 所示)是一种经典的布光方法,它用主光、辅光、轮廓光对被摄者进行布光,有意识地在被摄者的面部造成阴影,使之有明暗变化,但整体影调并不超出摄像机的动态范围,而且还能使被摄者与背景明显区别开来。这种布光方法在具体使用中并没有把三种光固定在某个位置,它是按被摄者的脸型来确定主、辅光的位置,而且实际上,在三种光之外还使用一些修饰光来掩饰或突出某种特点。这种布光法适合给单个主持人布光,若被摄者增多,则光效不好控制。

2. 静态两人交流场面的侧面布光

当被摄对象是两个人物且以侧面或斜侧面相互交流的形式出现时,可采用侧面布光法

（如图 5-34 所示）。两人交流场面的侧面布光首先要确定主光的位置,主光 1(人物轮廓光灯)出现在 B 者左侧前方,主光 2 出现在 A 者右侧前方,两主光的主要任务是勾画人物的主要立体形态和各自富有表现力的主要线条。人物面向镜头一侧的阴影可让辅助光处理,两辅助光分别出现在 A、B 两者的正前方,这种布光方式使人物的主要部位(面和胸部)有了由亮到暗的、非常细致的过渡层次。至于背景光,则根据需要可加可不加。

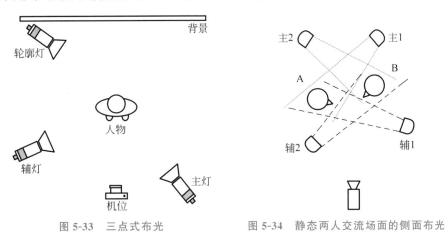

图 5-33　三点式布光　　　　图 5-34　静态两人交流场面的侧面布光

3. 大平光布光法

大平光布光法是指所有的灯不分主次,一律打向被摄者及背景,使被摄者及背景表面形成均匀的亮度,不突出也不掩饰被摄者及背景的特点,让观众一览无余。这种布光法适合被摄者相貌、身材比较好或化妆服装很考究的拍摄情况。其优点是基本上一次布好光,以后就不用再动了,而且可以较好地去掉阴影;缺点是光线没有层次感,没有光与影的韵味。

5.4.3　动态布光

动态布光是指对运动的被摄物布光和摄像机运动时的布光。动态布光区别于静态人物的静态布光,其特点如下。

(1) 灯光由封闭式的某个区域性照明转变为某个较大范围内的照明;每组或每个灯光成分组合要具有可塑性,布光不仅要考虑点,还要考虑面。

(2) 布光要考虑到灯光与灯光、区域与区域的衔接。

(3) 由于被摄体或摄像机的运动,原为主光的光源可能变为逆光光源,逆光光源可能变为主光。

(4) 比较注重运动之前和运动结束之后处于基本静止状态下的人物布光,即运动画面中的起幅和落幅是整个运动镜头中布光的重点。

固定场景布光不能具体照顾到每个人和每一个镜头,要想取得最佳效果,需要给每个镜头、每个人物单独或专门照明。动态人物的布光首先要求照明人员了解以下几点:

(1) 人物活动的路线和范围。

(2) 摄像机使用的镜头与景别。

(3) 摄像机本身运动的方向和目的。

(4) 所表现的内容和人物的情感。

1. 被摄物运动布光

被摄物运动布光可用大面积布光、分区布光或连续布光。被摄物运动布光主要是解决照明效果的一致性和连续性。

1) 大面积布光

大面积布光是将物体活动的整个区域进行大面积布光,这和整体布光相似。例如一堂优秀教学示范课,老师一会儿站在讲台旁边讲课,一会儿走到学生当中辅导,可将整个课堂进行大面积布光。又如舞蹈教师的示范表演,可将整个舞台进行大面积布光,如图5-35所示。

2) 分区布光

分区布光是将物体活动划分为一系列的重点区和瞬时区,物体在重点区的时间比较长,需要有较好的布光效果;物体在瞬时区很快就通过了,只需适当的照明,其影调反差与重点区相吻合就可以了。如图5-36所示,教师从实验室门口走向实验台旁做实验的过程可用分区布光;教师在实验台做实验是重点区,用三点布光;教师从门口走到台前是瞬间区,可用一盏散光灯作为主光,亮度稍暗些,门后用逆光勾亮教师轮廓并与背景分离,同时也可以再现从门口射进实验室的阳光效果。

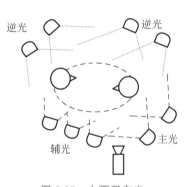

图5-35 大面积布光

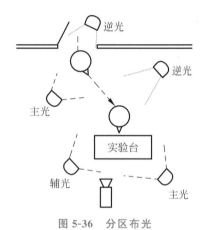

图5-36 分区布光

图5-37 连续布光

3) 连续布光

连续布光是按照物体活动的路线、环境以及在每一相对位置的活动范围,利用三点布光法进行连续布光,使物体运动的方向发生变化时,主光、辅光和逆光的方向不变,保持同一光线造型效果,如图5-37所示。

2. 摄像机运动布光

摄像机运动布光可用活动灯具移动照明,例如用摄像机的机头灯或手提新闻灯,随着摄像机运动不断地调整照明的方位、高度和亮度平衡。摄像机运动布光是摄像中常用的方法,要求灯光师与摄像师密切配合,熟悉摄像内容、路线和方向,使照明效果能够前后一致、连续。例如固定主光,随着摄像机运动平稳地移动辅光,只有移动的辅光与移拍的被摄物的距离保持不变,才能使前后画面的亮度保持一致。为了使被摄物获得足够的照度,一般以近拍为宜。

5.5 练习与实践

5.5.1 练习

1. 填空题

(1) 光的三原色主要包括_____、_____、_____。

(2) 被摄体的表面亮度取决于_____、_____两方面。

(3) 光效是直射光还是散射光取决于_____、_____、_____几个因素。

(4) 光线的方向按水平和垂直方向分有_____、_____、_____、_____、_____。

(5) 在晴天,被照明对象主要接收三种光线的照明:_____、_____和_____。

(6) 晨昏时刻,太阳高度很_____,光线与地面夹角较_____,光线较_____;光线中_____的比例增加,_____的比例减小,成_____调。

(7) 造型光主要有_____、_____、_____、_____、过渡光、环境光几种。

2. 简答题

(1) 什么是照度?它的大小取决于哪些因素?

(2) 光线的形态有哪些?各自的造型特点是什么?

(3) 简述光线方向对被摄对象形态的影响。

(4) 顺光有哪些特点?

(5) 侧光的艺术表现力体现在哪些方面?

(6) 逆光的表现力是什么?

(7) 一个完整的布光过程一般包括哪些步骤?

(8) 色温平衡的含义是什么?

(9) 电视照明的基本照明形态有哪些?各自的特点是什么?

(10) 试述各拍摄方向的艺术表现力。

5.5.2 实践

自然光处理:

(1) 实践目的:掌握电视摄像中自然光的使用方法。

(2) 实践内容:用15~20个镜头叙述一个事件。

(3) 实践要求:

① 照明方式使用自然光;

② 充分利用自然光和发光材料修饰画面,注意保持光线的方向性;

③ 采用自然光效法处理,充分利用各种不同的反光材料修饰画面,保持画面光线的真实性;

④ 注意自然光照明的时间特征。

（4）实践方法及步骤：

① 掌握不同的光线形态的画面效果；

② 掌握物体的造型方法；

③ 撰写拍摄分镜头脚本；

④ 选择合适的拍摄时间和拍摄地点，联系好摄像机及其他摄制设备；

⑤ 实地拍摄；

⑥ 整理素材及场记。

（5）实践场地：校园或其他自然光环境。

（6）考核标准：考核学生对光的性质和物体造型的掌握程度（40%）；考核学生对自然光的选择和运用能力（30%）；考核学生对不同画面效果光线的分析能力（30%）。

第 6 章 固定画面的拍摄

【学习导入】

赵翔最近新买了一台 DV，成为了真正的"拍客一族"，并开始了积极的实践。在赵翔看来，摄像和摄影最大的区别就在于摄像机能"动"，因此他在拍摄过程中将推、拉、摇、移、跟、升、降、甩等"十八般武艺"全用上了。但在看自己拍的作品时，赵翔总觉得不对劲，用他自己的话来说就是"有些画面简直惨不忍睹，晃得头直晕！"

赵翔静下心来查找问题的所在，在看了大量的相关书籍和观摩了许多影视作品之后找出了问题所在。原来，运动画面虽然是摄像的特长，但固定画面却是影视作品成功的基础。在大部分影视作品中，固定画面镜头所占的比例远远高于运动画面镜头，有的甚至达到了影片全部时长的百分之七八十。由此赵翔也意识到，要想拍好 DV，就必须学好固定画面的拍摄。

【内容结构】

本章的内容结构如图 6-1 所示。

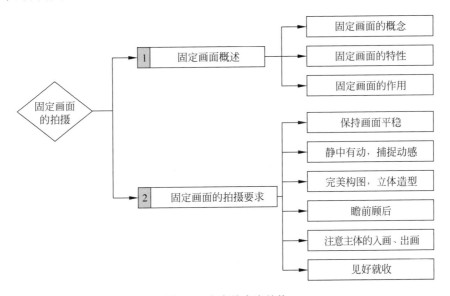

图 6-1 本章的内容结构

【学习目标】

1. 知识目标
理解固定画面的概念,了解固定画面和运动画面的区分方法。

2. 能力目标
具备熟练运用固定画面镜头拍摄不同的对象,使画面更加合理、美观的能力。

3. 素质目标
培养学生对摄像的进一步兴趣,提高审美能力。

6.1 固定画面概述

6.1.1 固定画面的概念

固定画面也称为固定镜头,它是指在拍摄一个镜头的过程中摄像机机位、镜头光轴和镜头焦距均固定不变的情况下所进行的摄像。机位不变,意味着摄像机无移、跟、升、降等运动;光轴不变,意味着摄像机无摇摄;镜头焦距不变,意味着摄像机无推、拉等运动。

在生活中,人们通过自己的眼睛在观察、欣赏事物时身体都处在一个相对静止的状态。在一部电视片中,固定画面(镜头)所反映的正是人们这样的一种视觉体验。

但在实际生活中,我们不能产生固定画面就是要拍摄固定不变的影视画面的误解。因为从根本上说,影视艺术是要以生活本身的形象来反映生活的,虽然画框固定不动,但是画框内所表现的生活却是充满动态的。一方面,拍好固定画面是对电视屏幕框架制约的适应;另一方面,也是出于对观众收视心理和生理机制的考虑。观众在观看电视节目时虽然不会随时意识到屏幕框架的存在,但是实际上,画面框架起到了规范视野、指引视线、决定观看方式等作用。比如说,生活中人们对感兴趣的人或物都会产生仔细去看和观察清楚的冲动,具体体现为视野集中、视线稳定、时间较长的"盯视"或"凝视"等视觉形式。这就要求画面拍摄时应该以较为稳定的镜头让观众得以满足收视欲求,而不能忽升忽降、忽摇忽移,破坏观众的收视情绪。此外,推、拉、摇、移等运动摄像的起幅和落幅实质上都是固定画面。因此,可以说固定画面在反映动态生活上不仅是可能的,而且也是必需的。要想做好摄像工作,自然要在一开始就从固定画面的构图和造型表现等环节上下功夫,要具备在固定画面所提供的造型天地里记录和表现动态的生活及主体运动的职业素质。

6.1.2 固定画面的特性

1. 画框相对静止,消除外部运动因素

在拍摄固定画面时,排除了摄像机运动所带来的动感也就排除了来自画面外部的运动因素,形成了其最直接、最显著的标志——固定的画面构图框架,这使得摄像中固定画面的造型特点与美术作品和摄影作品相近,大家在摄制过程中可以充分借鉴美术作品和摄影作品的创作。但固定画面又与美术作品和摄影作品截然不同,它可以突破两者只能"凝固瞬间"的局限,可以把"流淌的时光"记录下来,让观众看清事物的变化和发展。

外在运动因素的排除并不影响摄像机对内在运动因素的记录和表现。虽然画框固定不动,但画框内呈现出的大千世界、生活百态却是千变万化的。固定的画面框架也为画面内部被摄对象的运动提供了很好的、客观的参照物。从实践的角度来说,固定画面在拍摄过程中镜头是锁定的,通过摄像机的寻像器所能看到的画面范围和视域面积是始终如一的。外部运动的消失并不影响它对运动对象的记录和表现,也就是说,固定框架内的被摄对象既可以是静态的,也可以是动态的。例如,大家在看赛跑比赛转播时经常发现在弯道和终点冲刺处设置有专门负责固定画面的摄像机,对选手的弯道技术和最后的冲刺情况进行拍摄。这种固定画面由于框架成为静止的参照物,所以使选手通过弯道的动态和风驰电掣般冲过终点的速度感得到更好的表现。如图6-2所示,拍摄者是在终点处设置了拍摄固定画面的摄像机。

> 如何运用固定画面框架不动的特性来调度和表现画面内部的运动对象和活跃因素,是摄像人员需要认真总结和刻苦钻研的重要基本功。从某种程度上来说,它的难度并不亚于用运动摄像去表现动体的运动。

2. 符合人们的视觉习惯

固定画面所表现出的视觉感受类似于人们站定之后对重要的对象或所感兴趣的内容仔细观看的情形。由于画框不动,观众有时间对画面进行仔细观看和慢慢品味。同时由于消除了画框移动所导致的对观众观察方向的某种限制,观众的视线可以在画面内随意浏览,获得舒适的视觉感受。通过固定画面也能让观众的注意力不受到干扰,能准确有效地接收影视作品所要传达的信息。因此在播报新闻、人物对话、展示事物变化等场景中大量地运用了固定画面,图6-3所示为在新闻播报中大量地运用了固定画面。

图6-2 电视画面截图《冲线瞬间》

图6-3 电视画面截图《新闻联播》

固定画面的视点稳定特性给影视工作者提供了强化主体形象、表现环境空间、创造静谧氛围等丰富多样的创作手段和便利条件。

3. 拍摄要求较高

很多人认为固定画面的拍摄只要把摄像机架好,按下拍摄键就可以"大功告成"。其实这是一种误解,固定画面运用广泛,拍摄要求较高,在很多时候,拍摄难度比运动画面镜头还要大。首先,固定画面镜头由于画框不动,观众有时间细细观察画面,一些在运动画面中不易观察到的细节得以放大,固定画面视点单一,视域区受到画面框架的限制也容易使观众产生审美疲劳,因此对拍摄者的画面造型能力和构图技巧提出了较高的要求;其次,一些固定画面需要对一些场景进行长时间的跟踪,拍摄下最精彩、最具代表性的瞬间,但往往动人的瞬间都是稍纵即逝的。如果摄影师没做好准备,这些瞬间就很可能会"从旁溜走",如果没让摄像机运行在最佳拍摄状态,对于电视画面的构图和造型、光线和色彩的处理没有很好的理解和把握,在实际的拍摄过程中,当精彩的瞬间出现时可能手忙脚乱而拍不到、抓不住,即使拍下来也可能得到只是让人心痛的遗憾艺术,如镜头不清晰、角度不准确、乱晃动、构图杂乱、造型不美等。

6.1.3 固定画面的作用

1. 有利于展现环境

这里所说的有利于展现环境侧重点是指环境的描写和表现,是从美学的角度去描写环境。运动画面视域广阔,具有"大全景"式的表达功能。相比之下,固定画面的视域范围较小,具有"特写"式的表现功能。固定画面不只有利于突出环境的典型性,更有利于突出它所表现的独特的地域特点和文化特点。

> 可以利用固定画面来展示环境的变化,并运用于影视片中的转场交代。

2. 有利于主人公内心情感的表达

这种表现功能尤其在谈话节目中显得尤为突出。被采访对象的真情流露需要一个安定、稳定的环境,固定画面具有极其稳定的性质,特别是在安静和没有任何干扰的环境中,有利于调整被摄对象的心境,以流露出自己的真情实感。另外,从观众这方面来讲,运动画面中动的因素会分散观众的注意力。相反,固定画面由于视点唯一和良好的画面稳定性,有利于观众专注于画面所表达的内容,从而形成有利于倾听的氛围。央视著名主持人王志的《面对面》栏目是关于固定画面这一功能最好的例证,如图6-4所示。这是一档访谈类节目,在采访拍摄过程中运用了大量的固定画面,加上现场环境稳定、宁静,这都有利于王志的提问与采访对象真情实感的表达。王志的每一次提问及受访者具体的回答都能给观众留下深刻的印象,包括他们面部表情上细微的变化,都深深地刻在了观众的脑海里。正因为固定画面具有极强的视觉稳定性,观众才能有效地抓住节目内容的细节与重点。

图6-4 电视画面截图《面对面》

3. 易于表现时间的久远感

固定画面易于表现出"久远"的感觉,如时间上的过去感、历史感和往事感等。在我国古代画论中就有"动近静远"的说法,静态的画面形象符合人们对尘封的旧事、过往人物的心理感受,可用来表现追忆、回想等"过去式"时态,给观众以回忆往事的视觉和心理联想。

4. 表现被摄对象的运动速度,突出动感

通过静态因素与运动因素的"冲撞",以静衬动是强化运动效果的有效手段。固定画面中的静止背景和固定画框为观众提供了一个反映主体运动速度和节奏变化的参照系,人们可以根据自己的视觉经验来判断主体的运动速度和节奏。相反,如果应用"跟拍"的方式,摄影机和被摄对象将"相对静止",人们将无法判断主体的变化。

在静态画面镜头中静态的框架与动态的主体形成了鲜明的对比,使运动对象的动感、动势得到张扬甚至是夸张的表现,如图 6-5 所示。表现在固定框架与静态背景中的运动往往能突出紧张的现场气氛,给予观众较强的心理感受。

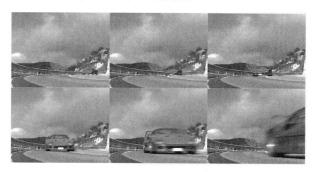

图 6-5　电视画面截图《赛车过弯》

> 在拍摄高速运动体时,选择在拐弯处利用固定画面拍摄,同时降低摄点,能让运动体的动感得到强化和夸张。

5. 从客观角度记录事物的变化

运动画面的画框在不断运动,景物也不停地在变化,但这种运动和变化往往不以观众的意志为转移,更像是导演、摄像机"牵着观众在走",观众的收视是被动的。画面表现出摄制人员的创作意图和内容上的指向性,尤其是一些移、跟镜头在带来临场感的同时也比较明显地具有拍摄者的主观性。固定画面镜头的画框固定,没有明显的指向性,能让观众根据自己的兴趣来选择视觉焦点,在收视时不再被动。静态画面在拍摄时也不容易去干扰、影响被摄对象,从而较为真实、客观地记录下事物的发展变化。例如在电视新闻报道中,镜头绝大多数是平视点的固定画面,很少有推、拉、摇、移等运动摄像,表现出强烈的客观性和纪实品格。许多重要事件,其新闻价值的重要性是空前的,但我们看到的电视画面却是清晰有序、尽量平衡的,固定画面占多数,给受众以尽可能丰富且重要的现场信息和视觉冲击,如图 6-6 所示。

图 6-6　电视画面截图《国庆阅兵》

6. 作为运动镜头的起幅和落幅

在镜头组接中，如果在两个运动画面中，主体的运动是不连贯的，或者它们中间有停顿，那么这两个镜头的组接必须在前一个画面主体做完一个完整动作停下来后，接上一个从静止到开始的运动镜头，这就是"静接静"。在"静接静"组接时，前一个镜头结尾停止的片刻叫"落幅"，后一个镜头运动前静止的片刻叫"起幅"，起幅与落幅的时间间隔为2～3s。运动镜头和固定镜头组接同样需要遵循这个规律。如果一个固定镜头要接一个摇镜头，则摇镜头开始要有起幅；相反，一个摇镜头接一个固定镜头，那么摇镜头要有"落幅"，否则画面就会给人一种跳动的视觉感。

> 在实际拍摄时，"起幅"和"落幅"都是用固定画面来拍摄的，固定时间应该持续5s以上，这样有利于后期的剪接。

7. 使画面更具有美感

影视节目的固定画面具有绘画和照片的形式感，这种形式感正是人类传统造型技巧和造型经验的宝贵财富，它理应在融汇现代高科技手段的电视中得以发扬光大。运用线、形、色、光线、影调等造型元素拍摄出优美的固定画面应该是电视摄像人员的立身之本之一。与绘画艺术和摄影艺术相比，几乎与现实生活一样丰富，真实而同步的视觉形象和光影变化等又是电视画面造型艺术的特长和优势。

> 在影视节目中加入富有照片图画效果的纯静止镜头，如天边绚丽的彩虹、山间的美丽云朵、山谷中雨后不知名的小花、草原上如明镜般的汪汪湖水等，能使节目更富有美感，更能打动人，如图6-7所示。

图6-7 电视画面截图《黄山云海》

6.2 固定画面的拍摄要求

1. 保持画面平稳

首先，对于固定画面，拍摄者在拍摄中有一点必须牢牢记住，那就是"稳"字当头，固定画面的特点和优势都来源于它的画框是稳定不动的，因此如何拍出稳定的固定画面是非常重要的。只有在拍摄过程中保持机身的稳定,尽可能消除不必要的晃动,才能保证画面的稳定,主要措施就是利用三脚架、减震器等专用设备。为了减少人体直接接触而产生的抖动,大家拍摄时身体不要贴在三脚架和摄像机上,要离开三脚架和机器。广角镜头视角大,即使机器有点抖动,在画面上也不会产生太明显的晃动。如果手持机器拍摄,则应尽量利用广角镜头稳定性强的特点,使用镜头的广角端拍摄,而远距离徒手持机用镜头的长焦端拍摄很难取得稳定的画面效果。在手持拍摄时应双脚自然分开站立(如果蹲下拍摄,要蹲到底,不要似蹲非蹲),屈肘贴身,呼吸要平稳(必要时屏住呼吸),这样拍到的画面较为平稳。在一个拍摄点固定拍摄时,可以利用身旁的栏杆、墙壁、石凳、地面和树干等作为辅助支撑,稳住身体和机器。

其次,要注意保持拍摄画面的"平"。这里指的是画面的水平线(如地平线)要水平,垂直线(如建筑的垂直墙沿)要垂直,这在拍摄风光、建筑时尤应注意。对于地平线的水平,只需在拍摄前利用三脚架的水平仪调好三脚架各脚的高低和云台的角度即可,而防止建筑垂直线倾斜则麻烦一些,可用拉大摄距、提高摄点或采用透视校正滤镜等方法进行校正,如图6-8所示。

图6-8　电视画面截图之纪录片《天坛》

2. 静中有动,捕捉动感

如果将固定镜头(特别是表现静态对象时)拍成了平面照片的样子,画面中看不出一丝的"风吹草动",这种固定镜头未免太"死"、太"呆"了,且缺乏生气,也没有发挥影视摄影在画面造型上的长处。因此,在拍摄固定画面时应注意捕捉活跃因素,如拍摄连绵群山时,山顶云端如正有飞鸟翱翔,画面就能立刻"活"起来;在拍摄静态的城市风光、园林风光时应注意捕捉动态因素,有意识地利用微风中摇曳的柳枝、滚滚的车流或走动的人物来活跃画面,使得画面整体是静的,局部又是动的,静中有动,动静相宜,这样就使原本死板的画面活了。

3. 完美构图,立体造型

与运动画面相比,固定画面在构图上的要求更高。固定画面的构图更讲究艺术性、可视性,大家应利用光线、色彩、影调、线条、形状等一切造型手段美化画面,并且要注意纵向空间和纵深方向上的调度和表现,固定画面如果不注意前景、后景、主体、陪体等的选择和安排,不注意纵轴方向上的人物或物体的高度,那么就容易出现画面缺乏主体感、空间感的问题。这就要求大家在选择拍摄方向、拍摄角度和拍摄距离时有目的、有意识地提炼纵深方向上的线、形、色等造型元素,并注意利用光、影的节奏、间隔和变化形成的带有纵深感的光效和"光空间"。大家要有意识地安排好主体与前景、背景、陪衬体的关系,多用斜侧光线,这样有利于表现立体感、空间感和层次感。

4. 瞻前顾后

这里的瞻前顾后指的是固定画面的拍摄与组接应注意画面的内在连贯性,这是因为固定画面与固定画面组接时涉及很多方面的内容,对镜头的要求是很高的。我们常说的画面与画面组接时的"跳"就是大家初学摄像时易犯的毛病。例如要表现一个人物讲话的画面,拍了三个固定画面,但景别都是差别不大的中景,这三个画面接起来会病态地"跳"一下。如果用第一个画面拍摄人物全景,第二个画面拍中景,第三个画面拍特写,这样三个画面(景别不同)组接在一起就会让我们觉得流畅而没有不适感。

有经验的摄像师在拍摄现场工作时都会注意从不同角度、不同景别来拍摄一些固定画面,注意对同一被摄主体进行固定画面拍摄时多拍一些不同机位、不同景别的画面,这样在后期编辑时就比较方便了,画面的利用率也高。如果在拍摄固定画面时不考虑画面之间承上启下的连接关系,而只从各自画面出发去拍摄,就会给后期编辑造成诸如轴线关系不对、画面难以组接等麻烦,有时甚至是无法补救的。因为固定画面的构图不像运动画面那样可在运动摄像的连续过程中得到改变、调整和转换,不同的固定画面在进行组接时,只能通过各自框架内分割开来的画面形象和承上启下的关系得到交代和说明。倘若这种内容上的联系和承上启下的关系被打乱了,就会给观众的收视带来很多影响。比如说,拍摄记者采访当事人的情况,先从当事人的斜侧方拍了一个中景画面,然后越过当事人和记者的关系线,跑到镜头刚才所在轴线的另一边拍摄了一个记者的斜侧面中景固定画面,把这两个固定画面组接,好像能够组成当事人谈话、记者倾听的现场动态。事实上,从画面效果来看,固定的画面中刚刚出现了采访人说话的中景画面,紧接着在同一位置又是同一朝向的记者中景画面,就会令观众摸不着头脑,怎么采访人忽然"变成"了记者呢?类似这种"越轴"问题造成的画面混乱是影响固定画面后期编辑的重要因素之一。当然,这里只是非常浅显的举例说明。在固定画面组接这一环节上的诸多不同情况和注意事项需要摄像人员在实践中多思考、多总结,在一定经验的基础上灵活地处理和恰当地表现,而不能以为拍完之后交给编辑就万事大吉了。

> 实际上,编辑工作从摄像工作就开始了,尤其是在拍摄固定画面时,一定要充分注意到画面间的连贯性和编辑时的合理性。

5. 注意主体的入画、出画

在用固定画面表现横向、纵向运动或对角线运动的对象时,经常要在运动对象入画前就按下录制钮,要等到运动物体出画后再结束录制,这样做的目的是完整地记录运动主体入画→行进→出画的全过程。如果运动主体还没有出画就停止录制,观众就会感觉还没有结束,视觉上会不舒服。

6. 见好就收

与运动画面相比,固定画面视点单一,视域区受到画面框架的限制,观众在收看时容易造成审美疲劳。因此,使用固定画面的同一个镜头不应持续太久,应"见好就收",如10s可让观众看清楚的东西就不需要以30s来拍摄,还应避免同样的被摄物在同一角度被重复拍摄数次,要注意变换不同角度、景别去拍摄同一景物。

6.3 练习与实践

6.3.1 练习

1. 填空题

（1）固定画面也称_____,它是指在拍摄一个镜头的过程中_____、镜头光轴和_____均固定不变的情况下所进行的摄像。

（2）拍摄固定画面时排除了摄像机运动所带来的动感也就排除了来自画面外部的运动因素,形成了其最直接、最显著的标志——_____。

（3）固定画面的_____特性给影视工作者提供了强化主体形象、表现环境空间、创造静穆氛围等丰富多样的创作手段和便利条件。

（4）通过静态因素与运动因素的"冲撞"而_____是强化运动效果的有效手段。

（5）固定画面拍摄要注意保持拍摄画面的"平",这里指的是画面的_____要水平、_____要垂直。

2. 简答题

（1）固定画面具有什么特性?

（2）固定画面具有哪些作用?

（3）固定画面的拍摄具有哪些要求?

（4）在拍摄过程中如何利用固定镜头来突出运动物体的动感?

（5）在拍摄固定画面时如何保证画面的"平稳"?

6.3.2 实践

1. 观摩影片《建国大业》,统计片中固定镜头占总镜头数的百分比,以及固定镜头总时间占整部影片时间的百分比,理解固定画面的作用。

2. 小组合作,完成短片的拍摄,拍摄内容为"电视新闻报道:某校数字媒体专业同学积极筹备,参加全国高校DV大赛。"

要求:

（1）所有画面都运用固定拍摄完成,并注意画面的稳定。

（2）每组三人轮流使用一台摄像机,集体完成。

（3）每个画面长度控制在5s左右,片段长度控制在45s左右。

（4）注意运用不同景别来完成固定画面的拍摄。

第 7 章　运动画面的拍摄

【学习导入】

中国著名导演张艺谋的电影创造了许多"中国第一",有趣的是,他还创作过中国第一部让许多观众"看完呕吐"的电影——《有话好好说》。观众看完电影呕吐,并不是因为电影拍得很差,而在于影片在拍摄手法上采用了大量的跟镜头、摇镜头及晃动镜头,较少运用固定镜头,这使得部分观众看完后会觉得不适。但这种用运动画面来表现故事的手法却增强了画面的流动感,以不规则的画面造成了奇异、荒诞的视觉效果,将城市小人物的不安和躁动表露无遗。由此可见,运动画面拍摄的成败将对影片有较大的影响,处理好运动画面拍摄也将为我们的拍摄增色许多。

【内容结构】

本章的内容结构如图 7-1 所示。

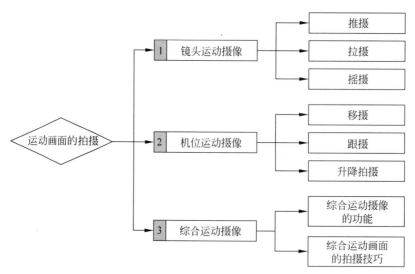

图 7-1　本章的内容结构

【学习目标】

1. 知识目标

了解运动画面的相关概念,掌握运动画面的表现特征和摄像操作技巧。

2. 能力目标

能够熟练掌握各类运动画面拍摄技巧的操作要领。

3. 素质目标

培养学生对摄像的兴趣,锻炼操作摄像机的基本技能。

运动摄像是指在拍摄过程中通过改变机位、镜头光轴或镜头焦距使画面产生特定运动效果的拍摄方式。一般来说,只要机位、镜头光轴或焦距有一个发生变化就构成了运动摄像。运动摄像可分为镜头运动摄像、机位运动摄像以及综合运动摄像三种形式。

7.1 镜头运动摄像

所谓镜头运动摄像,就是在一个镜头中保持摄像机机位不变,通过变动镜头光轴或变化镜头焦距所进行的拍摄,主要包括推摄、拉摄和摇摄。

7.1.1 推摄

推摄是指通过镜头焦距由短变长的方式使画面对象在景别上发生由大到小的变化,如图 7-2 所示。

图 7-2 推摄

1. 推摄的功能和表现力

(1) 突出主体人物,表现重点形象。推摄可以从群体中突出个体,引导和强迫观众注意被摄主体。由于在推摄中主体处于画面结构的中心位置,因此它给人带来的视觉冲击力显得更为强烈,留给观众的印象更为深刻。图 7-3 利用了推摄镜头,观众的注意力很快就集中到冠军获得者身上,突出了主体。

图 7-3 利用推摄突出人物

(2) 突出细节,突出重要的情节因素。推镜头可以很好地用来表现画面当中的细节部分和整体与细节的相互关系,从而更具真实性,更具说服力。

实例 在专题片《闽南工夫茶》中,在讲解如何冲泡茶叶时就运用了推摄技巧,如图 7-4 所示。镜头一开始用的是中景,交代了环境和人物,而这时讲解的重点是如何对茶叶进行冲泡,要让观众看清如何控制水壶的高度与水流的速度,因此运用了推摄技巧,使画面转换为水壶与茶壶的特写,突出了冲泡动作这一细节。

图 7-4　利用推摄突出细节

（3）介绍并强调整体与局部、客观环境与主体人物的关系和作用。在介绍处于特定环境中的主体人物和事件时,常用环境全景作为起幅画面,然后推向这个环境中要表达的主体人物和事件,从而强化了人物、事件与主题环境的关系。推摄在主观上是一个摄取细节的过程,它能更好地使观众参与到表现画面的过程当中,这正是推摄技巧强调和突出细节的魅力所在。例如在拍摄新闻特别是会议场面时经常以全景作为起幅,首先交代环境,然后推向主席台上正在讲话的某位重要人物,这既交代了环境又突出了主体。

（4）影响到画面的节奏,产生外在的情绪力量。镜头推进速度的快慢直接影响画面的节奏,产生外化的情绪力量。"慢"显示一种安宁、幽静的抒情意味,"快"则显示一种紧张、紧迫感,表现紧张不安的气氛和激动的情绪。例如,在很多欧美电影中都会运用快推到面部表情的镜头,表现一种紧张、急迫的氛围,让观众感觉自己仿佛就置身于其中一般。

（5）加强或减弱运动主体的动感。推摄迎面而来的动体,加强了动感,如汽车迎着你开来,仿佛运动速度加快;推摄背面而去的动体,减弱了动感,如革命烈士走向刑场时从背面推摄,会使人理解其步伐沉重、深沉,仿佛还有很多未完成的事业。

2. 推摄的技巧

（1）拍摄目标要明确。推摄应有明确的目的,即通过推摄要达到什么样的预期效果,实现什么样的表现意图。另外需要斟酌的是,采用推摄技巧表现的情景内容与推摄技巧本身的表现特性和效果是否吻合,是否一致。

（2）构图调整要恰当。推摄画面具有多种景别,而不同的景别对构图的要求又不尽相同,因此,运用推摄必须注意对画面构图的调整。构图调整要自然、流畅,一般的方法是在启动推进动作后立即不断地调整构图,使画面总处于较理想的状态,而不是当镜头快要接近落幅时才去调整构图。

（3）焦点转变要合理。镜头焦距的改变会带来焦点和景深的变化,因此大家在拍摄时要特别注意焦点的调整和景深的变化。在改变镜头焦距时,通常是将焦点调在落幅画面的主要对象上,如果因聚焦点偏差而造成画面短暂模糊、虚化,需要很快地做出调整。

（4）运动时机要准确。推摄镜头一般有三种形式：①起幅、推进和落幅三个阶段都完整具备；②没有起幅,镜头上来就直接推到落幅；③没有起幅和落幅,只有推进过程。起幅、推进和落幅一般应满足最低拍摄时间的要求,通常情况下至少需要 3s。但不是说任何推摄在起幅达到 3s 后都适合推进运动,这要根据推摄表现的具体内容和摄影师的想法而定。

起幅指的是运动镜头开始的场面,要求构图讲究、有适当的长度。一般有表演的场面应使观众能看清人物动作,无表演的场面应使观众能看清景色,具体长度可根据情节内容或创作意图而定,由固定画面转为移动画面时要自然、流畅。

落幅是指运动镜头终结的画面,要求由运动转化为固定画面时能平稳、自然,尤其重要的是准确,即能恰到好处地按照事先设计好的景物范围或主要被摄对象的位置停稳画面。有表演的场面要按照戏剧动作不能过早或过晚地停稳画面,当画面停稳之后要有适当的长度使表演告一段落。

(5) 速度要均匀。作为运动画面,推进速度要均匀,不要时快时慢,并且与画面表现的情绪保持一致。

(6) 幅度把握要适宜。这在运用变焦范围大的镜头时比较普遍和明显,变焦倍率大,使画面的推进程度增大。但推进程度并非越大越好,应该控制在一个比较恰当、适宜的分寸和幅度,既要照顾到内容表现的需要,也要照顾到画面使用的需要,只有两者很好地结合在一起,得到的推摄画面才能真正发挥作用。

光学镜头的推进程度主要是受镜头变焦倍率的影响。一个 6 倍的变焦镜头可以从一个人的全景推到一个人的面部特写,而一个 10 倍的镜头,在相同的拍摄距离下可以从一个人的全景推到一个人的眼睛特写。

7.1.2 拉摄

拉摄是指通过镜头焦距由长变短的方式使拍摄对象在景别上发生由小到大的变化,从而使画面表现的重点发生转移。它表现为画面的画框由近而远不间断地远离被摄主体,如图 7-5 所示。

图 7-5 拉摄

1. 拉摄的功能和表现力

(1) 有利于表现主体与主体所处的环境关系。拉镜头使画面从某一被摄主体逐步拉开,展现出主体周围的环境,或是有代表性的环境特征,最后在一个远远大于被摄主体的空间范围内停住。这种从主体到环境的表现方法为由点到面,它既表现了此点在此面的位置,也可以说明点与面所构成的关系。例如,画面起幅是一名记者正在做报道,拉开后是一个交通事故的现场,这表明记者是在事故发生地做现场报道。同样是这个镜头,假如继续拉出,出现一家人正在看这个电视节目,这样对这则报道的强调又转移成了一家人对此事的关注。由此可以看出,画面的意义是在画面最后出现的特定环境中才指出的,拉镜头的落幅画面才是揭开画面表现意义的关键之笔。

（2）用于表现富有悬念的情节。拉摄画面与推摄画面有一个明显的不同，即推摄画面在镜头推动之前观众通过镜头起幅阶段的大景别画面对所要表现的内容已经有了视觉上的"预知"。在大多数情况下，推摄画面对内容的表现都是在观众的视线之内，在观众对内容有所知晓的状态下进行的。拉摄画面除了在起幅阶段展现了部分信息以外，观众对镜头拉动过程中究竟能有什么信息出现在视觉和心理上既无法预知，也无法准备。因此，拉摄过程是一个新信息不断涌入的过程，是一个充满悬念的表现过程。

实例　在一部悬疑片（如图 7-6 所示）中就很好地利用了拉摄技巧。画面的开始是一个快速走动的人物脚步特写，这时观众就会产生疑问"这是谁的脚，他在哪里，他要干什么？"，随着镜头的拉出，谜底慢慢揭开。

图 7-6　利用拉摄镜头表现富有悬念的情节

（3）用于表现对象之间的对比。拉摄镜头是一种纵向空间变化的形式，它可以通过纵向空间上的画面形成对比、反衬或比喻等效果。比如一个拉镜头的起幅画面是墙上的一条标语"保护环境，人人有责"，待镜头拉开，标语周围全是垃圾，这一前一后的两个画面无疑产生了非常明显的对比关系，其画面意义一目了然。

（4）转场。拉摄的起幅画面如果是近景或特写，必然缺少充分的环境信息，正是由于这种特性，近景和特写常常被作为一种转换场景的技巧。特写和近景转场与全景和远景转场的不同之处在于它是一种软性的转场，即场景在不知不觉中完成，转换非常流畅。

（5）结束影片或结束段落。拉摄最直接的效果是视点后移，画面上会形成逐渐远离对象的表现效果，有点类似于人们日常生活当中的告别场面。根据拉摄的这一视觉特性，摄像师经常用拉摄的画面作为影片结尾。

实例　专题片《似水流年忆语堂》的结尾便采用了拉镜头（如图 7-7 所示），画面由林语堂先生曾用过的马灯缓缓拉出，落幅于林语堂先生的书房一角。画面让人联想起了当年林语堂先生在灯下学习的情景，也让观众觉得逝去的日子已渐行渐远，影片在此告一段落，让人有种淡淡的不舍。

图 7-7　利用拉摄镜头作为影片结尾

2．拉摄镜头的拍摄技巧

拉摄与推摄有许多相似之处，推摄在发现目标和表现目标上是从面到点，它在视觉观察和思维规律上符合人们日常生活中观察事物和发现问题的习惯，而拉摄在实际运用中与推摄是一个反向的过程，这种反向的表现过程无疑加大了运用上的难度，因此大家在运用拉摄时还要把握以下几点。

（1）镜头应有明确的表现意义，其重点是落幅中主体与环境的关系，即起幅要稳，落幅要准。拉镜头所关注的要点是谁在落幅的环境中，即起幅中主体与落幅中环境的关系。

（2）拉镜头在拉出的过程中主体应始终保持在画面的兴趣中心。

（3）镜头的运动速度要与画面所表现的主题思想一致，同时镜头拉出的速度应保持一致，不应出现时快时慢或拉拉停停的现象。

（4）在拉镜头中要始终注意焦点的变化，保证主体在整个过程中都是清晰的。

7.1.3 摇摄

摇摄是指在摄像机机位及镜头焦距不变的情况下，利用摄像机的光轴方向变化进行拍摄的方法，如图 7-8 所示。大家可借助于三脚架上云台的转动进行摇摄，也可以利用人体的转动进行摇摄，摇摄所拍下的镜头称为摇镜头。

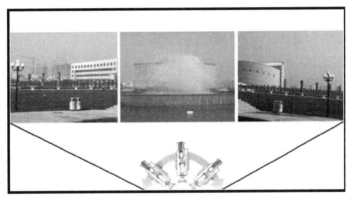

图 7-8　摇摄过程

1．摇摄的类型

摇摄有多种技法，通常使用水平摇摄和垂直摇摄。

1) 水平摇摄

水平摇摄是指在摄像机机位、镜头焦距都不变的情况下，镜头光轴指向沿水平方向改变的拍摄方式，如图 7-9 所示。我们平时所说的向左摇、向右摇都属于水平摇摄。

水平摇摄的主要特点是随着摄像机镜头光轴沿水平方向发生变化，画面表现的横向视野范围也在不断变化，在一部分拍摄对象移出画面的同时，又会有一部分拍摄对象相继涌入画面。

2) 垂直摇摄

垂直摇摄是指在摄像机机位、镜头焦距都不变的情况下，镜头光轴指向沿垂直方向改变的拍摄方式，如图 7-10 所示。我们平时所说的向上摇、向下摇都属于垂直摇摄。

垂直摇摄的主要特点是它可以突破垂直视野的限制，形成自己鲜明的表现特色，即具有

图 7-9 水平摇摄

图 7-10 垂直摇摄

最大的垂直空间表现力。当表现对象呈垂直排列时往往是垂直摇摄展现身手的最好机会。

2. 摇摄的功能和表现力

（1）摇摄可用于展示空间，扩大视野。摇摄犹如人们转动头部环顾四周，它可以突破电视画面框架的局限，利用摄像机的运动将视野向四周扩展，包容了更多的视觉信息。摇摄多侧重于介绍环境、故事或事件发生的地形地貌，展示更为开阔的视觉背景。它具有大景别画面的特点，又比固定画面的远景有更为开阔的视野。例如跨江大桥、拦河大坝等横线条景物用水平横摇，对于较高耸的被摄体（如摩天大楼、电视发射塔等纵线条景物）用垂直摇摄，既能够完整而连续地展现其全貌，又能突出其壮观、雄伟的气势。

（2）摇摄能较好地表现事物之间的关系。摇摄可以表现一个完整的空间场合，如一片辽阔的草原；也可以表现一个空间中多个对象之间的关系，如草原上的牧羊人以及他的羊。因此，摇摄其实是统一空间的纽带和桥梁。

（3）摇摄可展现被摄对象的运动状态和过程。摇摄便于表现主体的运动状态和轨迹，例如我们在电视体育节目中经常可以看到运动员奔跑，镜头向着奔跑的方向摇动，使用长焦镜头摇摄时很容易把主体从背景中分离出来，达到突出主体的效果。

（4）摇摄可用来表现富有悬念的情节。摇摄在画面形式上是从已知空间向未知空间的一种运动。未知空间究竟会出现什么样的情景，观众在心理上应该是没有任何准备的，因此运用摇摄摇出新奇的情景就是顺理成章的事了。

实例 法国纪录片《迁徙的鸟》中有一个这样的画面：起幅是一只成年白头翁的特写，停了一会儿，镜头顺着白头翁的头开始向背部摇去，我们看到的是白头翁宽厚的翅膀，但就在这时，一只白头翁幼雏从翅膀下面钻了出来，摇摄的时机掌握得非常好。

> 摇摄的悬念效果一般都是通过较小的景别获得的。小景别由于信息有限,细节很容易被隐藏在画面之外,因此,当镜头摇过去时才会产生出其不意的效果。

（5）摇摄能达到一种积累的效果。当拍摄的对象事物具有横向超广或垂直超长的特性时,运用摇摄技巧能通过累积的方式表现一种绵延、高耸的视觉效果。另外,对一组相同或相似的画面主体,用摇摄的方式让它们逐个出现可以强化人们对这个事物的印象,形成一种数量和情绪的积累效果。

3. 摇摄镜头的拍摄技巧

（1）表现目的要明确。我们对摇摄意图的把握可以从两方面入手,一是从摇摄具有的表现功能与作用出发,二是从摇摄与其他运动形式对比的角度出发。在摇摄的各种功能和作用中,有的比较明显,比如表现对象事物的绵延或壮阔;有的则不太明显,比如对象事物之间存在的联想、比喻、象征、对比等某些潜在的关系,这些都需要通过比较细致的观察和一定的挖掘才能得以发现。

（2）时机把握要准确。我们对摇摄时机的把握主要在人物活动的场景中。在有人物出现的场景中,人物的姿态和动作常处于变化当中,并非任何时候都适合摇摄。因此,我们在摇摄时要融入自己的想法,再运用娴熟的摄像技巧保证整个运动过程的完整、和谐,这样才能准确地把握摇摄的时机。

（3）摇摄速度要合理。从人们普遍的视觉感受出发,摇摄的速度要能够保证画面内容能让观众看清、读懂。从画面的表现要求出发,摇摄速度要与画面的内容在性质、情绪、节奏等方面相协调。我们除了要把握摇摄速度的快慢以外,还要把握摇摄速度的匀称,忽快忽慢、没有章法的摇摄不仅不能给观众带来美感,还会影响内容的正确表达,应该在拍摄中避免。

> 比较适中的摇摄效果应该具有这样的画面感觉:画面的启动不突兀,启动开始后逐渐加速,保持匀速,逐渐减速,然后平稳地进入落幅画面。
>
> 比较合适的站位应该是既方便于起幅画面的控制,也方便于落幅画面的控制。如果两者不可兼得,应该选择不利于控制起幅画面但有利于控制落幅画面的操作站位。

（4）落幅要得当。画面起幅、运动和落幅是运动摄像的三个有机环节。在一般意义上,它们是同等重要的,但对于摇摄来说落幅显得更为重要。

首先,表现在构图上,如果起幅画面在构图上存在一定的问题,随着镜头的摇动,观众的注意力会被接下来不断出现的画面对象所吸引,构图方面存在的问题容易被忽略。

其次,摇摄具有某种悬念性,如果起幅画面构图有些违反常规,受悬念性心理的驱动,观众并不会对视觉上的"怪异"立刻产生评价,反而会因"好奇"促使他们继续观看下去。如果落幅画面构图是正常的,观念最初的怪异感觉往往会随着镜头的摇动而逐渐淡化,甚至在不知不觉中"忘却"。

> 当摇摄画面两头所指的事物不处在一个水平线时,要保持良好的构图状态,需要在摇摄过程中调整构图。一般来说,无论是水平摇摄还是垂直摇摄,构图调整都具有较大的难度。这一点与推摄和拉摄明显不同。

最后，在内容表现上，起幅画面表现的内容一般应随着镜头的摇动在程度上不断得到加强和深化，并在落幅画面中得到最强的表现。画面内容对观众的冲击能否逐渐增强取决于摇摄的运动性质和观众的观看心理。因为镜头一经摇动，观众对画面即将展示的内容就寄予了一种好奇，他们在心理上往往会觉得后面出现的内容一定要比前面出现的内容更有味道、更加精彩。

7.2 机位运动摄像

所谓机位运动摄像，就是在拍摄过程中主要依靠摄像机位置的变化来表现运动画面的拍摄方法，主要包括移摄、跟摄和升降摄。

7.2.1 移摄

移摄指在镜头焦距不变的情况下，将摄像机架设在活动物体上随拍摄对象一同移动的拍摄方式，如图7-11所示。移摄镜头与现实生活中人们边移动边看的效果类似，如乘汽车、火车，通过车窗向外看。

图7-11　移摄画面

1. 移摄的类型

在具体操作上，移摄分为前移、后移、横向移摄和曲线移摄等方式。

（1）前移就是在镜头焦距不变的情况下对拍摄主体采取向前移动摄像机并带动光学镜头同时运动的拍摄方式。

（2）后移就是在镜头焦距不变的情况下对拍摄主体采取向后移动摄像机并带动光学镜头同时运动的拍摄方式。

（3）横向移摄就是在镜头焦距不变的情况下对拍摄主体采取横向移动摄像机并带动光学镜头同时运动的拍摄方式。

（4）曲线移摄就是在镜头焦距不变的情况下对拍摄主体采取曲线移动摄像机并带动光学镜头运动的拍摄方式。曲线移摄一般有两种表现方式：一种是移摄的路径表现为曲线的形式，这样当摄像机沿曲线路径移动时就会带动光学镜头发生曲线指向变化；另一种是移摄的路径虽然是直线，但在机位向前移动的过程中镜头光轴指向不断发生向左向右的摆动，这也会使画面出现曲线移摄的表现形态。

2. 移摄的功能和表现力

（1）移摄能通过摄像机的移动开拓画面的造型空间，创造出独特的视觉艺术效果。固定摄像由于摄像机位的固定和拍摄方向的限定，所表现的往往是单一朝向的被摄对象，而没有展示被摄对象侧向、背向镜头的一面。这样,当被摄对象在前、后、左、右几个向面都具有表现因素的时候,其他摄像技巧的局限性就会显示出来,而移摄正好有了用武之地。当一个事物出现在摄像机面前,而且在两个以上的向面存在表现因素时,为了强调这种表现因素的统一性,移摄是最好的拍摄方法。图 7-12 用移摄的拍摄方法对天安门进行了多方位的展示,使其立体感更强。

图 7-12　利用移摄多角度、全方位地展示被摄对象

(2) 移摄能产生气势恢宏的造型效果。在表现大场面、大纵深、多景物、多层次的复杂场景时,移摄镜头具有气势恢宏的造型效果。航拍(如图 7-13 所示)是现代影视节目中常用的镜头,是在一个更大的范围内对完整空间的表现,赋予了影视画面更为丰富多样的造型手段。航拍除了具有一般移动镜头的特点外,还以视点高、角度新、动感强、节奏快等特点展现了人们在生活中不常见到的景象。

图 7-13　航拍画面

实例　在《望长城》中利用航拍的移摄镜头表现长城的雄伟气势,这些航拍镜头将观众的视点带到空中,居高临下,极目远望,扩大了画面表现空间的容量,形成了浩大的气势。

(3) 移摄具有强烈的主观色彩,纪实性强。移摄使摄像机成了能动的活跃物体,机位的调度直接调动了人们在行进中或在运动物体上的视觉感受。如果说摇镜头是在原地"左顾右盼",移摄就是还原人们生活中"边走边看"的一种视觉感受。这种来自于人们视觉的体验赋予了观众对表现内容更多的参与性。当人们的视觉体验和亲身经验与移摄画面的形式发生某种契合时,人们的主观性和主动性也就相伴而生了,如图 7-14 所示。

(4) 移镜头的运动速度快慢可以影响到画面的节奏,产生外在的情绪力量。移摄的运动性使其自然地形成一定的节奏和气氛,在运用移摄强化节奏和氛围的过程中,移摄运动会显得比较突出和猛烈。此时,移摄的主要目的已经不是对主体的表现,而是对运动的表现。这类移摄在实施过程中一般都要借助于一定的移摄工具,如火车、汽车等。借助这些工具的主要原因是除了它们具有较高的运动速度以外,还因为它们能够保持一个匀速运动的状态,这些因素往往是强化画面节奏和气氛,形成一定运动韵律的重要条件。

图 7-14　移摄带来的主动参与感

3. 移摄镜头的拍摄技巧

（1）要注意画面构图。在移摄中，由于摄像机一直都在运动，因此需要加强对画面构图的控制。移摄构图控制的难度因其采用的移动方式、借助的运动工具的不同而有所不同，通常主要表现在画面的水平和稳定控制方面。

（2）要注意画面衔接。任何拍摄方式都要考虑画面的衔接问题，但移摄的画面衔接问题显得尤为突出，这是因为移摄强调的是运动，而且往往是整段连续地运用，如果在拍摄时没有很好地考虑它们之间的衔接问题，在后期难免要出现问题。对于移摄的衔接，一般要注意方向的衔接、速度的衔接、景别的衔接以及光线与影调的衔接等以保持画面正常、流畅。

（3）要注意拍摄的控制。拍摄一个 10s 的固定画面往往会让人感觉时间很长，而拍摄一个 10s 的移摄画面往往会让人感觉时间很短。在移摄中没有必要的长度就无法体现运动的特性，也就无法展示运动的魅力。但这种必要的长度不等于越长越好，应该适可而止。

（4）要注意安全。在移摄过程中，安全是大家必须时刻关注的问题。无论是借助运动工具移摄还是肩扛手持移摄，对于所有可能涉及安全的问题都要尽量想周到一些、仔细一些，同时还要请摄制组人员或协拍人员随时帮忙，以做到万无一失。

7.2.2　跟摄

跟摄是将摄像机架在活动物体上，并跟随被摄主体的运动而运动的一种拍摄方法。用跟摄所拍摄的镜头称为跟镜头，其表现为画面的内容不间断连续变化时主体的形象不变，如图 7-15 所示。

图 7-15　跟摄画面

1. 跟摄的类型

1）前跟

前跟是指摄像机处在被摄体的前方，并随着被摄体向同一方向运动的拍摄方式，如

图 7-16 所示。前跟虽然难度比较大,但因为是从正面表现被摄对象的运动,对画面主体的正面形象往往具有很好的表现效果,所以在实践中运用得比较多。

图 7-16 前跟画面

2）后跟

后跟是指摄像机处在被摄体的后方,并随着被摄体向同一方向运动的拍摄方式,如图 7-17 所示。这种拍摄方式因为摄像机镜头对准的是主体的背面,与主体一同向前运动,在拍摄方式上与人们的日常行走方式没有什么两样,所以,拍摄起来比较容易。

图 7-17 后跟画面

3）侧跟

侧跟是指摄像机处在被摄体的侧面,保持与被摄对象相同的运动方向、相同的运动速度,使被摄主体始终处于画面中心的一种拍摄方式。这种方式客观感强,并有利于跟随拍摄高速运动的主体,常被运用于体育项目的拍摄过程中。

实例 2008 年北京奥运会田径赛赛场有 9 条跑道,除去 8 条运动员专用外,第九道上的就是俗称"电兔子"的轨道追踪摄像机,如图 7-18 所示。在比赛前,工作人员将摄像机安装在一条与跑道平行的轨道上,然后通过遥控它的移动速度来同步拍摄比赛。在比赛中,它在与第一名平行的位置进行跟踪拍摄,按照运动员的速度启动、加速和冲刺。如此一来,观众便能够近距离欣赏到运动员在比赛中的全程表现,而且得到加强的同步感,如图 7-19 所示。

图 7-18 轨道追踪摄像机　　　　图 7-19 轨道追踪摄像机的拍摄效果

第7章 运动画面的拍摄

2. 跟摄的功能和表现力

（1）表现对象所处背景的变化。在跟摄时，摄像机的运动速度与被摄主体的运动速度一般是一致的，这个运动着的被摄对象在画框中处于一个相对稳定的状态，而背景环境则始终处在变化之中。比如，在影片中表现追逐时，常用跟镜头，被摄主体相对不变，而背景则一会儿是高速公路，一会儿是盘山公路，观众通过这个跟镜头看到追逐经过了许多地方，更感受到了追逐的艰辛、逃跑的困难。

（2）突出运动中的被摄主体。跟摄使得主体始终处于画面中心，可以展现运动体在运动中的动态和动势，交代运动物体的运动方向、速度、体态与环境的关系，使物体运动保持连贯，并有利于展示主体在动态中的精神面貌。

（3）统一观众与被摄对象的视点。运用后跟镜头可以使观众与被摄人物的视点统一，表现出一种主观性镜头，使镜头表现的视觉方向就是被摄人物的视觉方向，画面表现的空间也就是被摄人物看到的视觉空间，这种视向的合一可以表现出一种强烈的现场感和参与感。

（4）在纪实性节目和新闻拍摄中有着重要的纪实意义。在跟摄中，被摄人物的运动直接左右着摄像机的运动，体现了摄像机的运动是由人物的运动而引起的被动记录方式。这种表现方式不仅使观众置身于事件之中，成为事件的"目击者"，而且表现出一种客观记录的"姿态"。

3. 跟摄镜头的拍摄技巧

（1）锁定拍摄对象。在跟随被摄主体拍摄时，最重要的是跟得准。为了保证被摄主体在画面中的景别与画框的相对位置保持不变，摄像机与被摄主体的运动方向和速度要保持一致。

（2）保持过程的相对完整。主体的运动是跟摄的主要依据，而过程的相对完整是跟摄的基础。在很多情况下，如果没有过程的展现，跟摄往往会失去其表现价值，甚至失去自己鲜明的个性。跟摄强调的相对完整通常是指关键环节的完整，而不是整个过程的完整。

（3）控制景深和构图。在跟摄中，由于主要对象往往处于运动状态，同时与主要对象发生接触和交流的对象在位置上也难以很好地控制，这样景深和构图的控制就成为跟摄中的一个重要技巧。另外，摄像机跟随被摄主体拍摄所带来的焦点的变化、拍摄角度的变化以及光线的变化等也都应考虑。

7.2.3 升降拍摄

升降拍摄是指摄像机借助升降装置或利用人的身体姿态的改变做上下运动所进行的拍摄，用这种方法拍摄到的画面称为升降镜头，如图 7-20 所示。升降拍摄有多种变化形式，例如垂直升降、弧形升降、斜向升降和不规则升降等。

1. 升降拍摄的功能和表现力

（1）能强化画内空间的视觉深度感，引发高度感和气势感。升降镜头的画面造型效果极富视觉冲击力，甚至能给观众以新奇、独特的感受，它可以带来画面视域的扩张和收缩。当机位升高之后，视野向纵深方向逐渐展开且能越过某些景物的屏蔽，展现出由近及远的大范围场面，即"登高而望远"；当机位降低时，镜头距离地面越来越近，所能展示的画面空间范围也越来越窄小。

实例 在战争场面和大型文艺晚会等场景中，大家经常可以见到这种拍摄方法，它利用高

图 7-20　升降拍摄

度变化和视点的转换给观众以丰富多彩的视觉感受。如拍摄国庆阅兵时,升降镜头从小景别升起后展现出大景别画面中的整齐行进队伍,给人一种气势雄壮、场面浩大的现场感,如图 7-21 所示。

图 7-21　升降拍摄的视觉冲击感

> 升降拍摄一般借助于升降装置,其画面形式感与一般的移摄画面有些相像,都属于移动,并且都属于机位的移动。它们的不同之处在于升降运动会带来画面视觉上比较强烈的扩展和缩小。这种画面效果在作用上类似于推摄或拉摄,又比推摄和拉摄的透视变化大,但指向性不如推摄和拉摄明确。

(2) 有利于表现高大物体的各个局部。利用摄像机摇臂(如图 7-22 所示),摄像机能升到较高的高度,可用平拍的方式对高大物体的各个局部进行特写。与运用摇镜头拍摄高大景物相比,升降镜头拍摄不会产生画面中竖直线条的汇聚或透视变形,能准确地再现物体的大小比例。

(3) 可以在同一镜头中完成不同形象主体的转换。在升降镜头从低至高或从高至低的运动过程中,可以在同一镜头中完成不同形象主体的转换,比如较远的景物和人物最初被画面中的形象所遮挡,随着镜头的升起,远处的景物可逐渐显露出来。反之,降镜头可以实现从大范围画面形象向较小范围画面形象的调度。

图 7-22　摄像机摇臂

2. 升降镜头的拍摄技巧

（1）与环境、气氛相协调。由于升降镜头带来的视觉感受比较特别，容易让观众感受到创作者的主观意图，从而产生对画面造型效果的"距离"感，因此应慎重使用升降镜头，特别是在拍摄新闻纪实类节目时更应慎重考虑，否则画面造型的表现性可能会影响节目内容的真实感和客观性。

（2）主体始终处于画面兴趣中心。在利用升降镜头拍摄同一主体以展示其从不同高度观察的差别时，应注意保持主体始终处于兴趣中心，这样才不会使观众在观看过程中将注意力转移到其他对象上。

（3）镜头的升降要稳。保持升降镜头的拍摄稳定性和速度的均匀性可借助升降机或吊臂。在运用升降机时，摄像师和摄像机连同三脚架在升降车里上下移动，在移动过程中摄影师进行拍摄，从而构成综合运动。吊臂又称遥控升降机，俗称"大炮"，是近几年才发展起来的综合运动工具，只需把摄像机固定在吊臂的前端，摄影师在地面上手动摇控即可。

7.3 综合运动摄像

综合运动摄像是指摄像机在一个镜头中把推、拉、摇、移、跟、升降等各种运动摄像方式不同程度地、有机地结合起来而进行的拍摄方式，用这种方式拍到的电视画面叫综合运动镜头。综合运动摄像大致可分为三种情况：一种是"先后"，如先推后摇、先跟后推等；另一种是"包容"，即多种运动方式同时进行，如摇中带推、边推边摇等；还有一种是前两种情况的综合运用。

7.3.1 综合运动摄像的功能

（1）一方面，有利于在一个镜头中记录和表现一个场景中的一段相对完整的情节。不管是先后出现还是同时进行，综合运动方式都比单一运动方式更能表现较为复杂多变的画面造型效果。另一方面，综合运动能把各种运动方式有机地统一起来，在一个镜头中形成一个连续性的变化，给人以一气呵成的感觉。

实例 电视剧《新闻启示录》表现一群报社记者"跟踪追击"来到教授家采访，镜头从楼道开始跟摄记者们推进教授家，继续跟摄他们热烈讨论的场面，以及随着讲话者的转换时而从左摇摄到右，时而从右摇摄到左。当一位农民企业家为解决教授的交通工具问题扛来一辆自行车时，镜头又随着开门人移向门口。

在上述实例的这个镜头中，它既不像固定画面那样一个机位一拍到底，画面沉闷，缺少变化，又不像单一运动镜头，或一推或一拉，单调刻板，缺少生气，而是通过综合调度镜头的各种运动形式，依据情节中心的转移不断变换着画面的表现空间和形象内容，把多样的形式有秩序地统一在整体的形式美之中，显得活跃而流畅、连贯而富有变化。

（2）形成电视画面造型美。综合运动摄像的运动转换点更为流畅、圆滑，画面视点的转换更为顺畅、自然，每一次转变都使画面形成一个新的角度或新的景别。从造型上讲，它构成了对被摄对象的多层次、多方位。立体化的表现形成了一个流动而又富有变化的，其本身就具有韵律和节奏的表现形式。这种运动的表现使得画面中仿佛流动着一种富有意蕴的旋律，从而引发了观众的视觉注意和审美感受。现在许多的音乐电视作品中都注意运用综合运动镜头,以形成画面语言的美感和韵致,可以说正是由综合运动镜头形式上的造型表现力所决定的。

(3) 连续动态性有利于再现现实生活的流程。尽管在一个综合运动镜头中,景别、角度、画面节奏等因素不断变化,但画面在对时间、空间的表现上并没有中断,镜头的时空表现是连贯而完整的。它使画面空间在一个完整的时间段落上展开,在纪实性节目中保证了事件进程的真实性。由于它不经过镜头剪辑,而是通过镜头运动再现现实时空的自然流程,因而更有真实感。

(4) 可以与音乐的旋律变化相互合拍,形成有机的节奏。综合运动镜头将多种运动摄像方式有机地结合起来不间断地一次完成,一般镜头长度较长,能够在一个镜头中包含一段完整的音乐,不因画面分段和出现场景的变化而破坏音乐的整体性和旋律美。同时,当镜头内多种运动形式所构成的节奏变化和运动韵律与音乐旋律和节拍同步时,会产生一种画面运动与音乐旋律变化相"谐振"的效应,强化声画的节奏感。

7.3.2 综合运动画面的拍摄技巧

(1) 除特殊情绪对画面的特殊要求以外,镜头的运动应力求保持平稳。画面大幅度的倾斜摆动会产生一种不安和眩晕,从而破坏观众的观赏心境。

(2) 镜头运动的每次转换应力求与人物动作和方向的转换一致,与情节中心和情绪发展的转换一致,使画面外部的变化与画面内部的变化完美结合。

(3) 机位运动时注意焦点的变化,始终将主体形象处理在景深范围之内。同时注意拍摄角度的变化对造型的影响,并尽可能防止拍摄者的影子进画出现穿帮现象。

(4) 要求摄录人员默契配合、协同动作、步调一致。例如对升降机的控制,移、跟过程中对话筒线的注意等,如果稍有失误,都可能造成镜头运动不到位甚至绊倒摄像师等后果,越是复杂的场景,高质量的配合显得越重要。

7.4 练习与实践

7.4.1 练习

1. 什么是运动摄像?运动摄像分几类?
2. 简述运动摄像的种类、表现特点、功能以及拍摄注意事项。
3. 推镜头、前移镜头和跟镜头三者之间有何差异?举例说明各类镜头的应用场合。

7.4.2 实践

1. 拍摄一组校园风光的运动画面,分析其特征和应用技法,写出实践总结报告。
2. 拍摄一组旋转摇、升降、间歇摇等镜头,分析它们的使用优势与不足。

第8章 拍摄中的同期声处理

【学习导入】

看过 2010 年世界杯的电视观众一定对"呜呜祖啦"这个"吵死全世界"的喇叭记忆深刻,观众让这如无数只绿头苍蝇齐声嗡叫的声音折腾得接近崩溃……许多观众把电视机设成了静音,但问题又出现了,观众发现"无声足球"看起来一点气氛都没了,也许正应了那句著名的广告词:"没声音,再好的戏也出不来!"这段令人难忘的回忆充分说明了影视节目中同期声的重要性,在节目创作中一定要做好声音的处理。

【内容结构】

本章的内容结构如图 8-1 所示。

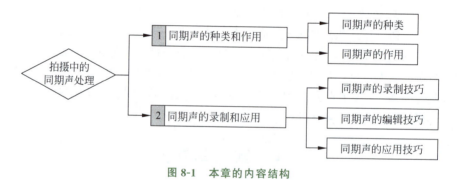

图 8-1 本章的内容结构

【学习目标】

1. 知识目标

理解同期声的概念及其分类。

2. 能力目标

具备熟练使用录制、编辑、应用同期声的能力。

3. 素质目标

培养学生对同期声的认知和理解能力,并能熟练应用同期声。

8.1 同期声的种类和作用

同期声是指拍摄画面时同步记录下与画面有关的现场人声或自然环境中的声响。同期声经过细致的后期处理后,能够最大限度地缩短屏幕与观众的心理距离,增强节目的表现力和感染力。作为事实的一部分,同期声在烘托节目主题、渲染现场气氛、展示人物个性等方面发挥着画面和解说无法替代的作用。目前没有专门负责录制同期声的人员,因此录音水平和质量好坏在很大程度上取决于摄像时对话筒的使用和对声音的录制。

8.1.1 同期声的种类

如何在专题摄像中发挥同期声的作用,如何做好同期声的采集工作,对于提高专题摄像的质量极为重要。专题拍摄中的同期声有两种:一种是画面人物所说的话,以及画面中客观物体发出的原始声响,可称为现场同期声;另一种是根据内容需要对人物进行的采访,可称为采访同期声。

1. 现场同期声

在画面拍摄的过程中,通过对现场声音的同步记录建立声音形象,这一声音形象不仅拓宽了画面空间的结构,渲染了画面的热烈氛围,使画面充满活力和生机,使画面所要表现的内容更加具体,还能够产生一种具有强烈感染力的美学效应。

2. 采访同期声

采访同期声在新闻节目中使用较多,它是采访者根据事先做好的采访提纲和被采访者交流,让被采访者针对某一话题直接说话,达到与观众交流的很好的办法。它还可以减少新闻旁白的使用,使节目更客观、更生动。同期声所录下的是发生在新闻现场的人物说话的声音,极具个人特点与身份特征。这种特点与身份特征能自然地显现出新闻的真实性。这些现场同期声都是未经他人干扰自发而谈的,是新闻现场人物的真实想法与真实感情的流露。因此,很多采访或暗访重大新闻事实的记者都会带录音设备,以便于采到真实、有价值的同期声。

在采访同期声时要确定合适的采访对象。记者应选择有代表性、有特点的人物作为采访对象,以增强新闻报道的说服力和深度;要选择适宜的环境,环境过于嘈杂势必影响录音的效果;要设计好采访的问题,提问要有针对性,要选择观众最关心的问题,采访的问题要具体,避免提那些大而空的问题,切忌提带有主观色彩、倾向性的问题;要掌握好采访节奏,引导采访对象的谈话方向。在采访中记者要始终控制好现场的主动权,要不断地从采访对象的讲话中发现新线索,吸收有用的材料,捕捉生动的细节,进而丰富报道的内容。

8.1.2 同期声的作用

在专题片中恰当地运用好同期声可以弥补电视画面的不足,有时比解说词和旁白更客观、更真实,其吸引、感染观众的作用是不言而喻的。因此,对于电视专题来说,同期声的记录和运用十分重要。

1. 有利于增加电视新闻的真实感

视听统一是电视的重要特征。同期声记录下新闻现场的声音,营造浓厚的现场氛围,更好地在电视中还原真实的世界。它赋予了电视新闻最大限度的真实感。同期声作为电视的独特优势也应该成为电视时政报道的独特优势。

实例 2008年5月12日,四川汶川发生大地震后,同期声的运用显示了强大的冲击力。"当前最重要的任务就是尽力救援幸存者,哪怕有百分之一的希望,也要尽百分之百的努力"。"这场灾难确实太大,地震可以移动山,可以堵塞河流,但是动摇不了我们人民的意志。""孩子,你别哭!你放心,政府会管你们的"。

温家宝总理在地震发生后仅两个小时就赶往灾区,指挥抗震抢险工作,尤其是温家宝总理在余震不断的残垣断壁间指挥救灾,在饱受灾害的儿童面前、在奋不顾身的抢险队员面前的讲话现场同期声,不仅给灾区的人民增强了抗击自然灾害的信心和勇气,也给救援人员增加了使命感和责任感。

2. 能够增强电视新闻的感染力、权威性和说服力

(1) 同期声有利于表现新闻人物的真实状态,使新闻人物更加真实、丰满。它使被采访者直接面对观众,把他的感受、观点、经历等通过麦克风直接陈述给观众,让观众不但见其人,更可以通过其说话时的语气、声调、表情、神态、举止感受到一种立体的、生动的信息。

实例 获得第九届中国新闻奖的作品《劳动力市场有个戚大姐》,介绍了戚秀玉4年共为一万多名下岗和失业工人找到工作的事迹。戚秀玉在接受记者采访时说:"我的工作使越来越多的单位了解了下岗职工的难处和国家的再就业政策,多接受一些下岗职工,这是我最高兴的事儿。"

观众听了这些朴实无华的话语,看到戚大姐和颜悦色的神情,结合片中采访下岗和失业工人的内容,加上现场的背景衬托,被采访者更加接近观众,更容易与观众产生沟通。

(2) 同期声记录下新闻现场的声音,营造浓厚的现场氛围,更好地在电视中还原真实世界,使观众有强烈的参与感,使新闻事件的报道更具感染力。

实例 在1999年的科索沃危机报道中,中央电视台记者顾玉龙曾摄制过一群科索沃青年在北约轰炸后去广场欣赏音乐会的新闻,新闻中青年与记者的交谈和现场的音乐等诸多同期声出现,使观众可以真切地感受到在那特殊时期南斯拉夫人民不畏强暴、不向北约低头的乐观主义精神和强烈的爱国情结。

3. 可以增强新闻节目的客观性

随着观众鉴赏水平的不断提高,对电视报道客观性的要求也越来越高,灵活、准确地采用与画面完全一致的同期声能够让事件的当事人或目击者直接面向观众陈述他们的所见、所闻、所感,使报道具有无可争辩的客观性。在2006年中央电视台拍摄的专题片《大国崛起》中,编导很少直接表露自己的观点,很多重要的观点和论断是通过片中采访名人的同期声来表达的,这种做法使编导的观点更好地被观众接受。

4. 可以弥补画面不足

众所周知,电视的主要表现手段是画面,但在许多实地拍摄中,由于受到各种客观因素的制约,画面不易于取得,这时的同期声就会弥补画面的不足,在节目的立意、表现中占主导地位。

这其中较为突出的是新闻调查类栏目。在采访中,往往越接近事实真相,人身安全就越得不到保证。为了客观、公正地反映事物并能保证自身的安全,这时只能进行偷拍。在这种情况下,画面的质量是很难保证的,而同期声却完全能起到弥补的作用。

对于一些无法拍摄或者不易拍摄的内容,完全可以通过后期采访的方式进行节目的录制。通过当事人的叙述,使观众对于无法用眼睛看到的内容有所了解。

实例 江苏台摄制的反映"摇头丸一族"的专题片《摇啊摇,摇到……》由于受到客观条件的限制,片中画面只能起到辅助表现的作用,而"摇头丸一族"的青年在交谈中那种痛不欲生却又无力自拔的对白同期声深深地刺激了观众,给人以警醒,起到了良好的教育效果。

5. 可以增强专题片的立体感

同期声音响可以增强现场气氛,使欢快的气氛更加愉快,使紧张的气氛更加紧张。由于加入音响,使得电视新闻更加有"厚度"。在报道新闻事实的同时向听众提供声音的大小、强弱、远近,即层次感、现场感,能够生动地再现人物形象,在听众的内心产生立体的感觉,从而增强了立体效果。

8.2 同期声的录制和应用

8.2.1 同期声的录制技巧

由于同期声本身具有的一些特点使其更容易贴近观众的心理审美趋向,因而能否录制到优质的同期声在一定程度上决定了节目的成败。在拍摄画面素材的同时一定要注意同期声的录制,特别应当注意的是,摄像机的录音系统与人的耳朵有一定的差别,我们应当学会用话筒聆听现场的声音。

1. 在拍摄前把摄像机的录音系统调整到最佳工作状态

机器的工作状态直接影响录音的效果,一体化录像单元的内调部分有+4dB、-20dB、-60dB 等不同的音频灵敏度选择,同时还有摄像机、麦克、线路三种音频输入选择,只有根据音频输入的不同通道和特性把上述开关拨到相应位置,音频才能正常显示。

在拍摄前应检查话筒、采访线接头、音频显示屏是否处于良好状态,把摄像机灵敏度开关、话筒灵敏度开关拨到相应位置。无论是指向性话筒、普通话筒还是无线话筒,都应戴好防风罩,尽可能用手动录音。如果用自动录音方式采访人物,会发现外界环境的噪声(如蝉叫声、车鸣声等)会在被采访人说话的瞬间突然压低,又在谈话停止时陡然升高,这给后期制作带来很大的麻烦。重要的同期声录制必须使用耳机监听,并根据外界音量的变化随时调节录音音量。

2. 选择合适的话筒

录制同期声首先要根据节目需要和场地环境确定使用什么话筒,下面列出同期录音时经常用到的话筒类型以及适用的场合。

1) 无线话筒

无线话筒的使用方便了主持人以及采访活动,特别是在人多的场合和没有办法安排采访环境的情况下,主持人和被采访人的自由度加大了。手持无线话筒(如图8-2所示)可以用于主持人录音,还可用于采访录音(主持录音是指单个人录音,采访是指两人或多人录音)。领夹式无线话筒(如图8-3所示)外形较小,灵敏度较低,适合于嘈杂环境中的主持人录音。如果是采访录音,就需要两个或多个领夹式无线话筒,但在没有调音台的情况下,摄像机只能用两个话筒。领夹式无线话筒"解放"了主持人的双手,特别适合于对现场商品、事物介绍和动作丰富的主持人。

图 8-2　手持无线话筒

图 8-3　领夹式无线话筒

2）动圈话筒

动圈话筒适用于主持人的声音拾取,它由于灵敏度低而必须靠近嘴边,这样周围环境声音对其没有多大影响,能够有效、干净地拾取声音,而且动圈话筒由于没有供电,使用起来很方便,在恶劣天气下也能使用。主持人用它采访时,因为太靠近被采访人会使人不舒服而影响采访,同时画面的构图也不好看。

3）压力带话筒

压力带话筒适用于座谈类节目的录音录制,它要求放在硬质桌面上,可以拾取坐在桌边的多人的声音。它拾取的是桌面以上的声源,对于环境的固有噪声能有效抑制,而且话筒因为扁平比较隐蔽,不影响画面。

4）DV 内置话筒

DV 内置话筒作为一个简易的音频记录设备,其优点是把麦克风装在机体里面,能节省空间,真正实现数码摄像机的方便理念。但随之而来的是灵敏度和其他性能都受到了局限。随着数码技术的不断发展,现在许多 DV 内置话筒都具有变焦收音、防风、自动调节音频增益等功能,方便了拍摄者的使用。

5）吊杆话筒

严格来讲,吊杆话筒(如图 8-4 所示)不是一种话筒类型,而是使用一种可伸缩的特制杆固定话筒去接近声源又不使话筒出现在镜头之中。吊杆话筒是俗称,它包括话筒、吊杆、话筒支架、防风罩及防风毛皮。吊杆话筒是影视拍摄中使用较多的录音设备,它的优点是能较好地多角度拾取声音,不干扰画面拍摄和人物表演,但它要求有专门的录音人员和相关的必不可少的录音设备,如 ENG 调音台、耳机、各种话筒等。录音师在拍摄过程中根据耳机监听声音的情况调节

图 8-4　吊杆话筒

调音台和吊杆话筒,以拾取高信噪比、低失真度的声音。如果不同期监听声音,移动吊杆话筒则是盲目的、没有意义的,不能真正录好声源及其所处环境。

3. 掌握话筒的使用技巧

(1) 将话筒放在合适的位置。声音,尤其是高频声,在通过空气时其响度(振幅)锐减,

这种能量损耗与声音穿越空气的距离的平方成反比。因此，大家在安放话筒时，一要确定距离，二要确定方向，确保声源传出的声音都在话筒的拾音范围内，降低声音的损耗。通常使用的话筒大致分为两类：一类是指向性话筒，包括单向和双向话筒；另一类是全向话筒。单向话筒的拾音角度一般在80°左右，80°以外的声音被明显抑制。全向话筒的拾音角度为360°，可以均匀地拾取来自各个方向的声音。

在录制同期声时，普遍使用的是单向话筒，不论是在喧闹的街头还是在人声鼎沸的事件现场，只要把单向话筒对准声源，就能把所需要的声音录得清晰响亮，有效地滤掉周围的噪声。在使用单向话筒时要切记靠近并对准声源，如果话筒偏离声源80°以外，就完全失去了对声音的控制，音质、音色会明显变差。因此，大家要精心使用单向话筒，确保录到优质、自然的声音。

（2）在拍摄一个完整片段时尽量使用同一支话筒。不同类型话筒的音质、音色相差很大，即使同类型的话筒之间，音质、音色也有一定的差别。特别是在后期编辑时，根据节目谋篇布局的要求常把同一时间录制的较长同期声拆分成若干小段，穿插在节目的不同部分，或把不同地点、不同场景的声音组接在一起，若整个节目选用的话筒不同，就会使相邻段落的音质、音色相差很大，影响整个节目的协调和完整。

4．遵循一定的工作程序

录制同期声应遵循以下工作程序。

（1）根据环境情况确定用自动方式还是手动方式进行录音。

（2）正式开录前先请被摄对象用正常语音说说话，调整摄像机电平或话筒的距离。

（3）录完后马上回放听一听，发现问题及时补录或重录。按照工作程序进行可以保证声音的录制质量，避免发生问题。

5．在室内录制时避免反射的声音进入话筒

声音是沿直线传播的，在传播过程中遇到障碍物会被反射，如果声源发出的声音与反射声同时进入话筒，录制的声音就会含混不清。因此，所有演播室和配音室的墙壁都不是平滑的表面，而是均匀地分布着无数个小孔，这些小孔的作用就是减少声音的反射，达到混响的标准。室内往往有平滑表面的墙壁或家具，在这种条件下录音就要选择合适的位置，使话筒和声源躲开大面积的反射平面，或在声源的周围挂一些布幕，以减弱声音的反射。

6．避免人为噪声

当摄像机固定在某一点拍摄时，为了录到优质的同期声，应把话筒从摄像机上取下，接上加长线，手持话筒或使用吊杆话筒录音。但是，手持话筒录音时切忌手与话筒防风罩摩擦，也不要快速抽拉话筒线。为了录制到更丰富的现场声，在拍摄时可以同时使用两个话筒：一个机载话筒固定在摄像机上，用于拾取现场的自然声；一个单指向话筒或无线话筒，用于有目的地拾取现场的采访声。两个话筒的声音分别记录在两个声道上，在后期制作时可以灵活使用。

7．注意声音的空间透视效果

声音也是有景别的，当画面是近景镜头时，声音听起来应比远景大且清晰。在镜头中，当人物向摄像机走近时，声音应逐渐加强；当他远离摄像机时，声音应逐渐减弱。当镜头是特写时，声音的表现应十分精细，使观众感觉如在耳边。对于声音的这种空间透视效果，只调节接收器的音量大小是不可能获得的，话筒与声源的距离、方向的调节至关重要。

8. 外景录制时注意防风

空旷的田野里不易察觉的风声常给后期制作造成很大的麻烦,因为耳朵对风声的敏感程度远远低于话筒,即使话筒上装有性能优越的防风罩,也很难避免风打话筒产生的噪声,因此大家应仔细观察风向并利用现场的各种工具(如草帽、反光伞等)进行遮风录音。

8.2.2 同期声的编辑技巧

在后期编辑时需要对相关的同期声进行进一步的加工和提炼,这样才能把表达效果凸显出来,因此把握好同期声的编辑技巧也极为关键。在电视新闻的拍摄过程中,声音的采录和画面的拍摄具有同样重要的意义。眼耳并用是人类接收信息的常态,因而无论在什么情形下,也不管在后期编辑中是否用得上同期声,都应将话筒开关打开。一般来说,在新闻摄像中,不管是人物的采访还是环境的声响都应该记录下来,以备后期编辑之用。

同期声能够起到传递和增加画面信息量、烘托气氛、表现环境特点等重要作用,如果没有了同期声,就只能是不完整、不真实的画面记录。有的摄像师往往只重视画面的录制,而忽视同期声的采录,这是不对的。在实践中有时会出现这样的情况:拍回来的素材没录上声音;人物采访时杂音太大;声音断断续续,时有时无;等等。这些都会给后期编辑带来不利的影响,有的甚至无法弥补。这就要求我们外出采访时一定要注意以下几点。

(1) 前期采访时加强采录声音的意识。记者在采访时应该注意采到现场和被采访者的同期声,尽量采录全新闻现场人物和环境的同期声,这样有利于完整地表述被采访者的真实话语和现场的真实情境,维持新闻的真实性,有利于后期制作人员顺利编辑整条具有严密逻辑性的新闻。

同时避免错误地把不同时期在同一情境下采访的人物剪接在一起;避免由于被采访者的不适应镜头而表情惊讶,语言断断续续,从而会有过多的后期剪辑,造成画面不断跳动。为了弥补过多的剪辑痕迹,一般会采用特技予以处理,但这不是最好的办法,应该利用声音元素,延长一个画面,加上同期声或音乐或者直接黑幕,利用声音转场,尽量使新闻亲切、自然。

(2) 必须有较多的现场画面和同期声素材。现实生活是声形并茂、丰富多彩的,只有坚持录像必录音的原则,抓拍到非常丰富的现场同期声,尤其是新闻人物的讲话、对话,才能在后期制作时"有米下锅",才有了用好同期声的基础。

(3) 采录时要去粗取精,合理安排。在实际的采访工作中,同期声记录下来的都是当事人原始的话语,而这些话语往往是既复杂又冗乱的,多余的字、句乃至段落,以及啰唆、拖沓的词语,很难避免。即使是非常精华的部分,也因为受节目播放时间的限制在后期剪辑时也得加以取舍。对于采到的同期声,在剪辑时要把那些含混不清的句子,嘈杂的对新闻表述有影响的背景声音舍去,在新闻中适当地加上同期声,以保证电视新闻清晰、准确地传播出去。

记者在现场采到的同期声并不都是对表现新闻主题有用的,不是所有的同期声都是需要的。大家要做好以下几点:一是对较好的同期声素材去粗取精,把那些最富个性、最能表现人物特征的话语留下来；二是对太啰唆的问题用解说去概括，以节省时间，把那些词不达意的同期声素材去掉；三是对一些同期声要仔细推敲，那些虽然很有个性，但播出后有负面影响的同期声不能用。

（4）要与解说和画面紧密配合。从实践上来看，无论是解说过长还是同期声太多都会造成节奏上的拖沓和失调，适当地把握同期声的长度，使声音的节奏感更强，常常能收到更好的效果。我们必须精心处理好同期声与解说词、同期声与画面的关系，使之榫卯相应，紧密配合，防止声画两层皮现象的出现。

① 使用的同期声要和解说词的内容一致。相对而言，电视新闻的主题是单一的，因此同期声的内容与解说词的内容要为同一主题服务，在内容表述上要一致，不能相悖。这就要求大家在编辑同期声时准确理解同期声的内容，选择与新闻内容密切相关的同期声。

② 使用的同期声不能与解说词的内容重复。记者采访新闻的内容主要源于现场的采访，因此在写解说词时容易将采访的同期声用在解说词中，造成同期声与解说词的内容重复。这就要求在反复听同期声的基础上明确哪些内容用同期声表述更合适，在考虑画面因素的前提下将那些表达准确、表述言简意赅的内容用于同期声，而将其他有用的材料提炼出来，用在解说词中。

③ 同期声与解说词的衔接要自然。同期声和解说词都是为新闻主题服务的，二者表达的内容应该一致，衔接也要自然，如果把同期声的内容写成文字，它与解说词应浑然为一体，不应看出二者在衔接上的不和谐。

④ 同期声要尽量地维护同期声画面的连续性和听觉上的整体美感，避免过多地剪辑或简单地连接画面而造成画面的"跳动感"，造成观众视觉的不适应感。

只有充分发挥画面、同期声与解说词的综合优势，利用画面的形象、直观，解说的巧妙叙述、强调，以及同期声的可直接传情的感染力，才能形象、生动地塑造好新闻人物，做出来的节目才有看头，而不可盲目片面地夸大某一表现手段的作用。

（5）同期声的字幕要准确、美观。同期声的字幕属于电视新闻传播的符号的文字系统，字幕中出现的单位、职务、人名要准确，制作字幕的位置、字体的大小及字号要合适、美观。同期声的字幕在这里也是同期声表达内容的有机组成部分。

（6）保持同期声的整体性、连贯性。在剪辑同期声时不能主观地认为哪段同期声与哪段同期声相连接，割断同期声的原生状态，要保持原始同期声的整体性，在必要的情况下才可剪接同期声。例如，若要表现群众的欢乐状态，可以把不同地方的人物同期声剪接在一起；若是领导人的重要讲话，就必须保持原态。同时在剪辑时要注意剪掉人物说话时不必要的尾音。例如在一句话讲完下句话开始时有"因此""所以"等词，但这些词不是要表现的内容，可以剪去，这时就应该剪掉下句话的开始词。

（7）同期声的降噪处理。在一般情况下，同期声的录制总是会有噪声出现。噪声出现的原因有很多，设备和环境是产生噪声的主要原因。除了在拍摄前期尽量消除各种杂音进入外，还可以在后期编辑时利用软件来降低噪声。

大家可以用 Adobe Systems 公司的 Cool Edit 软件进行降噪，步骤如下。

① 进入所录同期声轨的单轨状态，选择"效果"→"噪音消除"→"降噪器"命令，选择杂音波形，然后单击"降噪器"，如图 8-5 所示。

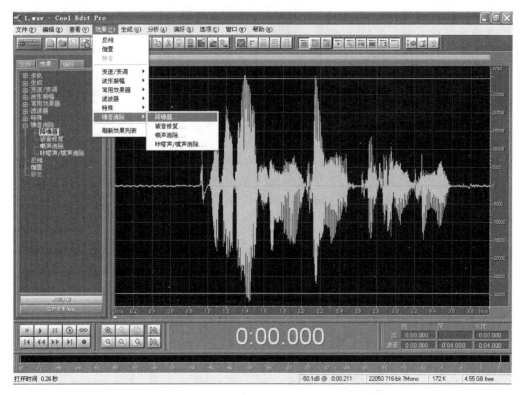

图 8-5 杂音波形的选择

> 杂音波形应该选择在没有所需同期声的空隙,如主持人讲话的间隙。为防止可作为噪声样本的波形过短,可以在正式录制同期声之前先录取一段空白现场声。

② 单击"噪音采样"按钮,显示该噪声的当前采样,如图 8-6 所示。现在需要做的是关闭降噪器,因为已经完成了噪声的采样,单击"关闭"按钮。

③ 选定要进行降噪的波形,然后打开降噪器,如图 8-7 所示。

④ 设定降噪级别,做好各种降噪设置,然后单击"确定"按钮即可完成降噪,如图 8-8 所示。

> 在降噪过程中,首先要调节的是降噪级别,级别越高,降噪的程度越大。因为降噪只是去除噪声,达到适中的效果就可以了,太高的级别会削弱声音的原味。因此,根据噪声本身的大小把级别调到适中即可,一般在 55% 左右。但是,大家千万别照搬,因为录音时产生的噪声是不同的,这决定于录音设备和环境。所以当噪声较高时,噪声级别可以尽量调小,以免对声音削弱太大;当噪声很小时,级别可以调高一点。为避免降噪过度或不足,可以进行预览,如图 8-8 所示,大家可以看到预览的地方,边听边降能达到更好的效果。再看下面的一栏参数,一般不需要调整,按原来的参数即可。一切都调整好以后,预览一下降噪的效果,然后单击"确定"按钮,这样一般的降噪就完成了。最重要的是对噪声的采样,如果采样错误,就无法降噪了,因此大家在采样时要谨慎。

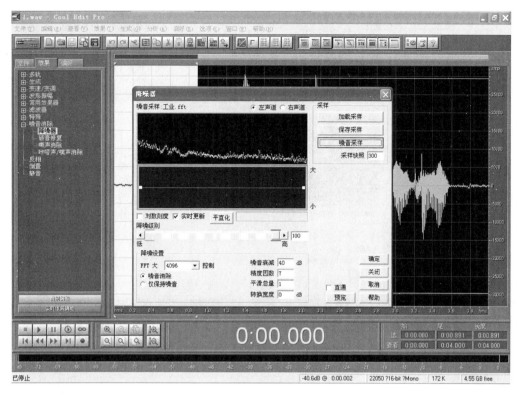

图 8-6 噪声采样

图 8-7 选定要进行降噪的波形

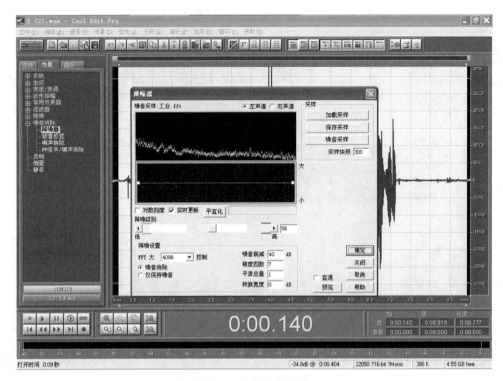

图 8-8　降噪参数设定

8.2.3　同期声的应用技巧

同期声是发挥电视专题片优势的重要手段,因能真实地表达人物的思想情感、性格特征和现场氛围,在烘托节目主题、渲染现场气氛、展示人物个性等方面发挥着画面无法替代的作用,给人以强烈的现场参与感、感染力和说服力,而凸显其独特的魅力。但如果应用不当,效果会适得其反。那么怎样正确运用呢?

1. 应用要有目的性

应用同期声要从整部片子的内容需要出发,把真实性与艺术性结合起来考虑,仔细选择,切忌杂乱,从而达到艺术的真实。街头嘈杂的喧闹声、建筑工地刺耳的施工声虽然都是真实的,但如果不是刻意去表达这种声音,应尽量压低或不用,因为它们不能给人以美感,所以在运用同期声时应注意有效同期声与无效同期声的区别。在实际拍摄中,这两种声音常常是并存的,如果不注意加以区分,致使噪声过大,喧宾夺主,有效同期声就得不到充分表现。当然,有效同期声与无效同期声的区分也是相对的。我们面对的被采访者有的表达严谨、流畅,恰到好处;有的受性格或说话习惯的影响,表达不流利。对于后者,应尽量舍弃,如果他的谈话内容确实很重要,应把他的声音重新组接。为防止同景画面跳动,可将其部分图像换成与其谈话内容相关的画面。

2. 适当把握长度

与画面的剪辑节奏类似,声音的剪辑也应当是有节奏的。这种节奏是指同期语言声、同期效果声、解说声、音乐声等的交替出现和综合运用。就某一段同期声而言,一般不宜过长,否则会造成节奏的拖沓。从人们的听觉感受来说,过长的同期声容易使人感到单调、疲劳,因此要紧紧围绕主题所需进行取舍,用最真实可信、最富感染力和引导作用的同期声去丰富节目的内涵,以收到最好的宣传教育效果。心理学规律告诉我们,人们对某一事物的兴奋程度随着时间的延长而减弱,需要增加新的刺激来激发人的注意。实践证明,适当把握同期声的长度,及时进行不同类型同期声的转换,注意插入其他音响成分,适当使用画外音和解说,使得同期声的叙述内容更有层次,声音的节奏更富有变化,才能收到较好的效果。

3. 要与其他语言元素和谐统一

尽管同期声有诸多优点,但不应一味采用同期声而排斥其他手段的运用,需要综合运用一切可能的手段去实现尽可能完美的视听效果。画面、解说、音乐音响、字幕等各种语言各具特色,互相补充,互相深化,它们共同构筑起了电视语言的立体信息场结构,它们就像交响乐的不同声部,只有和谐统一才能创造出华美的乐章。

声画合一是电视艺术的重要特征,电视以其形象逼真的画面,生动统一的人声、动作声、环境声以及音乐的烘托,最大限度地还原了现实世界的本来面目,最大限度地满足了人们的视听感觉,给人以身临其境的真实感。在这种真实感的还原和再现过程中,同期声起着举足轻重的作用。

4. 要注意所附于的事件是否存在连续性

有的同期声如节日庆典中同为锣鼓喧天的一组镜头,只要不是中近景、特写等刻画敲锣打鼓的场面,同期声应尽量保持连续性,使观众充分感受同期声的渲染效果。但对于没有整体连续性同期声的事件,就不能拼凑性剪辑,防止观众看之生疑,降低真实可信度。

8.3 练习与实践

8.3.1 练习

1. 什么是同期声?
2. 同期声有哪些作用?
3. 同期声的录制技巧有哪些?
4. 同期声的应用技巧有哪些?

8.3.2 实践

(1) 实践目的:掌握同期声的录制方法。
(2) 实践内容:选择一条现场主题进行同期声录制和素材采集。
(3) 实践要求:
① 以小组为单位,寻找主题;
② 做好录制计划;
③ 正确使用话筒;
④ 注意主题的实用性。
(4) 实践方法及步骤:
① 选题,熟悉录制对象;

② 写出具体的录制计划和方案；
③ 联系录制对象，申请录制设备；
④ 现场录制；
⑤ 整理素材及场记本。

（5）实践场地：事件的发生地或人物的生活环境。

（6）考核标准：声音及采访录制质量（50%）；素材全面性和时效性（40%）；主题的表达（10%）。

第 9 章　专题摄影

【学习导入】

刘晓诗接触摄影有一段时间了,对摄影器材的操控日趋熟练,对构图技法、光线运用等也慢慢有了自己的心得。但她最近遇到了难题,拍出的照片总是不尽如人意。晓诗很困扰,但又不愿放弃自己的爱好,这天,正好有一个"摄影大师"到学校开讲座,晓诗趁机把自己的困惑告诉了"大师"。"大师"听后问晓诗,"你平时有比较喜欢的摄影题材吗?""没有啊,我看到什么就拍什么,生怕错过任何一个动人的瞬间。"大师说:"这样吧,你先去试着把人拍好,这段时间专攻人像摄影,之后再慢慢涉猎风光、运动等领域。正所谓'术业有专攻',集中一定的时间去专门从事一种专题的拍摄,之后你一定会有很多心得,也会获得很大的进步。"晓诗听了"大师"的建议,开始研究各种专题摄影的特点,用了大量的时间"各个击破",之后果然取得了长足的进步。

【内容结构】

本章的内容结构如图 9-1 所示。

【学习目标】

1. 知识目标

理解专题摄影的分类方法,了解各种专题摄影的特点。

2. 能力目标

熟练使用各种摄影器材,能根据不同的拍摄需求与拍摄环境进行新闻、人物、风光、广告等各种专题作品的创作。

3. 素质目标

培养学生对摄影的进一步兴趣,提高审美能力。

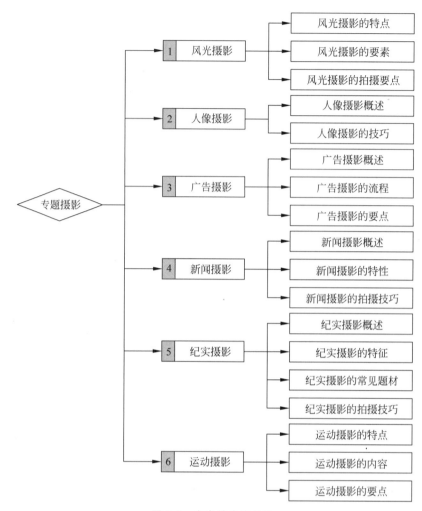

图 9-1　本章的内容结构

9.1　风光摄影

风光摄影是以记录自然风光之美为主要创作题材的摄影门类，它是最受摄影者青睐的题材。名山大川、溪流瀑布、森林原野、名胜古迹以及风、电、雨、雾等各种自然景象都属于风光摄影的范围。风光摄影把大自然的种种美通过摄影手段表现出来，给人以美的享受。

人类第一张永久性摄影作品拍摄的就是风光，如图 9-2 所示，也就是 1826 年法国人埃普斯拍摄的他自家窗外的景物《鸽子窝》。

在中外摄影史上，风光摄影占尽了风头，出现了众多风光摄影大师。例如美国著名摄影师安塞尔·亚当斯对家乡约塞米蒂山谷始终怀有特殊的感情，每年都要专门来这里拍照，做到了"百看不厌，百拍不烦"。在他和他的照片的影响下，约塞米蒂山谷成了一个世界级的森林公园。图 9-3 便是其代表作之一。

图 9-2　世界上第一张照片《鸽子窝》

图 9-3　《约塞米蒂山谷》（[美]安塞尔·亚当斯摄）

一幅好的风光摄影作品不仅要表现自然美，更重要的是要表现出人对自然美的感受，表现作者强烈的感情色彩和审美情趣。艺术作品中的自然是人化了的自然，跳跃着人的生命和感情。正如中国山水画讲究诗情画意、情景交融，风光摄影应使观众觉得风景可观、可游、可居。要做到情景交融，风光摄影作者需要对风光景物进行选择、提炼、组合、配置，再现自己对自然美的感受和情意。只有这样，风光摄影才能给人带来美的最全面的享受。从作者发现美开始到拍摄，直到与观众见面欣赏的全过程都给人以感官和心灵的愉悦。风光作品能够在一定的主题思想表现中以相应的内涵使人在审美中领略到一定的信息成分，这会增加它的价值，由此也使人凭添过目不忘的情趣。

9.1.1　风光摄影的特点

1. 题材广

风光摄影的题材十分广泛，如名山大川的壮丽景色、工业基地的蓬勃景象、农村田野的诱人风光、城镇建设的崭新面貌、少数民族的风土人情等，这些都是取之不尽的丰富素材。在摄影师的镜头下，起伏的山川、奔腾的江河、辽阔的大海、层层的梯田、锦绣的大地乃至"枯藤老树昏鸦，小桥流水人家"都可入画，带我们进入摄影师精心营造的意境，如图 9-4 所示。

2. 意境深

风光照片擅长以景抒情，它通过对自然景色的生动描绘来表达或寄托人的思想

图 9-4　《老树·枯枝·墙》（霍松摄）

感情。风光照片一般都具有很深的意境，能引起人们的深刻联想。一个有经验的摄影者总是善于寻找自然景色中最富有诗情画意的景象，并用摄影艺术技巧把它们表现在画面上。因此，一幅好的风光照片并不只是单纯地表现自然外貌，也不只是单纯地追求形式上的美、色彩上的艳，而应该具有深刻的主题。

3. 画面美

大自然的美经过拍摄者的艺术构思、技术加工便成为画面优美的风光照片。图 9-5 所示的《约塞米蒂山谷·冬》便很好地表现了约塞米蒂山谷冬天的美。画面的美是直接为照片

内容服务的,为了深刻地表现照片的主题,在取景时与表现主题无关的景物不要纳入画面的构图中。如果只注意形式上的装饰,往往会降低画面的感染力。

4. 色彩鲜

自然界中各种景物的色彩极为丰富,当这些景物被记录在彩色感光片上时就使得风光照片的色彩格外丰富、鲜艳,即使记录在黑白的感光片上,画面景物的层次也十分丰富,这是风光摄影区别于其他摄影的又一个特点,如图9-6所示。

图9-5 《约塞米蒂山谷·冬》
（［美］安塞尔·亚当斯摄）

图9-6 《沃野》（［法］扬恩·亚瑟-贝特朗摄）

9.1.2 风光摄影的要素

亚当斯曾说过,"风光摄影是对摄影师的最高测试,而且往往也最令人失望"。的确,要把风光摄影拍好并不容易,摄影师想通过镜头"寄情于山水"则更难。亚当斯的伟大并不在于其照片有多么高超的摄影技巧和主题,而是因为其照片给人的视觉冲击。他善于描绘风光,能巧妙地安排景物要素,把一幅能唤起人们情感回响的美景呈现给观众。他让人们领略的不仅仅是美丽的景色,更有大自然那令人畏惧的庄严。要得到这种效果,仅仅有引人注目的景物、清晰锐利的聚焦、计算精准的曝光是不够的,大家还应该做到以下几点。

1. 择其时

有人认为,风光摄影是相对静止不变的。其实,景物虽然是静止不动的,但是,在一年中的不同季节,随着草木枯荣、花开花落……时光在流逝,景物的面貌也在不断地发生变化,四季不同的阳光、气候、气象条件引起的光照变化也可演绎出千姿百态的景色。许多同一地点的风光景物在四季就有不同的景色特点,如四川九寨沟、安徽黄山等。即便在同一天内,随着晨昏的转移,光线的照射方向、高度、色温也会产生很大的变化,从而影响风光摄影的效果。因此,摄影师应注意观察、选择与等待光线,了解某一景色的最美瞬间会出现在何时,并能在最佳时机按下快门。

实例 如图9-7所示的《湖》,生动地表现出了景物在冬季的动人风光。

图9-7 《湖》（［日］竹内敏信摄）

2. 观其势

摄影是减法艺术,身处于大自然中,我们可能会满眼纷繁,如何把干扰因素舍去,在照片上留下最美的画面是对风光摄影师最大的考验。相同的景物从不同的角度观看,其气质、神韵也会完全不同。

> 在拍摄之前,应对被摄景物进行细致的观察,了解景物的整个环境和形势。在观察时,连最微末的地方也不容疏忽,一草一石、一枝一叶都要列入需要推敲的范围。因为很多时候在开阔的情况下,看似微不足道的事物,在一张风光摄影作品上却起着建设和破坏的极端作用。

选景后的观察要相当细致,画家黄宾虹说:"纵游山水间,既要有天以腾空的动,也要有老僧补衲的寻静。"意思是说,我们对眼前的景色要有无比的热情,不辞劳苦地四处奔跑、观察、寻景,接着就是要细致地思考,去认识眼前的景色,从而了解这些景色。画家们又讲,"山峰有千姿百态,所以气象万千,它如人的状貌,百个人有百个样。"因此,我们观察山、景不是停留在表面上,更多注意的是景物的气势与当地的特色。五代时期的画家荆浩说:"搜妙创真。""妙"是指客观的存在,"搜"是作者主观的努力。这些都是先前的艺术家们的体会,对我们都是很好的教诲和宝贵的经验。

3. 表其质

质感是指视觉或触觉对不同物态(如固态、液态、气态)的特质的感觉,在造型艺术中则把不同物像用不同技巧所表现把握的真实感称为质感。不同的物质其表面的自然特质称为天然质感,如空气、水、岩石和竹木等;而经过人工处理的表现感觉则称为人工质感,如砖、陶瓷和玻璃等。不同的质感给人以软硬、虚实、滑涩、韧脆、透明与浑浊等多种感觉。它再现出景物的表面构造和特征,唤起人们与接触那种物体相联系的感觉和知觉,给照片增强了真实感。风光摄影不仅要表现出其形貌的轮廓,更要表现出其质的感觉,既有骨,又有肉。

> 对于表面结构比较粗糙的景物,如岩石、山陵、沙丘等,往往选择具有一定亮度的、与物体表面呈一定角度的侧光、侧逆光来表现其质感特征;拍摄表面结构光滑的景物,如琉璃屋顶等,可以选择倾斜的、从一定角度射向被摄体表面的散射光,并且要注意选择能见到其表面的高光位置进行拍摄,注意形成其表面高光点。图9-8所示的《沙漠行舟》便很好地表现出了沙漠的质感。

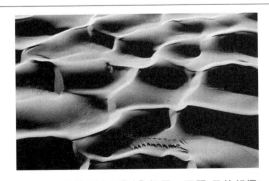

图9-8 《沙漠行舟》([法]扬恩·亚瑟-贝特朗摄)

水也是风光摄影常表现的景物,水有多种形态,如流动的泉水、静止的水珠或水面,还有高速运动的喷泉等。每种形态的水都有各自最美的质感,我们也就需要使用不同的拍摄手法充分展现它们的美态。当遇见清澈见底的湖泊、山泉时,可以抓住它们通透、晶莹的特质来表现,要避免水面的反光,可使用偏震镜或利用顺光的方向拍摄,并找出水底中适合的背景来突出湖水清澈的质感。拍摄流淌的山泉可以运用慢速快门曝光,让流动的泉水表现出如丝、如烟般柔美的质感。对动态的水不一定非要用慢速柔化的方式拍摄,也可以对高速运动的水或喷泉使用高速快门去凝固运动的瞬间,强调其汹涌喷发的强烈质感。另外,好的光线使用高速快门能让色彩更加艳丽。如果刚好有侧光或逆光的照射,除了水珠会更显透亮以外,水雾还可以折射出彩虹,增添了环境的气氛。

4. 现其神

大自然在时间上的久远、空间上的广大与人的有限生命形成了极大的时空差距。为了做到有形世界(大自然)与无形世界(意识)的沟通,摄影师在拍摄时必须倾注自己的情感,做到借景抒情。摄影师通过观察捕捉来自自然景物的"神气",通过拍摄来加强这种"神气",更加入活力,使观众能通过作品领悟到人与自然的一体性,了解到人与自然的息息相关,进而拓展人们有限的生命,融入无限广大、久远的大自然之中。

9.1.3 风光摄影的拍摄要点

1. 雾、霞景的拍摄

我们常说:"山欲高,云雾锁其腰",利用各种雾层或霞层拍摄风光能使景物的透视效果和色调产生变化,给予景物丰富的层次。在晨光雾还没有被太阳热蒸发消散,而每个山峦的高峰凸出在晨光雾上面时,拍摄逆光的山景,由于远近的山层都有了厚薄不同的晨雾,被逆光照射的雾层又是非常明亮的,只要以较近的主要山层作为曝光基础,拍出来自然会显现出由深到浅的、层次丰富的、色调明快的照片。

拍摄雾景要尽量选择有近景、中景、远景的景物,以表现景物的纵深感,力求近景中主体突出,层次细腻;中景景色悦目,恰到好处;远景若隐若现,空蒙淡雅。近景的选择关系到画面主体的表现,在三者中显得尤为重要。可以说,利用好色调的深浅,线条或造型优美的奇峰、怪石、松柏等景物为前景是拍摄好雾景照片的诀窍。如果前景没有色调较深的被摄物,照片就可能会由于画面上是大片单调的中灰或浅灰色调的雾而显得苍白乏味。如果只拍远处的被摄物,其结果将是一张没有多少色调效果的照片。在拍摄雾景时还可以用滤光镜来调节雾气的效果。在黑白摄影中可以用UV镜、黄色镜和红色镜等来减弱雾气效果,提高远景的清晰度,使远景变得更加朦胧。在彩色摄影中,用UV镜、天光镜减弱雾气效果。

晚霞产生在傍晚的时候,由于傍晚时空间的湿气较少,故晚霞常比晨光雾淡薄。当利用晚霞拍摄景物时,只有在较远的景物中才有霞的气氛表现出来,较近距离的景物就像没有晚霞一样,如果运用逆光拍摄晚霞景色,有晚霞的地方就能如晨雾景色一样,表现出景物的浅淡层次。但逆光照射在晚霞景物中,景物的近处因没有霞气容易受远处霞景的光亮的影响而曝光不足。因此,在拍摄霞景时,如果要以近处景物做主体,则应以近处为测光标准。当拍摄远处的晚霞景色时,则需要用长焦距的镜头拉近拍摄,使景物在画面上所占的面积大一些。

2. 日出、日落的拍摄

当太阳刚从地平线上升或在太阳即将西沉的时候,地面上都有一定的朝霞或晚霞遮盖着太阳散射的光线,而显现出一轮没有光芒散射的、圆圆的太阳,这就是拍摄日出或日落的时候了。太阳刚出或刚落时,地平线上的天空常常会有一些逆光的有色云彩,可等到太阳、云彩没有光芒散射时拍摄日出或日落景色,这样不仅可避免太阳散射而使底片上产生光晕,并可使景物的天空部分不至于仅有孤单的太阳存在。

太阳刚出或将落逆照山层时,山层间因没有水的反光而完全与有太阳的天空成为黑的色调的对比。因此,在山峦上拍摄日出或日落景色时,只有在云彩遮盖部分太阳或是增加天空部分的曝光时,才可使天空与山层的色调较为均衡。

在太阳刚出或将落的时候,天空没有一丝云彩也是常有的现象。为避免天空过于单调,利用一些较为稀疏的树叶、枝干作为空旷的天空的部分前景能帮助景物画面结构的均衡,但枝叶过多或过重会遮盖大部分天空而影响画面的均衡。

太阳的形象和色调在早晚是没有多大区别的。如果要从照片上来区别日出或日落,则应当通过景物和色调去区别,因为早晨地平线的天空一般都比较清朗,太阳上升时就会很快地散射光芒。黄昏时候的地平线上,天空一般都较为浑浊,太阳离地平线尚远时就没有散射的光芒了。从色调来区别,早上天空的色调偏红带黄,而黄昏色调带品红。

因此,在拍摄日出时,太阳刚升上地平线就应该立即拍摄,不能错过。拍日落就可以从没有光芒散射的时候开始,直到将进入地平线的时候为止,在这个时段都可以从容不迫地进行拍摄,如图9-9所示。

图 9-9 《拂弦》(霍松摄)

3. 雨景拍摄

雨天的景物有它独特的情调,何况雨天也是人们生活中必有的情景。为了反映更多的生活情景、丰富风光的内容,雨景也是我们不可缺少的拍摄题材。在拍摄雨景时,为了在照片上表现雨景中的雨条,除了选择大雨以外,还必须要有较深色调的背景作为衬托才行。如果雨中景物的背景是天空,那么雨天的天空必须是白色的浓密云层,即使雨下得非常大,也因背景和雨条同是白色而不能显现。背景越近,雨条越易显现;背景越远,景物场面必然越大,雨条也不易清楚显现。因此,拍摄雨景所取的景物范围不宜过大,要避免白色的天空占据大部分画面而影响景物中雨条的表现。

下雨时景物的光亮度是比较弱的,因此,在拍摄雨景时一般要用较大的光圈及较慢的快门速度,这样才能使雨景有足够的曝光量。另外,为显出景物空间中还没有落地的雨条并能掌握雨中动态,摄影师应站在较高的位置拍摄。一般用1/60s的快门速度拍摄雨景就能显现出空间中还没落地的雨条,如使用更慢的快门速度则能获得较长的雨条。

在小雨天气下拍摄景物,因小雨在景物中不够明显,故不能表现出雨条。但是,利用毛毛细雨在拍摄深色调的树林或山层时,由于景物中没有阳光照射而反光的物体,毛毛细雨在深色的物体间就会如雾层一样,显现出远浅近深的色调。如果取景范围不大,以近处的物体明亮度作为曝光基调,也能在景物中表现出如雨如雾的烟雨情景。

在夏季的时候常常会在阳光照射下突然下一场大雨,这是拍摄雨景的最好时机。在大雨中拍摄景物,镜头很容易被雨淋湿,摄影师在拍摄前应事先考虑这一点,准备好防雨的工具。

4. 雪景拍摄

雪是洁白的晶体物,当它积聚在景物上时,景物中色调深浅不一的物体被遮盖成为白色的物体,可给人以洁白、可爱的感觉。正因为雪景中白色部分占据的面积较大,也比其他景物明亮,在有太阳光线照射时就更加明亮。雪是一粒粒透明的晶体,只有在较远的地方才能明显地表现它的这种质感。因此,要表现出雪景的明暗层次以及表现出较近地方雪粒的透明质感,运用逆光或后侧光拍摄雪景最为适宜,这样即使是远景也因逆光或侧逆光而产生深远的气氛。如果以正面光或顶光拍雪景,由于光线较平或垂直照射的关系,不仅不能使雪白微细的晶体物产生明暗层次和质感,而且会使物体失去立体感。但是,当逆光或侧面光照射在白色面积较大的雪景上时,未被雪遮盖的其他色调的物体必然会因此容易成为黑色的物体。为了使雪景中的白雪和其他色调的物体都能够有层次显现,拍雪景必须采用较柔和的太阳光线。

在正下着雪的时候拍摄雪景和下雨拍摄一样,必须有深色的背景作为衬托才易于显现正在天空中飞舞的雪花。如果拍摄天空范围较广的景物,那么只能在一些深色物体前的空间中才能看见雪花,其他部分的雪花是不能显现的。

> 在阳光下拍摄雪景,为了使蔚蓝的天空不至于过白,拍摄可以根据需要使用滤色镜(如偏振镜)。为获得更加简洁的雪景画面,又能清晰地表现雪中物体的层次和线条,可选择线条较美的局部景物,并用柔和的逆光、侧逆光拍摄,这样可使雪中物体的层次线条都能充分显现,从而获得更加漂亮的雪景照片。

9.2 人像摄影

光阴荏苒,时光飞逝,岁月总是一去不复返。许多人梦想着"长生不老",梦想着把自己最美的瞬间永远保存下来,无奈却总是镜花水月。摄影术的诞生和普及终于让这些梦想得到了部分实现,相机能记录下我们的成长,留下我们的青春,定格下我们的喜怒哀乐,更能让我们把自己最美的瞬间凝固下来……这也许正是照相机能走进千家万户的主要原因。

9.2.1 人像摄影概述

1. 人像摄影的定义

人像摄影是指摄影者运用摄影器材通过光线运用、姿态造型、影调色彩、画面构图、神态捕捉和后期制作等技术技巧,来表现被摄人物的外貌形象、神韵气质和性格特点。日本摄影大师土门拳曾说过:"所谓人像摄影,就是把个人作为历史的、社会的存在记录下来。"由此可以看出,人像摄影是以人物形象特征及其活动态势为视觉图像艺术价值取向的结构主体的人物视觉设计、表现、拍摄以及制作的形象思维,它直接通过人物客观存在的各种形态表现人物的形象特征,刻画人物的精神面貌。

实例 1941年年底,丘吉尔受加拿大总理之邀访问渥太华,卡什有机会得以向丘吉尔提出为他拍照的要求。卡什原想拍出丘吉尔不屈不挠的神态,但他发现丘吉尔始终叼着一支雪茄，神情闲散，与人们所熟知的坚毅、自信的形象一点儿都不沾边。为了将丘吉尔的"灵魂"激发出来，卡什做出了一个大胆的举动：他走上前去，先是恭敬地说了声"对不起，阁下"，然后一把将那支雪茄从丘吉尔的嘴边扯了下来。丘吉尔被这突如其来的举动激怒了，一下子瞪大了双眼，左手叉在腰间。就在这一刹那，卡什按下了快门。这张题为《愤怒的丘吉尔》的肖像（如图 9-10 所示）极为生动地传达出二战时期同盟国的灵魂人物——英国首相丘吉尔在面对以希特勒为首的法西斯时，那雄狮般的愤怒、强悍的一面，在世界各大报纸刊登后，极大地鼓舞了全世界人民反法西斯战争的斗志。

图 9-10 《愤怒的丘吉尔》([加]尤瑟夫·卡什摄)

2. 人像摄影分类

根据拍摄地点的不同，人像摄影可分为室内人像摄影和室外人像摄影。室内人像摄影一般是指在专门的照相室或摄影棚中进行摄影，主要利用各种人造光线进行创作，各种配套设施较为齐备。户外人像摄影是指在室外用自然光或自然光加入人工辅助光进行拍摄。这类人像有两种情况：一种是画面中包括一些室外的景色，作为人物的烘托，求得人与景的有机结合；另一种是画面中不表现具体的室外景物，只不过选择室外环境中的某一处影调，或画面中把室外少量的背景虚化，作为人像的衬托。

根据摄影师的创作意图，人像摄影又可分为以下 5 类。

（1）写真人像。这是一种基本的人像形式。摄影师在这种人像摄影中尽力把被摄者拍得漂亮一些或富有吸引力。

图 9-11 《斯特拉文斯基》
（[美]阿诺德·纽曼摄）

（2）表现人像。"表现"意味着要在拍摄中反映一种观点，而这种观点产生于摄影师对被摄者的独特感受，如图 9-11 所示。

（3）环境人像。环境人像是把人物置于所处的环境之中，它比平面背景衬托下的近摄人像能展示更多的东西，能向读者提供说明性的线索。

（4）情节人像。在情节人像中，被摄者在摄影师或自己创造的情景中扮演角色。题材可以从人物生活中汲取，也可以是趣味性的虚构。

（5）自摄人像。自我造型，揭示自己的情绪，即兴创作自摄人像，这已成为摄影师自我表现的流行手段，可以通过镜子的反射给自己拍单幅或系列照片。

9.2.2 人像摄影的技巧

1. 选择最佳角度

大家都有这样的生活经验：同是一个人，从不同的角度去观察，得到的视觉印象并不完全一样，有的角度显得更美，更有神韵。在拍摄人像时也是这样，要力求找准被摄者最美、最动人的角度，拍摄角度的少量变化都能对被摄者形象的表现产生明显的影响。

（1）正面人像。正面人像最突出的特点是圆圆的头部，大而阔的嘴巴、眼睛和耳朵，宽而高的前额,大鼻子和突出的下巴,适合于表现那些五官端正、脸型匀称而漂亮的人。对于脸围太胖、太宽、太瘦,面部两侧不均,或者两眼大小不一,鼻子、嘴形不正的人来说,一般不宜从正面拍摄。拍摄人像应当力求揭示感情,打破茫然若失的神态,如图9-12所示。

(2) 脸部四分之三人像。四分之三的头像看上去比较自然、不太做作,这是人像摄影中最经常采用的姿势。四分之三的头像照片最突出的特点是前额高而且比较突出,鼻子、脖颈和颧骨突出或较大。如果可能,被摄者的身体上部应当凑近相机,这样的造型能给人较深的印象,更吸引人一些,如图9-13所示。

> 在拍摄过程中,可让被摄者与照相机成45°角,然后让被摄者将脸慢慢转向镜头,在适当的时机按下相机快门。在被摄者还没有完全直接朝向镜头的范围内都可以形成展示脸部四分之三人像的姿势。如果被摄者正看着镜头,照片能给人以彬彬有礼的感觉;如果被摄者不看镜头,则会显得比较放松、自然。

(3) 侧面人像。侧面人像是指被摄者面向照相机侧方,与照相机镜头光轴构成大约90°的角度拍摄的人像。从这个方向拍摄,其特点在于着重表现被摄者侧面的形象,尤其是从侧面观看被摄者面部的轮廓特征,包括额头、鼻子、嘴、下巴的侧面轮廓。当然,如果拍摄半身或全身人像,也包括身体的侧面轮廓。不过,从侧面拍摄,被摄者的身体不一定要与照相机镜头光轴构成90°的角度,而是脸部朝向侧面,身体却可以朝向斜侧面或正面,这样仍属于侧面人像。由于被摄者的面部侧面轮廓在侧面人像中表现得十分鲜明,因此,只有面部侧面轮廓非常好看的人才适合这样拍摄,如图9-14所示。

图9-12 《艾森豪威尔》([美]阿诺德·纽曼摄)　　图9-13 《踏春》(徐梦节摄)　　图9-14 《年华》(陈承呈摄)

> 假如被摄者的额头太大、太低,或者鼻梁太高、太凹,嘴形不正,下巴太尖、太短,都不适合从侧面拍摄,大家在选取拍摄角度时一定要特别注意此点。

2. 选择恰当高度

如果从较低的位置向上仰拍,能使被摄者的形象显得较为雄伟。如果仰拍被摄者的头像,会使其下巴及腮部显得较大、较宽,人物则显得较胖,额头变窄、变小。若从高于被摄者眼睛的位置向下俯拍,会使被摄者的身材显得较矮小。若俯拍头部肖像,会使被摄者的额头夸张，下巴显得较窄、较短。在通常情况下，拍摄人像时，照相机的位置不可过高或过低，因为当照相机镜头从较高或较低的角度拍摄时，光学镜头所产生的透视变形现象比我们从低处仰望或从高处俯视所产生的效果要强烈得多，这是用人眼观察和镜头拍摄不相一致的地方。因此，大家在拍摄人像时，对高低角度的选择要格外留意才行。

在一般情况下，拍摄半身人像时，照相机的高度最好等同于被摄者胸部的高度；拍摄全身人像时，照相机的高度最好等同于被摄者腰部的高度，这样被摄者的形象表现得比较正常。特别要注意的是，当拍摄近景人像或头部肖像的时候，照相机的高度一般适宜等同于被摄者眼睛的高度，这样拍出的效果比较自然，没有明显的透视、变形现象。当然，也可用稍仰或稍俯的拍摄角度，以达到不同的造型效果，不过要掌握适当的分寸，免得歪曲人物形象，如图9-15所示。

图9-15 《弗朗西斯科·佛朗哥》
（[美]阿诺德·纽曼摄）

在个别情况下，也可以利用拍摄高度的取舍稍微修正被摄者的形象。例如，对于脸型瘦长的人，可以利用稍仰的拍摄角度使他显得略胖一点；对于腮部稍胖的人，可通过稍俯的拍摄角度使他显得略瘦一点。不过，这种修正是有限的。

3. 选择合适的姿态和表情

摆个好看的姿势，酝酿好的表情，这是在拍摄前及拍摄过程中的典型程序。随着拍摄的进行，被摄者与摄影师合作得越来越舒服，建立了一种融洽的关系，摄影师在考虑以一种最能美化被摄者的方式继续拍摄，而被摄者在相机前越来越放松，这是人像摄影成功的秘诀。因此，大家在进行人像摄影时应该尽力做到以下几点。

1）在拍摄前交换意见

为良好的交流做铺垫的最好办法就是在拍摄之前和被摄者交换意见，即使是一个短暂的会面也会为双方取得一致意见而起到很大的作用。拍摄前的会面会帮助摄影师了解被摄者对照片的要求，被摄者也能通过交流对摄影师产生信任，从而让二者之间能产生良好的互动。

2）了解被摄者的个人特点

面对一个陌生的被摄者，摄影师要先对其外形特征有所认识，根据言谈举止揣摩被摄者的身份、爱好以及审美观点，选择尽可能体现其个性特点的姿态造型。在观察被摄者时，摄影师要确定从哪些角度拍摄最能体现美感，哪些地方是可取的，哪些地方需要加以修饰或掩盖。例如，体胖者的脖子、肩膀、腰腹及大腿有缺陷，在选择姿态时应想方设法避免直接呈现。在设计人像姿态造型时可以征求被摄者的意见，综合考虑后提出最终方案，供被摄者选取。姿态的选取应尽可能体现出拍摄者的心意（前提是综合了被摄者的意愿），姿态的精心安排与出色的画面创意是取得成功的关键。

3）让被摄者感到舒适

首先，应该多赞扬被摄者，多肯定被摄者的外表和衣着，对拍摄一张好照片表达自己的激动之情是对被摄者最好的保证。

其次，拍摄过程要快，使被摄者的摆姿保持新鲜，富有想象力。

再次，在抓拍过程中摄影师应虚心听取被摄者提出的建议，真诚的沟通、良好的互动应贯穿于拍摄的始终。

最后，摄影师应在拍摄过程中多笑，使被摄者觉得摄影师对这次拍摄感到满意，特别是在完成一次自己觉得不错的曝光时。大多数人都会以真诚的微笑做出积极反应，摄影师和被摄者情绪上相互感染，始终保持一种轻松、快乐的拍摄氛围。

4）做到形神兼备

图9-16 《毕加索》（[美]欧文·佩恩摄）

一幅优秀的人像摄影作品不仅应该拍得像，而且要比被摄者本人看起来更美、更有精神、更生动，要把被摄者外貌上的优点表现得更突出，使其思想情感和内心世界表现得更鲜明，达到形神兼备的境界，如图9-16所示。

动感、韵律是使姿态变得自然随意的最为有效的手段，而僵直的姿态会使人物显得过于拘谨古板、缺少生气。就一般拍摄来讲，在安排人物的姿态时不宜太正、太对称（当然特殊要求或刻意追求除外）。比如，在拍摄带双肩的艺术化人像时，应设法使一肩高于另一肩，这样可以打破因水平线带来的单调感（证件照除外）。另外，在透视上也可呈现出一定的空间感，使画面有一定的深度，尤其是让被摄者转动身体使一肩倾向镜头时效果更加明显。人物脸部的稍微转动、前倾或后仰都可大大增加画面的动感，使人物显得更加优雅自然、富有活力，这种做法无论在形态上还是神态上都是有益的。

在人像摄影的姿态造型中要注重线条的勾勒和展现，除脸围轮廓线以外，肩膀、背部、胸部、腰部、臀部的曲线，以及与四肢搭配而成的曲线组合都必须注重变化。双肩形成的直线不可与上下画面边线平行，背部形成的直线不可与左右画面边线平行，各部位的曲线最好在运动方向上都有区别。尤其是女性的身材更要注意胸、腰、背、腹的线条，应想方设法加以突出。

为了最有效地突出能够显露身体形态的几种主要线条，可以通过以下几方面控制与调整被摄者的姿态。首先，重心不宜居中。因为在自然状态下人们很少将重心放在正中。若是采取站姿，则一般将重心放在一条腿上；若是采取坐姿，则应将重心放在臀部的一侧，这样整个身体就会自然倾斜。其次，调整肩部关系，让双肩分出前后与高低，接着控制脊梁，使之挺拔，富有弹性。若是拍摄侧面人像，背部将形成主要的审美曲线；若是拍摄正面人像，则将在胸部与腰部形成关键的曲线。让被摄者的胸部转向镜头，同时让腹部向相反方向转动，这样就可以在镜头里获得宽胸细腰的视觉效果。再次，让被摄者紧腹、提臀也是控制体型的辅助手段，不过在控制的同时，腰部及各关节部位应当放松，尽可能显得轻松、舒展。另外，手的位置十分重要，借助于道具可以达到手的自然存在。在拍摄中要尽可能使被摄者的形体看上去均衡、匀称，腰际曲线明显，并避免皮肤与肌肉的扭曲，避免因视觉上的失真而产生畸形感。最后，还要切记一点，姿态是一种身体的表情，它必须与面部表情相吻合，切不可为姿态而姿态，反而忽略了面部神态这一真正产生姿态的直接动因。

> 姿态造型主要是被摄者的肢体语言展示，是不能照搬的，它是每一个人物的特定形式，因人而异，切不可随意模仿，否则后果尴尬。这就需要摄影师的调动和示范，达到充分显现被摄者美的方面，让被摄者获得愉悦的感觉，同时体现摄影师的超强能力和超人的审美意识。

9.3 广告摄影

9.3.1 广告摄影概述

1. 广告摄影的定义

广告摄影是以现代科学技术为基础,以影像文化为背景,以视觉传达理论为支点,服务于商业行业和商业目的的摄影门类。它以商品为主要拍摄对象,通过反映商品的形状、结构、性能、色彩和用途等特点引起顾客的购买欲望。广告摄影是传播商品信息,促进商品流通的重要手段。随着商品经济的不断发展,广告摄影已不是单纯的商业行为,已成为现实生活的一面镜子,成为广告传播的一种重要手段和媒介,甚至成了一种艺术创作。

2. 广告摄影的特点

1) 视觉冲击性

广告摄影的力量在于更多地吸引人们的注意力,引起人们对商品的购买欲望。因此,一幅好的广告摄影作品首先应具有强烈的视觉吸引力,要能吸引观众的目光,使其能把注意力放在作品上,如图9-17所示。

2) 实用功利性

评价广告摄影的标准是整个广告推广活动终结时的商业效果,经济效果和社会效果是检验广告摄影的广告效果的标准。一张广告摄影作品,不管在艺术上是多么精湛,只要它缺乏"推销"的力量,在进入消费者的视觉领域后,即便能引起足够的审美效果,但如果无法刺激消费者的消费欲望或者激发消费者明确的参与激情,就不能算是一个好的广告照片。而且,优秀作品所刺激的购买目的性是非常明确的,也就是具体到商家所指定的某类商品。

3) 纪实性和真实性

广告必须真实、合法,具有思想性。广告摄影是通过纪实的手段对所摄对象进行主题选择和素材的加工。但是,要表现商品的品质和形象绝不是简单的纪实,而是要通过对时空的选择,光线和色彩的运用,来从本质上真实地反映所摄对象。广告摄影必须准确地再现产品的外部结构、质感和色彩,使人们感到真实可信,并产生购买欲望。因此,广告摄影的纪实性并不等于真实性,纪实性是广告摄影的技术特征,而真实性则是广告摄影工作者反映客观事物所达到的程度,即摄影对象本质的真实程度,如图9-18所示。

图 9-17 《溢彩》(陈艳摄)

图 9-18 《佳酿天成》([美]约尔格·克里策摄)

在数码技术日益强盛的今天,保证广告的纪实性和真实性是每一个广告摄影师必须遵守的准则。

9.3.2 广告摄影的流程

从广告摄影的操作过程来看,它有一套严格的作业流程,并影响到进度的计划性和作品的完成质量,一般分为前期、中期和后期三个阶段。

1. 前期策划

前期阶段非常重要,是关系摄影任务成败的关键。

(1) 首先,经验丰富的摄影师要与客户充分交流,对客户的需求分析进行定位,了解客户拍摄的内容和目的、要求,包括对拍摄对象的特点、企业品牌的理解;同时,将准备好的以前比较成功的资料赠送给客户,也让客户了解摄影师的风格和特点,这是整个摄影工作的前提和基础。

(2) 根据客户的要求积极整理和搜集与拍摄内容相关的资料,必要时做一些市场调研。在搜集材料时要围绕表现的内容,考虑摄影广告的整体性和视觉效果,然后对搜集的材料进行初步的加工、整理,为客户设计专业的、创意性强的方案。

(3) 与策划创意部门、美术设计部门、客户积极协商,讨论初稿内容,听取有关人员的意见,做出修改,制作手绘的草图,给客户做必要的介绍说明,取得客户的认可。

(4) 定稿、签订合同。在与客户沟通并获得认可之后,对广告摄影的拍摄内容、制作要求、经费预算、制作周期、完成形式等相关事宜签订有关的合同,以便于双方的约束和制约。

2. 中期制作

(1) 拍摄前的准备工作。在开拍以前要召开相关人员的准备会议,根据创意和制作要求讨论商品实物、拍摄场地、灯光、模特、美术及其化装道具、服装设计、摄影器材和相关的辅助设备、拍摄时间和保险等事项。

(2) 拍摄实施。广告摄影不需要很多人,有摄影师、美术设计人员、委托企业的有关业务人员、摄影助手等就可以了。在拍摄时,一般先用一次成像正片以及摄影计算机屏幕观察等方式取得初样效果,然后对画面进行调整、构图、曝光、色彩等相关技术处理和确认,并做出合理的调整,满意后正式拍摄。

3. 后期合成制作

(1) 计算机合成。这项工作一般由摄影师和美术设计人员共同完成,根据创作意图和客户的要求合成样照后送客户审阅、确定。图 9-19 所示为计算机合成图。

(2) 制作。根据客户最后确定的方案制作成灯箱、印刷品、彩色喷绘、POP 宣传品等,并与制作部门和有关的制作单位及时联络。广告摄影师也应该是后期的印务专家,要及时督促,保证质量,按时完成业务,送交客户手中。

图 9-19 《水果棒冰》([美] 约尔格·克里策摄)

（3）调查和反馈。在摄影广告发布以后，根据市场情况做反馈资料搜集工作，广泛听取有关人员和广大受众的意见，有助于改进摄影师今后的拍摄手法和拍摄思路。

9.3.3 广告摄影的要点

1. 主题鲜明

要做到主题鲜明：一是要了解客户的宣传意图和要求；二是要了解商品的具体情况，如质量、用途、价格以及在同类商品中的地位等；三是要了解商品的销路、顾客的要求。

实例 主题鲜明的广告摄影作品能很好地反映商品的本来面目，抓住顾客的心理，提高销售率，如图9-20所示。

2. 构思新颖

广告摄影要能抓住顾客的心理才能起到介绍商品、推销商品的目的。在拍摄时要着力进行艺术构思，从商品的陈列到灯光的布置，从文字的写作到画面的构图，都要进行一番创造性的劳动，使广告照片新颖，不落俗套，如图9-21所示。

图9-20 《脸谱》（陈艳 摄）

图9-21 《质感》（［美］约尔格·克里策 摄）

3. 形式多样

广告摄影的目的是美化商品，吸引顾客，因此必须讲究形式美。形式美的一个重要方面是要有所突破，要多样化，富有宣传性。广告摄影的表现手法很多，没有一定的框架，但一般采用直接表现、间接表现和综合表现三种方法。

1）直接表现法

直接表现法是在画面的显著位置突出表现商品的外形、结构和质量。这种广告照片的主体是所要介绍的商品，在拍摄时应认真布光，选择好拍摄角度，把商品的色泽、质感以及外部形态突出地表现出来，使商品的色泽、质感逼真，形象清晰，并且构图要简洁，影调要明快、背景与主体要和谐。

2）间接表现法

间接表现法不直接表现商品本身的形态、质感，而是把与商品无关的题材作为主题，只在不显眼的位置宣传商品。它借助与商品无关的题材的魅力来吸引人们的注意力。人们在欣赏照片的过程中往往会顾及附近的商品宣传，从而起到宣传商品、推销商品的目的。间接表现法注重情感的设计，把商品寄托在一个美好的、诱人的环境中，使读者在美的享受中去认识商品的价值。

3）综合表现法

这是一种把商品和使用结合在一起来表现的手法，它把商品与有情有景的陪体有机地结合在一起，通过陪体来烘托主体，从而加强主体的表现力。这种照片不仅具有广告宣传的实用价值，也具有一定的艺术欣赏价值。

> 广告摄影要使照片中的商品比实物更突出、更优良、更生动、更美丽、更感人、更有实用价值，在拍摄时要对所拍摄的商品进行认真的摆布，进行巧妙的构图设计，使照片有主有从、互相陪衬，突出主体，同时要有意识地运用不同强度的光源，各种角度来表现物体的影调、色泽、结构和形态。

4. 文字运用恰到好处

在广告摄影中，文字的运用有时不可或缺。文字在广告摄影中的作用如下：作为说明，用以介绍商品的性能、用途；作为宣传口号，用于鼓舞人心；作为文字标志，用于说明商品的名称、规格、牌号，以及制造、经销单位等。在拍摄之前应把自己的拍摄意图画成草图，内容包括主体的摆布、陪衬物的设置、文字的安排。注意不能把文字随便摆到画面上，而应该像美术设计那样对文字做艺术加工，如文字的语法修辞、选择字体、安排格式以及美化着色等，如图 9-22 所示。

图 9-22 喜力啤酒（[美]米歇尔·加斯特摄）

> 广告摄影的文字处理除在拍摄构图时直接拍摄进画面以外，多数采用后期再构图处理，文字在广告照片中的大小比例要适当，不能喧宾夺主。

9.4 新闻摄影

9.4.1 新闻摄影概述

对于人们而言，新闻摄影的问世是一个十分重要的事件，它的出现大大扩宽了大众的眼界。在最早的新闻照片出现之前，一个普通人只能看到那些发生于他身边的事情，而新闻摄影为人们打开了一扇窗户，它使人们对社会上名人的脸孔变得更加熟悉，也可使人们迅速地获知发生于全球的事情。读者的眼界开阔了，世界也因此"变小"了。

1. 新闻摄影的定义

新闻摄影有广义和狭义两个层次上的理解，广义的新闻摄影是指利用一切新闻手段报道新闻的活动，包括用照相机拍摄图片、用摄影机拍摄新闻纪录电影和用摄像机拍摄新闻电视来报道新闻。狭义的新闻摄影是指以照相机为工具、以摄影图片为手段、以印刷品为媒介的新闻摄影报道工作。通常说的新闻摄影指的是后者，狭义的定义忽略了新闻摄影的一个重要因素,即其还应该包括对图片背景、新闻要素进行的文字说明。

实例 鲍勃·杰克逊拍摄了《刺杀肯尼迪的凶手被枪杀》(如图9-23所示)这张经典的新闻照片,之后,他描述了拍摄这张照片的紧张瞬间:"奥斯瓦尔德出现了,我举起照相机,察觉到有人从人群中挤出来,他向前迈了三步,我按下快门,我直到听到了枪响才知道发生了什么事。当人们向鲁比扑过去时我照了另一张照片,可是闪光灯不起作用,又来不及充电,我一直为第一张照片感到担心,我有没有过早地按下快门?差不多过了两个小时我才能够从监狱里下班回办公室去把照片洗出来,快门没有按得过早。"

2. 新闻摄影评价和欣赏的关注点

新闻摄影以画面形象为主要表现形式,其基本任务是报道各种新的事实,属于新闻工作的范畴。那种认为新闻摄影报道既是新闻报道又是艺术创作的观点是不对的。

图9-23 《刺杀肯尼迪的凶手被枪杀》([美] 鲍勃·杰克逊摄)

新闻摄影必须服从新闻工作的一般原则,在一般原则的指导下,只有充分照顾其形象表现的特点,才能扬其长、避其短,充分发挥其形象报道的威力。大家对那种忽视新闻摄影形象特点的做法也要予以克服。

新闻照片是由画面形象和具备新闻诸要素的文字说明结合而成的,对两者的要求应力求一致。例如,要求报道的内容应是真人真事,表现这一内容的画面形象也应是真情实景,决不能在文字说明上服从新闻的真实性,在形象表现上却似是而非。

9.4.2 新闻摄影的特性

1. 新闻性

新闻性即新闻事实具有新闻价值。所谓新闻价值,是指选择和衡量新闻事实的客观标准,即事实本身所具有的足以构成新闻的特殊素质的总和,素质的级数越高,价值就越大。

新闻价值是衡量新闻摄影价值高低的根本尺度,新闻价值的高低取决于对本质属性揭示的深度、新闻信息量的大小、新闻切入点的新意和对时代脉搏的把握等方面,大家可以根据以下几方面来判断新闻摄影作品是否具有新闻价值。

1)重要性

重要性指新闻事实对人类生活有重大影响,影响范围越大、涉及的人越多,影响程度越深。例如战争、政治事件、重大自然灾害、科技新进展等。

实例 图9-24所示的《震后》真实地记录了2011年3月11日在日本发生里氏9级地震后的景象。

2)接近性

接近性是指新闻事实在地理或心理等方面与接受者的关联程度,其关联程度越高,读者越关心,新闻价值就越大,反之则越小。因此,新闻摄影常常着眼于发生在我们身边的事情。

实例 图9-25所示的《苦难的眼睛》是法国摄影大师亨利·卡蒂埃-布列松1948年的作品。这张愁容满面的男孩子照片是他从南京市民买米的队伍中抓拍下来的,照片生动地描绘了当时中国社会的现状,揭示了当时中国人民的悲惨和苦难。

图9-24 新闻图片《震后》

图9-25 《苦难的眼睛》（[法]亨利·卡蒂埃-布列松摄）

3）新鲜性、趣味性

新鲜性、趣味性是指现实生活中的新现象、新问题，这些事实奇特并富有情趣。随着政治、经济和社会思想文化领域所发生的巨大变化，社会生活节奏日益加快，人们的劳动和生活压力相应加大，与之伴随而生的是人们精神上的苦闷和忧郁。因此，人们对高深的重要政治生活不再像以往那样感兴趣，而需要一种轻松的、富有人情味和故事性的新闻，诸如人间奇闻、世间轶事、奇异的自然现象，以及人间的悲欢离合、生老病死、儿女情长的事实报道，特别是那些奇特、反常、感伤的人生故事最能引起新闻接受者的共鸣。通过阅读充满趣味的新闻，人们既可以消磨自己空闲无聊的时间，消除心理上的孤独、寂寞、忧虑等感觉，又可以驱除或放松工作、学习等活动中的紧张、疲劳，同时引起所希望的愉快、欢乐与满意，获得美的享受，使内心备受压抑的情感得到某种程度的宣泄。因此，拍摄新鲜、有趣的新闻照片已经成为许多新闻记者的最佳选择。

2. 真实性

真实性指的是在新闻报道中的每一个具体事实必须符合客观实际，在新闻报道中的时间、地点、人物、事情、原因和经过都经得起核对。真实是新闻摄影的生命，在这一点上它不同于艺术摄影。因为在艺术摄影中可以通过各种前期、后期加工技法去表现、创造现实生活中并不存在的人或事，以达到摄影师想要表达的艺术效果，但在新闻摄影中必须反映真人真事，对事件进行客观的记录。因此，新闻摄影工作者必须实事求是，不能捏造事实、弄虚作假，要按照所发生事件的地点、人物进行现场拍摄，不能替代、加工，同时应做到报道文字准确，与照片所反映的内容相符。

实例 违背真实的恶果。

2007年10月12日，陕西林业厅公布了农民周正龙拍摄的华南虎照片（如图9-26所示）。随后，照片的真实性受到来自部分网友、华南虎专

图9-26 周正龙拍摄的所谓的"陕西华南虎"

家和中科院专家等方面的质疑,照片因此还登上了美国的《科学》杂志。最后这张照片被认定有假,周正龙以诈骗罪被判处两年6个月有期徒刑。

3. 时效性

时效性更是新闻摄影的生命力之所在,报道"正在发生、发展、变化的事实的瞬间形象"。具体地说,时效性包括"新""快"二字。新,就是新鲜、新颖、新生,新闻离开了"新"便成了明日黄花。"快"是指新闻摄影要反应迅速,及时报道新近发生或发现的事物,否则就失去了应有的价值。

> 拍摄事件性或突发性新闻虽然难度较大,但它最能打动人、吸引人和说服人,也是读者所喜爱的作品。

9.4.3 新闻摄影的拍摄技巧

1. 时刻准备着

很多新闻往往只发生在一瞬间,记录新闻最佳画面的机会更是稍纵即逝。这就要求新闻摄影记者要具备敏锐的政治嗅觉、勤奋的敬业精神、综合的专业技巧和机智的应变能力等方面的素质。同时,摄影记者在突发的新闻事件中能否把握和抓住新闻的典型瞬间,拍出可以真实反映事物本质的新闻图片,也是新闻摄影成功与否的一个关键。客观事物瞬息万变,而突发性新闻又具有不可重复的特点,所以要求摄影记者能做到及时地掌握信息,快速迅捷的反应,准确适时地凝固典型的瞬间。许多新闻可谓取之一瞬,机会难得,这就需要新闻摄影记者经常处于"临战"状态之中,为新闻摄影事业"时刻准备着!"。

摄影记者必须常备不懈,时常保持职业敏感性,时刻做好物质方面和精神方面的准备,做到相机不离身,电池不断电。在突发事件现场中,摄影记者要保持清醒的头脑,沉着迎战,冷静观察,果断出击,这样才能不失时机地抓拍到能够概括事件本质意义的照片。

2. 用好你的相机

相机是摄影记者的"武器",摄影记者只有对各种照相器材的性能了如指掌,对各种相机的调控熟练到"如掌使指",才能让相机更好地为我们服务,记录下一个个珍贵的瞬间。

例如在拍摄一些重大事件的时候,可以启用相机的"连拍"功能,对重要情节进行"扫射",从而提高摄取最佳瞬间的"命中率"。在拍摄新闻的时候,由于主体可能会在大范围内进行纵深移动,记者在这时往往没有时间去更换镜头,使用大倍数的变焦镜头就成了最好的选择。

聚焦是新闻摄影最难和最重要的技术环节。聚焦的准备与否直接关系到主体的清晰与否,也直接关系到新闻摄影的成败。聚焦的方法主要有以下两个。

1) 跟踪聚焦

对于手动聚焦相机,在拍摄时眼睛应紧盯取景框,左手始终握着聚焦环,随着被摄体的移动相应地调整焦距,在调焦时要根据被摄体前后移动的速度适当地把握聚焦的提前量。如使用自动对焦相机,应注意选择相机的对焦模式(如人脸识别模式、最近主体模式等),自动聚焦模式如不能符合自己的拍摄需要,应尽快调回手动模式。

2）隐蔽聚焦

隐蔽聚焦也称为暗中聚焦，即避开被摄对象的视线完成聚焦，常用以下方法。

（1）目测聚焦。即估计准拍摄距离，然后把调焦环旋转到指定的距离上。

（2）等距聚焦。即利用等腰三角形特性，在拍摄者不便直接对被摄者取景聚焦的情况下可调转方向，找另一处距离相等的物体进行对焦。在被摄者的精彩瞬间出现时迅速调整方向，按下快门。

（3）利用大景深免于聚焦。在拍摄时调小相机的光圈，同时用广角镜头进行拍摄，这样可以获得较大的景深，把主体的活动区域都包含在景深范围中，从而保证主体的清晰，这样摄影记者就可以专心地进行瞬间抓拍。

为了不错过有价值的镜头，有经验的摄影师总是让相机内保留着一张没有拍摄的胶片，也不会让数码相机的存储卡空间全部用完。

3. 用好你的良知

新闻的真实性要求新闻摄影者必须实事求是，不能捏造事实、弄虚作假，不能为了创造所谓的新闻价值而进行虚构，这是新闻工作者最起码的良知。对于新闻事件，新闻摄影者必须从客观的角度去进行记录，通常的做法都是"不干扰、不引导"，但记者在尽量传达新闻的义务与社会公德心之间应如何平衡有时也会成为一种困扰。

实例 南非记者凯文·卡特来到战乱、贫穷、饥饿的非洲国家苏丹进行采访。一天，他看到这样一幅令人震惊的场景：一个瘦得皮包骨头的苏丹小女孩在前往食物救济中心的路上再也走不动了，趴倒在地上，而就在不远处，蹲着一只硕大的秃鹰，正贪婪地盯着地上那个黑乎乎、奄奄一息的瘦小生命，等待着即将到口的"美餐"，如图9-27所示。

图9-27 《饥饿的小女孩》（［南非］凯文·卡特摄）

是要记录事实，还是要遵从道德良知，很多记者在职业生涯中都会碰到这种两难的问题，也许即使凯文·卡特救起这个小女孩也不能挽救她的生命，而且还丧失了其宝贵的新闻价值，拍摄这张照片时的凯文·卡特承受着职业职责和职业道德的双重压力。从上面的故事中可以看出，凯文·卡特在工作过程中是对得起他的良知的，他也应当成为记者学习的对象。我们也应该知道，摄影记者不能为了"真实记录"事件而置拍摄对象于不顾，使其陷于危险的境地，更不能为了拍摄故意"制造"新闻。

实例 图 9-28 所示的这组照片记录了一位骑车人在暴风雨中碰到路上的水坑而摔倒的全过程。照片登上各大媒体后,观众纷纷对记者不就路上有坑提醒路人,而是守株待兔看着路人落难、抓拍新闻的做法进行谴责。这组照片虽"精彩",但作者显然违背了他的良知。

图 9-28 《雨中厦门骑车人》

9.5 纪实摄影

纪实摄影是真实记录人类世界的摄影。与单纯的记录摄影不同,它的功能不只是传达信息,还引导观众从它所透露的真相来认知社会的某个层面。纪实摄影在人类社会历史发展中成为记录时代瞬间的有力工具,是对人类社会影响最大、最重要的一类摄影。

9.5.1 纪实摄影概述

美国纪实摄影家罗西娅·兰格认为纪实摄影是以下几点的综合。
(1) 人与人的关系,记录人们在工作、战争中的行为,甚至一年中周而复始的活动。
(2) 描写人类的各种制度,如家庭、教堂、政府、政治组织、社会团体、工会。
(3) 揭示人们的活动方法,如接受生活的方式、表示虔诚的方式、影响人类行为的方式。
(4) 不仅需要专业工作者参加,还需要业余爱好者的参与。

相对于新闻摄影而言,纪实摄影不太讲求时效性和新闻性,它的影响是长时期的。纪实摄影的目的不只是向人们讲述一个故事,它同时还能揭示出这个故事的丰富背景,更注重表现被摄体的内在精神。

9.5.2 纪实摄影的特征

纪实摄影的特征如下。
(1) 题材内容具有一定的社会意义,为当时或后世的人们所关注。例如,里斯拍摄的纽约贫民窟、海因拍摄的纺织厂童工的劳动和生活、卡帕拍摄的战争中的残酷景象以及阿勃丝拍摄的畸形人世界等都具有现实意义和历史价值。
(2) 主旨在于引起人们关注、唤起社会良知,或针砭时弊,揭示真实,或保存文化,记录历史。美国纽约贫民窟被拆除,索马里海盗的生活,我国西南百年干旱造成的赤地千里、满目疮痍的景象引发世人震惊和同情,这都是纪实摄影所引起的强烈的社会反应和社会效果。
(3) 纪实摄影家都怀有神圣的社会责任感和使命感,有对事业的无限热忱和献身精神,以及优秀的摄影素质、文化教养。

（4）纪实摄影要求摄影师深入实际，了解、尊重被摄对象，不干预、不导演、不虚构、不粉饰、不修描，实行现场抓拍的手法。

9.5.3 纪实摄影的常见题材

1. 重大事件

这类摄影作品通常有较明显的时代性或政治性，所关注的重大事件往往具有重大的社会和历史意义，在特定人群的社会中具有里程碑式的意义，例如战争、政治事件、重大仪式、灾害等。毫无疑问，重大事件对于人类的生存与发展都有着举足轻重的意义，甚至会影响人类历史的进程，因此，这些照片无论是对当世的还是后代的人们都具有弥足珍贵的纪念意义和历史价值，足以帮助人们温故知新，从摄影家敏感的视觉记忆中找到前行的方向或少走弯路。

实例 1986年4月26日凌晨，位于乌克兰切尔诺贝利核电站的4号机组发生爆炸，如图9-29所示。该反应堆的爆炸造成30人当场死亡。8吨多的强辐射物泄漏，周围6万多平方公里的土地受到直接污染，320多万人受到核辐射侵害，酿成人类和平利用核能史上的一大灾难。

图9-29 组照《切尔诺贝利核电站泄漏事件》

2. 百姓生活

人类社会不光有领袖伟人，还有凡人百姓；不止有刀光剑影、风云变幻，同时也有柴米油盐、平平淡淡。这一类摄影作品将目光投向最广泛的人类生活。无论是城市还是乡村，不管是主流大众还是边缘个体，流行前卫也好，民俗风情也罢，善良的、罪恶的，高尚的、堕落的，欢乐的、痛苦的……都被凝结成一个个精彩的瞬间，被观看，被感叹，被学习，被思考……

实例 1948年冬至1949年春，布列松在中国行走了多个城市。他完成了组照《外国摄影师镜头下的中国1948—1949》的创作，照片客观地记录了当时中国在变革中的百姓生活，如图9-30所示。

图 9-30　组照《外国摄影师镜头下的中国 1948—1949》
（[法]亨利·卡蒂埃-布列松摄）

3. 社会文化

人类社会是整个自然环境的一部分，人的生存活动必然有其背景环境，包括自然的环境和人工的建筑等。这一类不同于单纯的自然风光，与人的活动息息相关的风景也是纪实摄影的一个重要组成部分。摄影师对其进行的记录不仅仅像风光摄影那样展现大自然的奇巧瑰丽，还具有一种象征性或是揭示的过程，多侧面地表现人生。

实例　法国摄影师马克·吕布于 1957 年发表了报道中国的第一张照片，此后他一直关注中国社会的变化。马克·吕布曾先后 6 次访问中国，用镜头观察和记录中国发生的许多历史大事，如图 9-31 所示。马克·吕布以其独到的眼光拍摄了很多具有典型代表意义的照片，对反映当时的中国社会现状与历史特色起着见证与忠实记录的作用。

图 9-31　组照《中国四十年印象》（[法]马克·吕布摄）

9.5.4 纪实摄影的拍摄技巧

1. 磨刀不误砍柴工

与新闻摄影不同,纪实摄影所拍摄的事件大多不是突然发生,而是往往会持续一段时间,这就使得我们有时间也有必要在拍摄前做好充足的准备,以拍出更好的照片。在拍摄前需要做的准备如下。

1)搜集资料并深入研究

在确认拍摄题材的过程中,一些初步的资料搜集与研究工作是必要的。在选定拍摄范围后,摄影师还应该不断进行更深入的探讨。在拍摄前要进行调查研究,把握好整个拍摄过程,调查的范围主要是事实的前因后果、当事人的情况、当前政策是否允许拍摄,以及在拍摄过程中可能会受到的挫折等。摄影师对题材了解得越多,就越有机会拍摄出有意义的照片。

2)熟悉拍摄地点的地形、气候、民俗

在拍摄前可先到拍摄地点进行"踩点",熟悉当地地形、环境,用于确认最佳的拍摄角度和拍摄时间。对地形和气候等的事先了解,也有利于摄影师对摄影器材等拍摄所需物质的准备,对当地民俗风情的了解则可让摄影师对拍摄地民众的生活习惯和日常禁忌有个初步了解,从而尽量避免在拍摄过程中由于对民俗不了解出现问题,影响拍摄。

> 当我们没有条件到实地进行准备时,可以利用网络等媒体对拍摄地点做详细的了解,为拍摄做好准备。

3)物质条件的准备

摄影师应根据前期的调研准备好拍摄器材,如相机、闪光灯、三脚架、充电器和存储卡等,经费的筹集、交通工具的选择也该在出发之前考虑周详,适当的穿着与药物之类的细节也不可忽视。若去高原或者其他自然环境恶劣的地方拍摄,还要考虑自己的体能问题。

4)准备一份拍摄脚本

在所有前期工作都完成后,摄影师最好准备一份拍摄脚本。当然,这不是一份不可变通的拍摄清单,而是一份避免忽略、忘记重要事项的明细表。它使摄影师可以统筹安排拍摄,是帮助摄影师圆满完成拍摄计划不可缺少的东西。

2. 敢于举起你的相机

纪实摄影大多离不开人物,而拍摄人物常常有一种冒险性,尤其是在大众的维权意识日益增强的今天,在拍摄过程中摄影师很可能会受到来自被摄者的阻止,因此,纪实摄影的初拍者最容易出现的问题就是只敢将镜头对着被摄者的后背,因为这是最安全的视角。但对于纪实摄影来说,在大部分情况下这也是最没有意义的事情。因此,摄影师要敢于举起相机,在必要的时候可采用"声东击西""盲拍""旁人掩护"等方法进行抓拍和偷拍。

3. 尽可能地靠近你的拍摄对象

美国摄影师罗伯特·卡帕曾经说过,"如果你拍得不够好,是因为你靠得不够近。"纪实摄影的冲击力常常来自于被放大的细节,尤其是在通过人物来表现某一主题时,对人物的眼神、脸部表情和神态等细节的刻画特别重要,而远距离拍摄是不可能捕捉到这些细节的。对初学者来说,远距离意味着一种安全,但要想拍到优秀的纪实摄影作品,就必须竭尽努力打破这种安全感。在拍摄日常生活人物的过程中要尊重被摄者,和他们提前进行沟通也是必要的。与被摄对象进行情感沟通有利于获得拍摄的权利,消除被摄对象心中的不安,避免冲突,并且得到被摄人物最自然的表情,这样的照片才会出现情节,并且富有情感,才能体现社会问题本质和深层的东西。

实例 在图9-32所示的《吹糖人》中,由于离被摄对象"足够的近",对人物的刻画显得特别细腻。

4. 在行走中发现,勤于街拍

"扫街"是寻找纪实摄影主题最常用的方法。顾名思义,"扫街"就是有事没事的时候带上相机去大街小巷寻找值得拍摄的东西。摄影师所在城市的一些有特色的街道是首选,此外还可以到一些新建的或者最近比较受公众瞩目的流行街区去看看。在随意与偶然中捕捉最珍贵的原生态影像,有空就行走于街头巷尾,练就一手过硬的抓拍技术是拍摄成功纪实摄影作品最好的途径。

图9-32 《吹糖人》(陈艳摄)

5. 富有人情味和人性

摄影工作者的镜头也是有感情、有生命的,只有在自己与被摄对象之间建立真正的爱,照片出来才能打动读者。要想使照片打动别人,摄影者首先要感动自己。摄影工作者在把自己置身于新闻事件之外的同时,在拍摄的时候需注入感情,把真情倾注于拍摄对象,尊重、理解被摄对象,从他们的角度去体验,感同身受,这样拍出来的照片才能引起社会的同情与关注。

纪实摄影大多带着一种深切的人文关怀,对各种社会现象或思考质疑,或揭露批判,或称赞弘扬,都要以敏锐的感觉为基础。因此,对一切习以为常的现象心怀好奇、心存疑问、心存探究是从事纪实摄影的人永远的必修课。

9.6 运动摄影

"生命在于运动",体育运动是人们生活娱乐中最常见的项目之一,竞技体育"更高、更快、更强"的精神也在激励着人类不断地挑战自我。运动摄影把体育运动中精彩、扣人心弦但又稍纵即逝的瞬间形态捕捉下来,雕塑、凝结在照片之中。它强化了观赏者对体育竞技惊险性、激烈性、趣味性的艺术审美感受。由于拍摄的是真切的运动形象,因而运动摄影具有一种独特的感染力和其他艺术形式难以比拟的美学情趣。运动摄影作品虽然是静止无声的画面,但它呈现给人们的却是紧张激烈的竞赛气氛和惊险优美的瞬间。因此,运动摄影的灵魂是创造性地凝固真实的动感画面。

9.6.1 运动摄影的特点

1. 充分展现体育运动的美

人类在很早以前就注意到自身的健美和体育运动的美,并且欣赏这种美。譬如古希腊

图 9-33 《争跃》（[英]汤姆·詹金斯摄）

人就崇尚健美的裸体，并为此创作了许多传世的雕塑，然而无论雕塑、绘画以及其他传统的艺术形式都不能像摄影艺术那样能将体育运动的美体现得如此直接、快捷和真实。如图 9-33 把足球运动中"争跃"的瞬间凝固了下来，充分展现了体育运动的美。

2. 运动摄影是典型的动体摄影

运动摄影与其他摄影相比，难度比较高，主要是因为运动摄影的拍摄对象变化快，而且具备无可预知性的特点。在运动场上的运动员始终处在高速的运动中，要求摄影师能在最短的时间内拍下最动人的瞬间。

3. 受环境限制较大

运动摄影的拍摄地点是在体育比赛的现场，现场环境如光线、地形和天气等都会对拍摄效果产生影响。为了不影响运动员的比赛，摄影者往往不能充分地接近被摄对象，一些辅助设备（如反光板、闪光灯）的使用也受到了限制或禁止，这些都要求摄影师具有更高超的拍摄技巧和把握瞬间的能力。

9.6.2 运动摄影的内容

1. 体育比赛中精彩、扣人心弦但又稍纵即逝的瞬间

运动摄影把体育运动中最精彩的、最扣人心弦的瞬间捕捉下来，强调的是真实性、即时性与准确性。作品虽然是静止无声的画面，但它呈现给人们的却是紧张激烈的竞赛气氛和惊险优美的瞬间。

2. 令人感动的细节特写

在每场比赛中或结束后，运动员、教练、裁判和观众等人的表情动作姿势都会受到场内赛况的影响，或喜或悲，或动或静，这些不经意的细节被放大后就像一面镜子，让读者如同身临其境。

实例 图 9-34 所示的《乔丹父子》生动地刻画了乔丹夺冠时的动人场面，父子之情跃然纸上。

3. 赛场花絮

运动场上下无数的趣闻趣事都可以作为摄影题材进入我们的镜头，这类摄影无须使用过硬的技术，而是需要有一双善于发现的眼睛。

4. 令人产生视觉幻想的场景

这类照片不是曝光时间较长就是巧妙地利用了闪光灯频闪，拍摄者除具备扎实的基本功以外，还必须是创意十足的画家，任运动主体在显示屏上肆意流淌成一幅画。

实例 图 9-35 所示的《翔》便是利用闪光灯频闪和多次曝光技术给画面增添神奇的色彩。

图9-34 《乔丹父子》([美]杰克·伯恩斯摄)

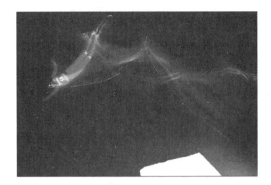
图9-35 《翔》([美]唐纳德·米拉勒摄)

9.6.3 运动摄影的要点

1. 做好准备工作

在进行拍摄之前要做好调查研究,要了解所拍项目的运动特点和规律,最好能了解运动员的典型动作是什么。只有这样才能预见最精彩的场面会在何时出现,怎样出现,从而不失时机地抓取生动的场面。

要通过充分考虑拍摄现场的光线效果和背景对主题的烘托来选择拍摄点,要突出什么主题就要选择一个什么样的拍摄点,不同的运动项目应选择不同的拍摄点。拍摄点的选择直接反映了拍摄者对运动项目、运动员动作的了解程度和创作构思。在选择拍摄点时要寻找那些动作高潮经常出现的地方和一定能出现的地方。

> 篮球的投篮点、篮板下,足球的射门点、禁区内,跨栏跑的栏架上方等,这些都是表现项目特点和运动高潮的最佳点。

2. 选择合适的器材

1)机身

数码单反相机在运动摄影中的应用已经成为绝对趋势。在运动摄影中通常需要携带3个或4个机身,这样既能防止相机失灵,又能安装不同类型的镜头,为拍摄带来方便,而用于运动摄影的相机,同时还应具有防尘防水、快门时滞极短、连拍速度快、拥有先进的对焦系统、具有足量的电力与大容量的存储器等功能。

2)镜头

照相机镜头是完成拍摄任务的重要武器。由于拍摄者往往不能充分地接近被摄体,不能随心所欲地到处走动,因而远摄镜头对运动摄影往往是必需的。例如,300mm F/2.8或400mm F/2.8定焦镜头被称为是运动摄影记者的"标准镜头"。

> 通常,一个80~200mm的变焦镜头是运动摄影的常用镜头,基本能应付大多数体育项目的拍摄。当然,在拍摄竞赛赛场的大场面或大型团体操之类的画面时,一个28mm的广角镜头也是需要的。

镜头的口径也是一个关键因素，口径越大则可使用越高的快门速度。由于大部分体育运动在室内举行，现场照明灯光有所局限，因此各种镜头的口径大小要保证在F2左右。如果光圈口径太小，则光线亮度达不到感光要求，会直接影响画面效果。

3）三脚架或独脚架

如果使用较大并较重的镜头，如300mm F2.8，则应考虑使用单脚架来帮助支撑装备。让一只手尽量靠近镜头的远端，以减少相机的摇动。三脚架也可以，但是它的限制更多，因为它无法像单脚架那样方便移动。当然，如果把三脚架的三只脚收起来不放开，三脚架也可以当成独脚架使用。

3. 选择合适的快门速度

根据不同体育项目的特点去选择快门速度是运动摄影中使用器材首先要考虑的问题。尽管不同体育项目的运动方式各不相同，但都是动体。在拍摄动体时，快门速度的运用不外乎三种情况：一是快门速度快了；二是快门速度慢了；三是快门速度适中。"快了""慢了""适中"的具体速度随动体运动情况的不同而不同。重要的是首先应懂得快门速度"快了""慢了""适中"会产生怎样的效果，然后就可以根据表现意图去选择相应的快门速度。在图9-36中，摄影师选择了合适的快门，使表现球员争顶时的动感和保持主体面部的清晰得到了兼顾。

图9-36 《争顶》（[美]迈克·鲍威尔摄）

快门速度快，运动影像被"凝固"。其优点是动体影像清晰地记录下来，缺点是影像的动感不足。"凝固"的动体影像往往擅长于表现动体的优美姿势。要取得这种效果，只需使用相机上快门的高速度，如1/1000s往往能把大部分动体记录清晰，有些相机具有1/2000s或1/4000s甚至1/8000s的最高速度，凝固动体就更理想了。

快门速度慢，动体影像虚糊。其优点是具有强烈的动感，缺点是对动体甚至面目姿势表现不清。虚糊的动体影像往往用于表现高速运动的体育项目。一幅影像虚糊的体育照片能再现快速运动的动体在我们眼前飞驰而过的情景。通过模糊的动体与清晰的背景之对比来表现出强烈的动感，这种快门速度的选择就比"快门速度快"来得复杂一些。对体操项目可能1/15s是慢的，而对飞驰的赛车或百米冲刺1/60s才是慢的。不同的"慢速度"对同一动体又会产生不同程度的虚糊效果，这就要求摄影者在实践中总结经验，而不能只是按照某些说教去记住一两种快门速度。

4. 准确聚焦

在进行体育运动的拍摄过程中，由于动体的速度极快，拍摄者根本就没有时间对想要拍摄的动体进行拍摄聚焦。这时可以利用相机先进的对焦系统，如佳能EOS 5d系列相机所采用的45点宽区域自动对焦系统和自动伺服跟焦系统等进行准确、快速的聚焦，也可利用区域聚焦法进行拍摄。

实例 在图9-37所示的《博尔特》中，摄影师汤姆·詹金斯在拍摄时进行了准确的聚焦,将博尔特夺冠时"舍我其谁"的霸气表现得淋漓尽致。

区域聚焦拍摄是利用控制相机镜头的景深范围进行拍摄的方法。在用这种方法拍摄时要根据现场的光线条件和所使用的感光度在保证快门速度能够将比赛动作和主体人物拍摄清楚的前提下大限度地缩小光圈,以获得更大的景深,同时根据景深范围确定所要拍摄的区域。只有当运动员在所确定的区域内出现理想镜头和精彩瞬间时才迅速按动快门。

图 9-37 《博尔特》([英]汤姆·詹金斯摄)

> 在使用区域聚焦拍摄时,一是要在保证动作清晰度的前提下最大限度地利用景深,二是所确定的这个拍摄区域必须是运动员的必争之地。在这里,动作高潮或精彩瞬间一定会出现,否则用区域聚焦拍摄就没有什么实际意义了。

5. 预见性地按动快门

预见性对运动摄影有着重要的实际意义。对运动摄影来说,熟悉比赛是成功的秘诀。作为体育比赛的现场拍摄者,选择和掌握什么时间按动照相机的快门至关重要。这是拍摄的最后一关,它直接关系着一张照片的成败。体育比赛中各种精彩的瞬间、理想的画面往往都是转眼即逝的,如果缺乏预见性,不能事先预见到这些典型的瞬间会在何时、何地出现,该在何处怎样拍摄,那就难以拍出优秀的体育照片。

1) 判断的预见性

根据以往的、规律性的认识做出判断和决定。例如,拍摄田径跨栏比赛,经验证明宜选在起跑后的两、三栏处拍摄。因为这时运动员的差距还没拉开,若干运动员几乎同时上栏的镜头有助于表现激烈竞争。又如,运动员胜利后的欢欣雀跃,失败时的垂头沮丧;教练员面授机宜,啦啦队鼓劲喝彩,甚至运动员的意外事故等,这些都是值得抓取的画面。成功之道就在于预先了解,即培养自己的预见性。培养预见性要靠深入了解、研究拍摄的对象,掌握要拍摄的体育项目的运动规律和进展过程。当预先了解了该项目在哪些瞬间对采用的摄影手段最有表现力之后就能在赛前进入理想的拍摄位置。

图 9-38 《破浪》([澳]亚当·普雷蒂摄)

实例 在图 9-38 所示的《破浪》中,摄影师预判了运动员的出水位置,从而记录下动人的瞬间。

2) 临场的预见性

几个人在同一个拍摄位置以同一拍摄角度拍摄同一场比赛,由于每个人在按动快门的时机掌握上不同,所拍出的照片也就有很大差异。这是由于运动场上激烈争夺、技战术的变化、运动员的表情瞬间即逝,一闪而过,拍摄者没有充分的时间去考虑,只能凭自己对这个动作的理解程度,靠平时的积累和拍摄技术临时发挥去预见性地按动快门。

6. 合理地运用提前量

所谓提前量,就是当抓拍运动员的某一快速变动的动作时,要在动作高潮和精彩瞬间出现之前的一刹那按动快门。

在运动摄影中,只有合理地运用提前量才能使拍出的照片恰到好处地反映动作的高潮或精彩瞬间,完美地表现出体育项目的特点。如果用肉眼看到动作高潮出现时再按动快门,那么拍出的照片肯定是高潮已过。我们所说的在动作高潮和精彩瞬间出现之前的一刹那按动快门,并不是说快门按下去了精彩瞬间才出现,而是说人们用肉眼看到精彩瞬间后要通过大脑的反应才能指挥你去按动快门,这需要一个过程,这个过程就是我们所说的提前量。这个过程的完成就是快门按下去的时间,也是精彩瞬间出现的时候。

实例 《雄跨》就是合理地运用提前量的杰作,如图 9-39 所示。

图 9-39 《雄跨》([美]迈克·鲍威尔摄)

9.7 练习与实践

9.7.1 练习

1. 填空题

(1) 风光拍摄的特点有题材广、_____、_____和色彩鲜。
(2) 根据拍摄地点的不同,人像摄影可分为_____和_____。
(3) 广告摄影的特点有视觉冲击性、_____和_____。
(4) 广告摄影的表现手法很多,但一般采用_____、_____和_____三种方法。
(5) _____被公认为世界上第一张新闻照片。
(6) 纪实摄影的常见题材有重大事件、_____和_____。
(7) 运动摄影的灵魂是创造性地凝固真实的_____。
(8) 运动摄影的特点有_____和_____。

2. 简答题

(1) 如何拍好日出日落照片?
(2) 在拍摄人像时如何使照片做到形神兼备?
(3) 广告摄影流程包括哪些具体环节?
(4) 如何拍摄新闻摄影?
(5) 纪实摄影的技巧包括哪些?
(6) 在运动摄影中如何做到准确聚焦?

9.7.2 实践

1. 认真研读党的二十大报告,特别是报告提出的"推进文化自信自强,铸就社会主义文化新辉煌"的重要论述,围绕读者所在城市以不同视角,聚焦城市建设、人民生活、自然风光、工业和农业发展等方面,拍摄一组照片,用镜头捕捉人民工作、生活的幸福瞬间,展示人民获得感、幸福感和对美好生活的向往。
2. 拍摄一组校园风光照片,选择不同的时间、天气对校园内的同一景物进行拍摄。
3. 请一位同学当模特,拍摄一幅户外艺术人像习作,注意背景、光线、造型与姿势。
4. 拍摄、制作一幅学校招生广告照片。
5. 拍摄一组反映校园内人们晨练的照片,利用追随法突出跑步者的动感。

第10章　专题摄像

【学习导入】

在数码科技日新月异的今天,随着数码摄像机和非线性编辑系统性能的不断提高,价格的不断下降,摄制各种专题片已不是电视台、影视公司的专利,专题片的制作早已"飞入寻常百姓家",各类DV作品比赛更是给广大"草根"影视爱好者提供了展示自己的舞台。

全国高校学生高清暨DV作品大赛是在高校学生中影响最大的比赛,在获得比赛信息后,何泉水、陈峰泽等同学摩拳擦掌,跃跃欲试。经过几个月的辛苦之后,他们的作品科普专题片《闽南工夫茶》和纪实专题片《似水流年忆语堂》参加了比赛。不久之后,捷报传来,两部作品分获大赛的一、二等奖……想与他们一样体验创作和成功的快乐吗?那就让我们拿起DV,向快乐出发。

【内容结构】

本章的内容结构如图10-1所示。

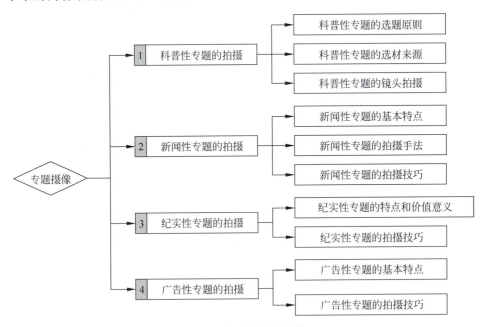

图10-1　本章的内容结构

【学习目标】

1. 知识目标

理解专题摄像的含义,了解常用专题摄像的类型和特点。

2. 能力目标

具备拍摄科普性专题、新闻性专题、纪实性专题与广告性专题的能力。

3. 素质目标

培养学生对专题拍摄的兴趣,能够对社会生活领域新近发生或存在的某一事实、现象、问题做专门、及时、充分和深入报道。

专题片是运用现在时或过去时的纪实对社会生活的某一领域或某一方面给予集中的、深入的报道,内容较为专一,形式多样,允许采用多种艺术手段表现社会生活,允许创作者直接阐明观点的纪实性影片,它是介于新闻和电视艺术之间的一种电视文化形态,既要有新闻的真实性,又要具备艺术的审美性。专题片从文体上分为新闻性专题片、纪实性专题片、科普性专题片和广告性专题片。

10.1 科普性专题的拍摄

科普性专题由传统社教类电视片发展至今,其内容和形式已经逐步被广大电视观众所接受和喜爱。"普及"的目的只是为了让观众对内容有一般性的"了解",对受众没有明确的特指性。其内容大多具有普遍认识意义,例如对自然现象进行科学分析和解释,对现代科技的新成果、新技术做深入浅出的介绍。

10.1.1 科普性专题的选题原则

科学知识是科普性专题的核心,这个核心往往不具备电视表现的要素。因此,科普性专题的选题比创作本身更重要,"找到金矿比开采金矿更有价值",一个好的科普题材直接左右着观众手里的遥控器。

1. 科学性原则

科学性原则是科普性专题拍摄的根本出发点,它要求专题的内容符合科学事实,始终要贯穿科学精神,不存在知识性错误。摄影师在选题时就要牢记这一点,所选择的题材必须可以给观众提供实实在在的科学知识或可操作性强的技术内容,有较高的科技含量。同时,这些知识必须是完整、成熟、数据准确的,只有做到言之有据,言之有理,然后才谈得上言之有物,言之有趣。正在研究的课题不适宜作为选题。

2. 创新性原则

观众对司空见惯或陈旧的题目会产生厌倦的情绪,因此选题中科学知识的新旧程度很重要,如《超新星》的选题就很新颖,很多观众第一次听说超新星,虽然乍听起来离我们的生活很远,但它新奇和神秘的力量还是强烈地吸引住观众,看完之后意犹未尽。摄影师要选取能引起观众兴趣的材料,要善于找到引发兴趣的钥匙,这样的钥匙可以由专家提供,专家最清楚兴趣点在哪儿,有几个兴趣点,也可以通过创作人员亲身的体验、感受找到它们。

3. 可行性原则

科普性专题创作人员在选题时一定要深入生活，捕捉与观众生活关系密切的题材，敏锐地发现群众迫切需要的问题，及时把镜头对准它们。"生活是艺术创作的源泉"，这句话对科普性专题创作人员同样适用，绝不能闭门造车，主观臆断，单从书本、科研资料中寻找选题。农村观众之所以爱看《科技苑》《致富经》《乡村季风》，都是因为它们的选题极为贴近观众的现实生活。科普性专题策划人创造的是可执行方案，不能只是展示专业的文本，选题不仅仅是研究规划，还应该有很强的行动性，方案的可操作性最重要。策划人只有充分考虑现实拍摄和制作节目的条件和限制，才能制作出可行度高的策划方案。

4. 效益性原则

科普性专题在强调科学性、知识性和可行性的同时也要考虑一定的经济效益。科普性专题策划的效益性指的是社会效益与经济效益的双优。策划人在策划时要考虑播出效果和收视率，也要注意社会收益，这是现代电视收视率的特殊要求。

实例 《闽南工夫茶》(如图10-2所示)在选题中就充分遵循了科普性专题片的选题原则。在创作之初，主创人员在"拍什么"上大费周折。这时，闽南的大街小巷、寻常人家，无处不飘着的茶叶清香给了主创人员创作灵感。"对，从闽南工夫茶入手！"闽南是中国茶叶的发源地之一，喝茶是闽南人生活的一部分，即使是看似普普通通的泡茶、喝茶，闽南人也是很有讲究的。精巧玲珑的茶具，讲究入微的烹茶功夫，醇厚浓郁的茶汤，每一次品尝都让人余香环梦，每一抿入喉都甘润欲滴。对于这部分内容，以往的科普性专题片很少涉足，拍摄成功后，片子的创新性不成问题。而闽南无处不在的喝茶人、随处可见的工夫茶茶具，又让专题片的拍摄拥有了众多的切入点。经过对天福茶博物院和天福茶学院进行联系和走访之后，主创人员发现该片具有很强的创作可行性，于是拍摄主题就定了下来——《闽南工夫茶》。

图10-2 《闽南工夫茶》作品海报

10.1.2 科普性专题的选材来源

科普性专题的素材来源非常广泛，基础科学、应用科学、社会科学等各个领域都有大量的素材可以选择，只有深入生活，才能掌握丰富、具体、感性的形象材料，为选题准备第一手素材。构思科普性专题的素材可以有以下几方面的来源。

1. 现有的视听资料

采用现有记录储存的视听资料作为素材至少有两方面的优越性。一是能降低制作成本，省去了拍摄、录制素材的工作。二是有些材料是非常珍贵的历史性材料，现在再花多少人力、物力也是无法补拍下来的。例如，在中国近代史中，广州起义时电影记录下的历史镜头；开国大典时电影记录下的天安门城楼上的盛况等。当时用电影、电视记录下来的资料，现在都是编制某些科普性专题的珍贵素材。我们要非常重视对现有视听资料的了解、收集与选用。

> 选用视听资料要注意版权问题,要向版权拥有者购买或征得他们的同意。使用未正式出版发行的资料,一般应在教材结尾处注明主要资料的来源,以尊重别人的劳动成果。选用现成的视听资料需到有关部门去查阅了解,如电影发行公司、文化部门、各级电教馆、图书馆的视听资料室、博物馆,外国大使馆等。编稿人应广泛调查了解与课题有关的视听资料。专题编制部门应该设法掌握这些机构收藏的视听资料目录,根据目录可以去借阅有关资料,并选出适合使用的部分,向有关保管部门协商,要求免费提供复制本,或是以合理的价钱购买复制本。

2. 演示的材料

当外景现场一些事物的本质与变化过程不容易呈现出来,或者有呈现但不便用眼睛观察与拍摄录制时,往往要在演播室创造一定的环境,或利用一定的仪器设备等将这些事物的本质与变化过程呈现出来,这些就是被演示的素材。很多理科课题的素材都是在演播室经演示、拍摄而成。演示的材料包括以下几大类。

(1) 真实的事物。"百闻不如一见",科普性专题片向大家介绍的事物一般都较少见,这时一定要配合解说词把实物很好地展示出来,让观众有一个直观的感受。在《闽南工夫茶》中就通过特写向观众展示了众多工夫茶的茶具,如图 10-3 所示。

(2) 需要解剖看清内部结构的事物。例如鱼的内部器官、电视机的内部构造等。

(3) 演示事物的运动状态与规律。如通过演示仪展示物体在力的作用下产生匀加速运动、摩擦生电与放电的现象、化学反应的实验、在水波槽演示波的干涉等。

图 10-3 闽南工夫茶茶具

(4) 通过模型反映事物的内部结构、运动过程和变化规律。如四冲程内燃机的工作过程,在自然情况下难以看清、讲清,通过活动模型却能清楚地显示。现代电视表现手段的丰富,动画、特技和各种特殊摄像使我们在选材上的自由度大大增加,大到无限的宇宙,小到肉眼看不到的细菌,以及人体的内部器官,都可以直观、形象地表现出来,让观众尽开眼界。

3. 人物表演的材料

这类素材是通过人物表演的动作、表情、语言来表现科学内容的,大部分需要在演播室拍摄录制。在采用这类素材时必须认真做好人物的刻画工作,在选用人物时应考虑他们的工作经验与表演才能。如在《闽南工夫茶》中,古时郊社茶礼(如图 10-4 所示)就是通过演员的表演表现出来的。

4. 美工和计算机制作的材料

字幕卡、图画、图解、动画等是任何类型的电视专题都不可缺少的重要素材,它们能使许多内容形象化,也能进行抽象与概括,必须合理、有效地选用这类素材。这些素材既可由美工人员去绘制,也可由计算机图文创作系统来实现。在《闽南工夫茶》中,各种字幕、动画等都是通过计算机图文系统来创作的,这些元素为影片增色不少,如图 10-5 所示。

图 10-4　郊社茶礼表演

图 10-5　茶杯选择四字诀

10.1.3　科普性专题的镜头拍摄

科普性专题拍摄的对象是大千世界的一切物质,是用视觉形象说明内容的。自然科学里有许许多多有趣的事情,如生命的能源从何而来?生物是怎样进化的?宇宙有哪些奥秘?新技术的产生和应用等。要说明这一切就得靠视觉形象,而视觉形象又是靠对多种拍摄技巧的把握和选取来实现的。

1. 固定镜头的拍摄

科普性专题应结构紧凑,固定画面视点稳定,不同于摇移所带来的"浏览"感受,也不同于推拉所表现的视点前进或后退的感觉,它符合观众在学习知识时停留观看、注视详察的视觉体验和视觉要求,使之更容易获取知识信息,获取量也更大。

1) 多角度拍摄成组镜头

多角度拍摄在科普性专题的拍摄过程中是非常重要的,但要理解好、运用好并不是一件容易的事情。那么拍摄角度是什么呢?简而言之,拍摄角度就是摄像机拍摄时的视点,它由拍摄距离、拍摄方向和拍摄高度决定。我们要把握镜头的内在连贯性,以便立体地反映事物的本质特征。例如对于重点表现对象,在拍摄时就需要不断变换机位,选择多个能够有力表现事物的角度,各部分的重要特征都要表现到位。如拍摄一片大草原,选择俯拍可以表现草原辽阔的气势;拍摄风力发电,选择仰拍可以表现风机扇叶转动的力度;拍摄一株小草,选择平拍可以表现小草长势的良好。如果没有适当的拍摄角度就不会有好的视觉效果。

实例 农业技术推广片《养好优质肉鸭》在介绍北京鸭时先侧拍了一个全景的北京鸭,然后拍了一组不同角度的特写:平拍头和颈部,俯拍胸部和鸭蹼,侧拍尾部和翅膀,俯拍鸭蹼和嘴,这样就完整地描写了北京鸭的外貌,也就是头大颈粗,壮实丰满,翅较小,尾短而上翘,嘴和蹼是橘黄和橘红色。如果只从一个角度去拍北京鸭,哪怕是全景,也不会表现得十分完全,而且还会让人感到镜头太单一,缺乏说服力。看来,表现北京鸭的方法不一样,表现出的效果自然也不会一样。

2)多景别拍摄成组镜头

为了后期镜头组接顺畅,还要不时地变换景别,对于不需要充分渲染的内容也要注意机位的调度,以选择最有表现力的角度。

实例 在《闽南工夫茶》中有一段讲的是装茶,即将茶叶装到茶壶中。由于要先描述品茶环境,所以,一开始先用了中景,对泡茶环境进行了交代。之后为了详细介绍装茶的技巧,让观众看得清楚,运用了特写。两个镜头组接在一起后,构成了前进式句型,显得生动、自然,如图10-6所示。

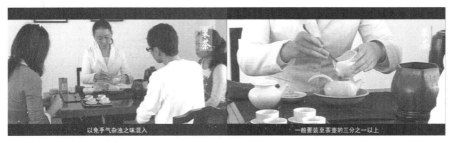

图10-6 装茶步骤

3)利用光色影调来增强画面表现力

拍摄角度并不是孤立存在的,还要从视觉形象的塑造、光色影调的表现、主体陪体的提炼等多方面增强画面表现力。美的画面观众总是爱看的,而科普性专题的画面美不单指画面精致讲究,更重要的是简洁、主体突出。在科普性专题里,光线大致有三个作用:在完成曝光时确立影像;控制画面的明暗和基调;对构图很有帮助。

> 世界著名电影摄像师斯托拉罗曾说过:"对我而言,摄像师真的就代表着'以光线书写'。"后来"以光线书写"发展成为他的摄像理念,而且这一摄像理念已得到广泛认可和接受。中国第5代电影摄像师顾长卫也认为:"光线,通常说来可能比构图更重要。"

实例 科普性专题《生命的能源》的开头为了引申话题拍摄了一帮船夫摇橹的画面,其中有船夫肩部的动作、脚拍打着船板、脸部的表情、手摇橹划水、船向前移动等,这些画面完全是在自然光下拍摄的,有逆光、有顺光、有侧光,光的作用使得造型的力度增强。

4)重视画面内的场面调度,增强画面内部活力在拍摄固定画面时要善于捕捉或组织画面内的活跃因素,做到静中有动,动静相宜,不要只让观众"看照片",而且框架因素会突出和强化这种内部动态。如平静的湖面上一群鸭子在嬉戏,瞬间"一潭死水"活了起来……所有这些运动都可以通过固定画面把被摄体自身的美感充分表现出来。人物的运动和活动也是活跃静态画面的有效手段,特别是人物主体与前景、背景的人物、事物同时处于运动状态时,画面更加生机勃勃,这时要注意运用新颖独特的拍摄角度,以带给观众强烈的视觉冲击。

2. 运动镜头的拍摄

随着电视观念的更新,电视拍摄手法上的更新也显得格外突出。目前,业界比较看好运动摄像,它在故事片和纪录片中出现的概率很高,在科普性专题中也不乏采用运动摄像的例子。

1) 运用众多拍摄手段丰富镜头表现力

运动镜头具有视点不断变化的特点,它连续并动态地表现了被摄主体,展示给观众一个真实、完整的时空,有助于观众认识的连贯性和完整性。为了从常人难以达到的视角观察事物,科普性专题运用越来越丰富的非常规拍摄手段立体、运动地表现客观事物。众多的拍摄手段丰富了科普性专题的镜头表现力,带给观众新的视觉天地。这些镜头在国外的科普片中普遍使用,运用水平也越来越高。

实例 自动吊杆可以通过遥控将摄像机悬到空中随意运动;利用降落伞助推器在空中同步拍摄飞鸟的活动;利用直升机、小蜜蜂、热气球等飞行器,甚至利用无人驾驶的飞机模型去高空俯瞰世界;利用内窥镜将视线深入到人体内部……

2) 从动物本身的视角来拍摄

有一些以动物为表现对象的科普性专题经常从动物本身的视角来拍摄运动镜头,从它们的角度"思考""观察"世界,为观众创造了一个新的认识世界的角度。

3) 综合运用运动摄像

在科普性专题中,最常见的运动摄像是推、拉、摇、移、跟等,这使原本刻板的说教画面变得有活力。值得一提的是移和跟,这两种拍摄手法在科普性专题中基本上使用手持摄像机拍摄,既方便又灵活。

实例 农业技术推广片《冬闲田种草养畜》中有这样两个镜头:一个是把摄像机放在移动轨上,启幅是俯拍黑麦草的茎部,随着摄像机的移动,镜头渐渐抬起来,落幅看到了一片黑麦草;另一个是手持摄像机在一尺高的黑麦草中向前移动。表面上,草的密度和草的苗壮一目了然,实际上显示了黑麦草的长势良好。还是这部科普片,在拍一群塘鹅行走时选取与塘鹅脖子平行的高度,手持摄像机跟拍,这样塘鹅晃悠悠的体态显得非常可爱。

3. 细节镜头的拍摄

拍摄现场有时很复杂,摄影师没有时间仔细考虑镜头的细致组合,因此,在完成预定的拍摄任务后,还要尽可能多拍一些与内容有关的细节镜头,以便在后期编辑时灵活运用,这些镜头还可以用于段落之间转场。

1) 特写拍摄

特写是表现细节的有力武器,它抓住事物最有价值的细部,准确地表现被摄体的质感、形体、颜色、神态和动作等,让观众仔细观看,强化对事物的认识。有些科普性专题是特写的天堂,如在相当数量的优秀科普片中特写镜头占70%以上。在拍摄特写,特别是大特写镜头时,应当加强光照,使光圈收到 F4 以上,加大景深,尽量提高成像质量。

2) 使用隐蔽拍摄方法

在拍摄动物时常常使用隐蔽拍摄方法,无干扰地记录自然状态下的动物生活(如图 10-7 所示)。隐蔽拍摄常常与长焦点跟踪拍摄结合进行。先选择一个视野开阔的机位,并保证摄像机供电,然后耐心等待。如果有一架具有无线遥控功能的摄像机就更方便了,如目前经常使用的 3CCD 摄像机松下 AJ-EZ1 就具有无线遥控功能,它在 0~1m 的近距离内,拍摄性能远远超过大型摄像机,可以将它固定在拍摄点附近,等待摄取生动、自然的细节。

图 10-7 《动物世界》截图(隐蔽拍摄)

3) 使用多种特殊摄像手段拍摄细节

在科普性专题中,微观和抽象的内容较多,要想把表现对象更生动、更直观地展现给观众,就必须运用特殊摄像手段,以提高被摄体的可视性。在科普性专题中,有的地方需要用特殊拍摄,它是指显微拍摄、逐格拍摄、水箱拍摄、水下拍摄、延时拍摄等,这些手段在科普性专题中运用得相当广泛。但不论是哪种拍摄手段,都是要把不可见的变化和发展过程再现或复制,以达到客观真实的目的。比如用逐格拍摄,可以拍摄花朵开放和小苗生长的过程;用显微拍摄,摄像师可以拍摄细胞运动和分裂的过程;用水下拍摄,摄像师可以拍摄奇妙的海底世界。

实例 科普性专题《昆虫世界》拍摄的小步行虫是在选好角度的前提下,先用 600 格/s 的高速摄像机把小步行虫的动态拍摄下来,然后经过逐格放大和重拍才清楚地看到步行虫行走的样子。它的 6 条小腿活像两个活动的三脚架,循环交错地移动着。需要强调的是,拍摄时一定要把握好角度,如果角度不好就不能看到步行虫的腿及行走的样子,即使再放大也无济于事。这就是科普性专题更加注重拍摄角度的原因所在。

4) 抓住稍纵即逝的瞬间

面对自然界里运动着的万事万物,我们要学会"捕捉"有趣的细节,这样视觉形象才会生动。在进入拍摄现场后,应当对周围的环境保持高度的敏感,在遇到有信息含量的突发性事件时能够迅速地做出正确判断,这些突发性事件可能是最生动、最感人、最能说明问题的,一旦错过就无法弥补。对于拍摄动态的对象,尤其是拍动物,"捕捉"显得格外重要。比如拍小鸭出壳,提前就要把摄像机放置好,等待小生命的诞生,一个小生命的诞生难道没有趣吗?这里的等待实质上就是"捕捉"的过程。恐怕没有一个摄像师不为自己能捕捉到有趣的镜头而发出感慨吧。

10.2 新闻性专题的拍摄

新闻性专题是指新闻工作者深入现场,借助视听手段以第一现场、第一视点、第一感受进行采访拍摄,跟随新闻事件的发展或根据事实的逻辑、调查的深入,把事件的过程、事实的面貌或真相、问题的实质展现给观众,使观众有身临其境的感受的采访报道形式。从新闻报道的角度来看,影响或决定新闻性专题的因素主要有两个,一个是对象事实是否具有新闻价值,另一个是对象事实能否在有效时间内得到传播。因此,新闻性专题摄像的任务主要有两个:一是即时挖掘、捕捉那些能够体现、反映、说明或揭示对象事实新闻价值的情景;二是运用恰当的画面构图和合理的摄像技巧使对象事实的新闻价值和特点得到充分的反映和表现。

10.2.1 新闻性专题的基本特点

1. 真实性

新闻性专题要求"真实地再现真人真事",是"客观"的记录,所反映的内容必须以客观事实为直接原型,同时应尽可能在保持原有生活内容感性真实的基础上努力表达出蕴涵在生活内容中的本质真实。在新闻性专题中,占据了大部分时间的是纪实性的跟踪新闻报道。电视新闻工作者使用摄像机追踪目标人群,真实再现生活中发生的新闻事件的大量真实场景,以此引发观众思考,让观众自己做出对此新闻事件的评判。

从拍摄角度出发,我们应该注重两方面的真实。

(1) 主观真实。主观真实主要是指新闻性专题作者对现实和人生的思考与观察方式,作者在专题中流露的情感,在传递信息的同时也在表达作者的态度和观点,成语"仁者见仁,智者见智"便是印证。但是所流露出的情感必须是发自肺腑的真情实感,是被拍摄的内容所感动的情感的真实表现,只有带着真实的情感才能够拍摄出更加真实、感人的画面。

(2) 客观真实。客观真实主要是指所传递的信息必须是真实的,即记录和表现的人物、事件、表现方法三方面都必须真实。一是人物必须真实,画面表现的人物必须是真人真事,它不能由其他人"扮演"和替代,也不能是其他场面和事件的"移花接木"和"张冠李戴"。二是事件必须真实,新闻性专题必须坚持新闻真实性原则,报道的事件必须确有其事,必须符合事物发展的客观进程、必然进程,而不是由记者、导演摆布出来的。三是表现方法必须真实,面对真人真事所进行的拍摄必须忠实地还原或再现其本来面貌,不允许运用艺术创作的方法对人物、场面、动作、情节进行导演、摆布,而应尽量采用现场抓拍、抢拍的拍摄方法,提供给观众真实可信的画面形象。

> 在拍摄过程中应牢记拍摄真实的素材,讲述真实环境中的真人真事,决不允许弄虚作假。

实例 新闻专题片《舟曲不屈》(如图10-8所示)记录了舟曲特大泥石流发生时惊心动魄的生命大营救和感天动地的爱心大奉献场景,充分体现了在党中央、国务院的坚强领导

图 10-8 新闻专题片《舟曲不屈》截图

下,党政军民携手奋起、众志成城,各界群众在大灾面前临危不惧、果敢坚强、舍己为人、无畏艰险的伟大精神。该专题片的拍摄、取景都在灾害发生现场,表现的人物、事件也都来源于现实,真实性强,让人感动至深。

2. 丰富性

从传播规律上,新闻专题片很难快过消息,尤其是当新闻事实比较重大、事实内容比较繁杂时,表现为较长的篇幅,但专题对事件的翔实和丰富的信息披露,尤其是它的细节魅力,可以大大弥补这方面的不足。

> 新闻时效性是生命力之所在,它包括"新"和"快"。新是时间新和内容新,快是对事实陈述的行动要快,包括出发、拍摄、返回、编辑、播出都必须要快。

实例 2001年9月11日,美国东部时间早晨8:30,纽约市消防局第一梯队第七消防车队接到报告:曼哈顿一个教堂附近的街上怀疑煤气泄漏,那里离世贸中心很近。消防队长约瑟费法认为这不算太大的任务,他允许法国摄像师祖斯扛着摄像机随队拍摄,祖斯·劳迪特、格狄安·劳迪特这对法国摄像师兄弟一直跟踪拍摄这支消防队已经好几个月了,他们计划制作一部有关纽约消防队的电视纪录片。8:46,消防队员到达现场,他们正在用仪器做检查,飞机低空飞临的声音使大伙好奇地向楼群上空抬头张望。祖斯也随着声音将摄像机镜头抬高,这无意中的拍摄使劳迪特兄弟立刻从无名小卒成为世界最著名的摄像师。他拍到的是一个改变了世界与历史的经典镜头:一架大型客机正对着纽约世贸中心大楼北翼撞去,一团巨大的火球顿时从大楼撞击处喷出,浓烟弥漫曼哈顿上空。这个极具时效性的画面被多部新闻专题片引用,如图10-9所示。

图10-9 新闻专题片《"9·11"事件》截图

3. 论述性

所谓"论述性"是指通过调查方式获取事实,或对事实采取分析、解释、评论、概括或归纳等体现理性梳理特点的处理方式。例如,中央电视台《焦点访谈》中的报道大多具有新闻评论性质,属于专题的范畴。新闻性专题通过说明性画面来"论述"事实,是专题报道走向深化的一个必要途径。它通过画面来反映事实,同时还要通过画面来挖掘和揭示事实,并运用画面事实进行某种论述和论证。运用画面的论述论证,其逻辑关系会比较隐蔽,事实和论述论证往往是交织的。但无论怎样不同,画面背后的理性审视和逻辑关系总是存在的,而画面事实又总是起到论述和论证的作用。

10.2.2 新闻性专题的拍摄手法

1. 抓拍

抓拍是在采访的基础上根据事实和传播意图的需要,灵活地采用挑、等、抢的方法从客观现实生活特别是新闻现场中抓取相关的镜头,记录和再现新闻事实。

抓拍需要摄像师在现场审时度势、灵活机动地处置现场情况,以快速敏捷的动作摄取真实、自然、生动、有说服力的画面。挑、等、抢是抓拍的基本方法。

1）挑

"挑"即挑选、选择，是指摄像记者通过深入生活，在对新闻事件现场的复杂场面进行分析、判断、概括、提炼的基础上，挑选最能反映新闻本质的典型画面和拍摄时机。大家要精心选择最能说明问题、最能反映事件本质的事物和典型场景以及有特点的语言、动作、表情等摄入画面，同时还要选择好光线和拍摄角度，力争拍出具有表现力甚至震撼力的镜头画面。

实例 1995 年，中国电视奖短消息一等奖《检查团来了！走了！》在评选中获得评委的一致好评。在拍摄时，记者只选择了省京剧院工地、食品摊区、河沟市场、司徒街垃圾站等几个最能反映差别的地点，运用前后对比的手法对检查团走前与走后的现场差别以极精致的画面语言加以记录，批评了目前普遍存在的这种华而不实的形式主义歪风。

2）等

"等"即等候，就是明确拍摄目的，随时做好拍摄准备，等待拍摄富有新闻价值和表现力的画面的时机。在勤于观察、随时做好拍摄准备的前提下，要耐心守候到该事件发展到最富有表现力、最有价值的时机再开机拍摄。当然，这种守候绝不是盲目进行的，它是一种有预见性的择机而动。也就是说，在时机未到或高潮没有出现时不必盲目拍摄。坚持等待，体现出记者对其确定的传播意图和对新闻事件发展趋势预测的责任感。等待既是贯彻传播意图的需要，也是及时把握新闻事件最新变化的需要。

实例 2003 年 6 月 12 日，中央电视台播出了《5·28 厦门港"华顶山"沉船整体打捞出水》的新闻。由于这艘 3000t 级货轮全长约 100m，在打捞上有一定的技术难度。记者在先期抵达现场后得知还没有最完善的方案，可又不愿意丧失拍摄沉船出水的一瞬间的画面机会，于是就在现场等待指挥组的最终方案出台。救捞人员终于决定采取"浮筒打捞法"，也就是将 4 只浮力达 500t 的浮筒绑在沉船两侧，通过输入压缩空气产生浮力，来将沉船抬出水面。但这需要大量的时间，作为记者这时只能选择等待。不过，记者并不是在现场消极地等待，而是在安装现场捕捉细节，采访技术人员，拍摄下了大量有价值的镜头。经过潜水员数天的安装调整，在 6 月 12 号下午两点，救捞人员开始向浮筒注入压缩空气，沉船在巨大的浮力作用下缓慢露出水面，而记者也把这一珍贵的瞬间完整地记录了下来。

3）抢

"抢"就是在事件发生发展过程中当机立断，把典型的、感人的现场情景和瞬间活动抢拍下来，即在高潮到来时或者突发事件中要迅速、准确并且尽可能完美地抢拍下最精彩的新闻镜头。例如，火箭发射倒计时、揭牌剪彩、群鸽放飞，以及扑灭火灾、受灾群众获救时的神情等，都要在稍纵即逝的瞬间准确、无误、清晰地拍摄下来。它要求拍摄人员技术娴熟、反应灵敏，特别是在突发性事件中，有些镜头和音响是稍纵即逝的，机不可失，失不再来，若无积极拼抢的精神，很可能会身入宝山，空手而归。

2. 补拍

补拍在新闻性专题拍摄中有时会用到，一般用于静态新闻的拍摄。无论拍摄何种类型的新闻都应该一次完成，特别是对动态新闻的拍摄，时过境迁，一次拍摄不成功，再想补拍是不可能的。补拍一般出于以下几种考虑：一是技术性失误，如录像机故障或者磁带出问题，拍摄的画面信号不好，需要补拍；二是人为失误，如技术不熟练或者其他意想不到的问题，应该拍摄到的内容没有拍摄好;三是在后期的制作和编辑中发现新的内容要补充,于是只得补拍。

补拍是不得已而为之,所以在进行补拍时要注意补拍的内容与原来拍摄的内容必须统一。无论是时效性多么差的新闻,新闻现场也会随着时间的延续而改变,只要观众仔细观察,都可以看出补拍的画面与第一次拍摄的画面的细微差别。特别是对人物的采访,不同的时间,不同的场景,人们会表现出不同的情绪和状态,表达同一个意思会用不同的语言。大家在进行补拍时要把这些客观因素考虑进去。

3. 偷拍

偷拍是抓拍的一种特殊形式,它是应用于隐性采访的拍摄手段。具体来说,它是指在拍摄对象完全不知道被摄录的情况下记录其言行的音像。这种拍摄方法在反映社会问题题材的新闻中运用较多,如揭露犯罪现象、批评不正之风等。挑、等、抢的拍摄方法也同样适用于偷拍。从技术角度来讲,采用长焦镜头、广角镜头都可以完成偷拍。需要注意的是,机位设置是关键。一般来说,摄像机必须设置在被摄目标绝对无法发现的地方,另外还必须使摄像机有一个尽可能开阔的视野,以便于前方记者的活动。

实例 中央电视台《焦点访谈》栏目推出的周年纪念节目《在路上》就是偷拍的一个范例。为了让公路"三乱"的丑恶现象一一在广大观众面前亮相,在出发前摄制组特意请北京电影制片厂的专业道具师为他们制作了一辆特殊的"大篷车"。从外表看,这是一辆运玻璃的大货车,玻璃后面是一间小屋,因为这是一种特殊的屏幕玻璃,从外向里看就是玻璃,从里向外看则一览无遗,摄像师可以躲在里面放心大胆地拍摄。于是,以洗车为名,强行勒索者;巧立名目,不打自招者;装聋作哑,互相推诿者;等等,都被屏幕玻璃后的摄像师一一记录下来,孰是孰非,观众自有公论。节目播出后受到普遍好评,偷拍的作用功不可没。

> 随着现代科技的发展,近几年市场上出现了钢笔式和眼镜式微型摄像机,给偷拍工作带来了很大的安全和方便。在披露取向的专题新闻报道中,偷拍手法使用得越来越频繁。但是否对任何事物和人物、在任何地点都可以偷拍,并将偷拍画面公之于众呢?这就很自然地涉及偷拍面对的一些法律问题。

4. 长镜头拍摄

长镜头拍摄加大了单一镜头内的表现容量,可以将被摄人物、动作、周围环境,以及被摄对象与周围人物、事物的关系等新闻形象一同收进一个镜头之中。更为重要的是,这种拍摄通过摄像机连续记录既可以充分地表现这些新闻形象处于同一个空间的空间统一性,也可以保持情节、冲突和事件的时间进程的连贯性和连续性,再现现实时空的自然流程,使画面的造型表现更具真实感和客观性。

实例 在《可可西里:反盗窃行动队抓获大型盗猎团伙》的专题新闻中,摄像师使用一组长镜头的记录方式来表现现场的真实状况:罪犯弃车逃跑时的慌乱,执法人员的勇敢无畏,双方在抓捕时的打斗,搜查出藏羚羊尸体⋯⋯这些画面都被记录在一个完整的镜头里,给观众很强的视觉冲击和真实感。而且由于没有剪辑,拍摄时镜头的摇晃也让观众有很强烈的现场感,真实地再现了当时的场景。

10.2.3 新闻性专题的拍摄技巧

1. 做好充分的准备

摄像师在拍摄之前应尽可能做好准备工作，熟悉概况和背景材料，参加调查研究，查看拍摄场地，与编辑一起讨论拍摄提纲等。要拍摄一个成功的节目，摄像师必须深思熟虑，对拍摄的每一个镜头，镜头中的每一个细节都要加以极大的注意，同时一直要想着节目的总结构、总体面貌。

2. 认真拍摄每一个镜头

在现场拍摄时，对于每一个镜头都应认真拍摄，摄像师必须把这个镜头当作一个重要镜头，想方设法使这个镜头成为节目中一个必不可少的镜头。在拍摄时，如果觉得这个镜头可用可不用或并不重要，建议不要采取应付一下的态度马马虎虎地拍摄，而是坚决地舍去不拍，用这个时间和精力去拍摄其他必不可少的镜头。

3. 拍摄足够的间隔镜头

大家在实际拍摄中会遇到这样的情况：必须"跳"，比如要保持动作的完整，镜头必须拍得很长很长，这样不仅片子拖场，观众也会失去兴趣。这时换一种拍法，首先拍一段连续的画面，不管其动作如何，是否定出了画面，觉得够用即可；接着拍摄一下近景或特写；最后拍一段连续的画面。这样，时间或过程大大压缩了，观众看了感到十分紧凑而有兴趣，谁也没有觉得"跳"，这是因为间隔镜头起到了压缩时间和缩短过程的作用。因此，大家必须学会运用间隔镜头来压缩实际时间或叙述一个事件的发展过程，还应该尽可能地运用间隔镜头来丰富拍摄内容，拍摄足够的间隔镜头。

4. 注意声音的完整性

新闻性专题则是由新闻事实所反映的社会现象来进行歌颂、揭露或者阐明某种社会意义，因此，这样的专题也代表了某媒体或某记者的立场和观点，而且表达这种立场和观点的隐性方式就是运用音乐、音响等艺术的形式。在同一个专题中，也可运用多种情绪的音乐元素来传递记者或媒体的看法。

实例 一个专题讲的是一个残疾女孩刻苦奋斗，但由于其身体的关系，很怕无法上大学，最终在社会力量的帮助下终于被大学录取的故事。那么，当说到这个女孩命途多舛、身患残疾时，背景音乐就可选用悲伤、缓慢的曲调来表达媒体对主人公的同情和心痛；当讲到社会帮助的场面时，便可用充满感恩和激动人心的旋律来赞美这个美好的社会；当这个女孩终于拿到大学通知书时，就用轻快而奋进的音乐来表达媒体对这个女孩的祝福。可以说，这种用艺术方式表达新闻事实的形式是电视新闻专题表现形式丰富多样的重要体现之一。

在拍摄时，如果现场没有专门的录音师，声音要依靠随机话筒直接录在录像带上，那么有时拍摄镜头的长度不仅要考虑到画面，还要考虑到声音，要照顾到声音能够衔接或比较完整，甚至有时会出现开机拍摄只是为了录下某一段必须有的声音。

5. 不要过分依赖资料片

摄像师可能会不止一次地去拍摄有些地方，对于每次拍摄的素材都要保存下来，说不定什么时候这些资料会发挥重要作用，但不能养成依赖资料的习惯。凡事不必运用的资料镜头应该一律不用，要坚持现拍，也许资料是上周才拍的，但它已经不能准确地表现现在的东西。同时还要考虑，这些资料翻录出来可能已是第三版或第四版了，技术质量或色调都会有很大的不同。当然，必须运用的资料即使再旧、质量再差也应该用，因为资料的价值并不在于它的技术质量的好坏。

6. 注意尊重被拍摄对象的意愿

在现场拍摄时还要注意尊重被拍摄对象的意愿，对于那些不愿意在电视上暴露形象的人和不宜在电视上露面的人（如身份保密者、青少年罪犯等）应采取一些特殊的拍摄方法。例如，只出人物的背影或局部特写，使人难以识别；将其隐入阴影中，只见其大致轮廓。当然，也可以在后期编辑时用特技处理，使被采访者的面部模糊，声音频率改变，以达到保护被采访者的目的。这样做往往能使一些原本不愿意接受采访的人接受采访。

10.3 纪实性专题的拍摄

纪实性专题片以真实生活为创作素材，以真人真事为表现对象，并通过对其进行艺术加工来展现真实，引发人们的思考，也可称为纪录片。因此，纪录片的核心是真实。

> 电影的诞生始于纪录片的创作。1895年，法国路易斯·卢米埃尔拍摄的《工厂的大门》《火车进站》等实验性的电影都属于纪录片的性质。中国纪录电影的拍摄始于19世纪末和20世纪初，第一部是1905年的《定军山》。最早的一些镜头，包括清朝末年的社会风貌、八国联军入侵中国的片段和历史人物李鸿章等，很多是由外国摄影师拍摄的。

10.3.1 纪实性专题的特点和价值意义

1. 纪实性专题的特点

1）真实性

如同新闻专题片一样，真实性也是纪实性专题片的生命。纪实性专题片要求制作者在真实的基础或前提下以真诚、科学、严谨的态度对待生活、对待创作。但"真实"是有条件、有范围的，这就是在何种程度上有效的价值观念。"真实"包含着两重意义：一是客观真实，源于客观真实又高于客观真实；二是价值真实，其中价值真实更应该被强调。从某种角度上说，纪录片的文化意义其实就是它的价值意义。在纪录片的创作过程中，价值意义正是选题、拍摄和剪辑的重要标准。

2）纪实性

纪实性同样是纪实性专题片本质属性的一方面，是一种与真实的联系，是一种风格，一种表现手法。纪实手法是纪录片创作最基本的手法。

3）艺术性

与新闻专题片不同，纪实性专题片是选择的艺术，选择体现了编导洞察事物本质的能力，驾驭节目结构的能力。在人物类纪录片中，一种更深层次的艺术性的追求广泛存在于成功的作品中。纪实性专题片所钟情的"特定人物在特定文化中的生存状态"往往通过拍摄者有意味的表现方式（如神秘氛围的营造、恍若天籁的歌谣、充满造型魅力的物象等）来完成表达，这种"有意味的表现方式"正是典型的审美元素，也正是纪实性专题片艺术性的最好体现。

2. 纪实性专题的价值意义

1) 独特的人文性

纪实性专题片关注的大多是人,是人的本质力量和生存状态、人的生存方式和文化积淀、人的性格和命运、人和自然的关系、人对宇宙和世界的思维。纪实性专题片的主题趋向于更为深层、更为永恒的内容,它从看似平常处取材,以原始形态的素材来结构片子,表现一些个人化的生活内容,达到一种蕴含着人类具有通感的生存意识和生命感悟,生与死、爱与恨、善与恶、同情与反感、生存与抗争、美的追求等,强调人文内涵、文化品质。就像纪实性专题片《望长城》,它之所以能成为中国纪实性专题片的一个分水岭,一个主要原因就在于它关注了一个人文主题。在《望长城》中,占据镜头最多的就是普普通通的人,给观众印象最深的也是这些普通人。

实例 《似水流年忆语堂》(如图10-10所示)以诗意营造和意境创造为主要特色,使观者充分感受林语堂旷达的人生态度及简朴、快乐的童年生活,用散文的语言通过画面的剪辑、解说词、音乐等手段的综合运用强化情景交融、营造诗意。创作者将"形"与"神"有机地结合起来,并且没有局限于客观景物的记录与再现,而是自然而然地将创作的情感融入自然景观中,艺术地表现经过岁月雕刻的具有浓重情感的人、事、物,以写意的格调和独特的意境寄寓深层的文化探索和哲学思考。

图10-10　纪实专题片《似水流年忆语堂》海报

2) 独特的时间性

时间是纪录片的第一要素。纪录片需要较长的时间积累和动态过程,注重感受与体验的共时性。纪录片对生命的本质关注是需要一定的时间保证的,只有在一定的时间积累中才能为观众提供一个人类生存的某个阶段的活的历史,才能保留生活自然流程的偶发性和丰富的细节,以及经过交流和反馈之后积累的情绪氛围,展现更为丰富的人文背景。比如纪录片《我们的留学生活——在日本的日子》的拍摄历时三年,由于在人物发生重大变动的几个阶段摄像机都在场,记录了完整的过程段落和细节,在动态取材中使生活的各种原始信息得以保留,片子也因此有了生命力。

3) 独特的结构性

纪录片要求自身有独立的严谨结构和个性化的风格样式,表现人文内容应有一定的结构力,有起始、发展、高潮、结果等,创作者还要把握叙事的技巧,注意节奏和韵律,并根据不同的内容、不同的叙述方式形成不同的风格样式。它是需要较大的精力和资金投入、较长的创作周期和个性化的操作方式。

10.3.2 纪实性专题的拍摄技巧

1. 摄像的创作准备

纪实性专题摄像的准备一般包括两方面,即画面表现的准备和器材的准备。

在拍摄前通常要经过比较精心的事先策划。策划和讨论的过程不仅对编导十分重要,对摄像人员也同样重要。因为在拍摄现场的摄像人员往往要独立承担表现的任务,即对内容做出取舍,而对内容的这种取舍原则往往来自于编导的主题构想和策划过程的表现共识。了解编导的创作思想和创作意图对摄像师的创作非常重要,摄像师的创作需要按照编导的总体设计来进行。纪实性专题的总体设计决定了该专题的基本风格样式,是画面处理的基本原则。当然,事先确定的总体设想还是粗线条的,有些设想会因为与实际情况出入较大而无法实现,有些创作想法在拍摄中发生改变的情况也是经常发生的。

在准备工作中,摄像师还有一项重要的工作,就是要尽可能多地了解所拍摄地区、所拍摄行业、所拍摄对象的各种情况。这些情况虽然不一定对表现主题有直接作用,但对拍摄工作的顺利进行一般会有较大的帮助。

器材准备是拍摄前期的一项重要工作,也是拍摄人员应该培养的习惯。准备设备包括检查设备和整理设备。准备时间最好提前一天,以保证出现问题有足够的补救时间。设备的检查具体包含摄像机电池电量的检查、磁带的检查(是否已倒好带)、摄像机的主要功能是否正常、所需的各项设备是否完好。设备的整理具体包含携带足够的电池和磁带、安置好摄像机(避免途中碰撞造成损坏)、携带完好的三脚架等。

2. 抓取现实生活中真实的题材

纪实性专题的一个重要特性就是它给人带来的真实感,它是在现在进行时态下真实记录客体对象的原生形态、再现事物发展逼真过程的专题。它的所有功能和特征几乎都由此而发生。纪实性专题的创作意愿采用事实来表达,主要是通过获取事实过程来表现事物的内在理念或创作意愿,以事实记录为主要旋律。通常来说,纪实性节目需要在表明立场或观点的时候首先向观众展示大量的事实,然后根据事件发展的来龙去脉进行相应的探讨和分析,最后做出一定的结论,赞扬或是批判,这会使主创者的意愿彰显。

因此,摄像机记录下来的纪实性生活画面有了见证历史的品性和价值,这种价值会随着时间的不断流逝而不断增强,变得越来越具有权威性。纪实性专题坚决排斥原始素材的虚构,注重于真实的世界和现实的领域。纪实性专题可以比较充分地满足人们获取更直接、更丰富、更真实的信息的愿望,它记录了地球上各个角落发生的事情,并广泛地传播给不同的人群,使得远距离的人们彼此之间有了相互了解、参照、学习的可能。它可以让现代的人了解过去的历史,借鉴前人的经验,也可以让将来的人们知晓我们的现在。因此,它可以构成一个相对完整的链环,使人类文明得以延续。总之,纪实性的内容在记录生活和历史的同时也在发展着生活和历史。

3. 要再现真实生活场面

要拍好纪实性专题,摄像师一定要熟练运用画面语言,遵循其创作方法和规律。纪实性专题纵向表现社会生活,是对生活本身的客观记录,记录的是人物某一特定阶段的一段完整的生活经历,再现生活的具体场面。该专题可以采用一些表现手法,如长镜头、同期声,与传统的解说词和音乐巧妙糅合,以增加节目的真实性和时代感。传统的方法有其生命力和魅力,当传统与纪实巧妙结合时,会使专题更能适应时代的发展,更受观众欢迎。这大概也是纪实性专题如雨后春笋般出现的主要原因。

实例 《似水流年忆语堂》为了真实再现林语堂先生小时候与兄弟姐妹们劳作的场面,便到林语堂故居实地取情,并请小演员再现这一情景。在拍摄过程中,创作者努力使人物的服装、使用的道具、背景环境等都尽量接近林语堂先生童年时的样子,影片的真实感大大加强了,如图10-11所示。

图10-11 纪实专题片《似水流年忆语堂》截图

4. 要注意记录的细节

纪实性专题可以没有故事、没有情节,但不能没有细节。纪实性专题的结构好比人体的骨架,细节则是人体的血肉。如果一部纪实性专题只有骨架而没有血肉,就会缺乏生动的气息和感人的力量,显得干瘪。细节可使人物显得丰满、完整,使所表现的事件具有一定的生动性、真实性和独特性。因此,从纪实性专题表现和塑造形象的角度,骨架和血肉"一个都不能少"。细节意识提醒创作者在拍摄时不仅要注意拍摄的整体设计和框架搭建,更要注意形象生动、亲切感人的细节捕捉。

细节要真实、精练,有新意,好的细节来之不易,它要求创作者对生活有独特的感受力和审美力,善于从日常生活中挖掘出新意。纪实性专题中的一些感人的细节也是靠在现场长时间跟踪,通过创作人员细致入微的观察,在亲身目睹事件的发展过程中随时抓拍的。

实例 《似水流年忆语堂》再现了这样一个细节:二姐在婚礼前一天的早晨从身上掏出四毛钱对先生说:"和乐,你要去上大学了。不要糟蹋了这个好机会。要做个好人,做个有用的人,做个有名气的人。这是姐姐对你的愿望。"片中重点表现了二姐把四毛钱交到林语堂手中,林先生将钱紧紧握住的细节(如图10-12所示),感人至深。

5. 把握叙述与表现的关系

纪实性专题的主要任务是实现叙述与表现的有机结合。叙述和表现往往能有机地融

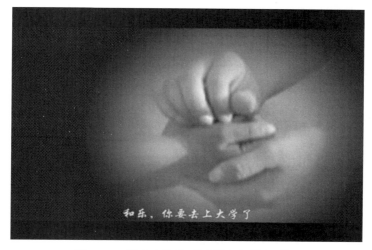

图 10-12　纪实专题片《似水流年忆语堂》截图

为一体,即使最单纯的叙事画面,其中也会融入很多表现性因素。需要注意的是,不要将这一任务与画面语言表达中的叙事蒙太奇和表现蒙太奇的运用机械地对应起来。叙事蒙太奇和表现蒙太奇是两种不同性质的画面语言表达方式。叙事蒙太奇是通过画面的变换来构成一种连贯的视觉形象,这种视觉形象的主要作用是叙述故事、情节或讲清事实,使观众对故事、情节或事实形成一个比较完整的印象。表现蒙太奇通过画面分切和主体变化等方式形成形象转换,其目的和作用主要在于表达思想、抒发情感、创造意境、烘托气氛、形成节奏等。

纪实性专题摄像中的叙述与表现创作有时是通过叙事蒙太奇和表现蒙太奇的运用分别显现出来,有时仅仅是通过叙事蒙太奇的运用同时显现出来。也就是说,在纪实性专题摄像中运用叙事蒙太奇也并不是单纯的叙事,同时还要具有表现的特点。或者说,纪实性专题摄像中的叙事与表现并不是截然分开的,而是相互融合、相互转换、相互统一的。

6. 要运用好有声语言系统

纪实性专题多运用同期声推动情节发展,产生形声一体的叙事结构,所以还应该运用好有声语言系统,创造出真实的生活空间,这是纪实性专题创作不可缺少的创作手段。纪实性专题非常注意同期声的采制,画面中的多种元素是一次性组合完成的。纪实性专题《望长城》几乎没有运用表面的直白语言直接颂扬长城的"伟大""历史悠久""具有民族自豪感",而是通过跟踪采访、现场同期录音的方式引领观众跟随摄制组一起共同游历长城,感受长城的伟大及其丰厚的历史内涵,变说教为事实,变灌输为启迪,变被动接受为主动思考,达到了"以事信人""以事感人"的目的。

摄像画面是对象事物视觉形象和听觉形象的统一体,二者相互作用、相辅相成,共同承担着对象事物的表现任务。摄像记者在拍摄时不仅要注重对象事物形象元素的表现,也要注重对象事物声音元素的表现。在后期制作中,音乐仍是作为沟通感情、强化主题的有效创作语言和创作手段。音乐在过去传统专题中的副作用不在音乐自身,而在对音乐的盲目运用和滥用。

10.4 广告性专题的拍摄

深受大众欢迎的电视广告形式能够综合使用多种艺术,以声画结合的形式来展示和推销商品。

10.4.1 广告性专题的基本特点

广告性专题作为大众的媒介工具,它既能真实地反映商品的形象、性能、特征,又能用摄像艺术的表现手法使商品更富有艺术感染力,从而达到宣传推销的目的。广告性专题摄像兼具商品和文化的双重特性,并形成了自己独特的形式特征。广告具有唤起注意、引起兴趣、启发欲望和导致行动等传递信息的功能。广告内容怎样才能最有效地完成信息传递,并且产生良好的效果?对此可以从下面几方面考虑。

1. 真实性

受众是在"完全信任"的前提下去接受广告信息的。真实性是广告的生命,任何欺骗性广告都将影响企业的声誉。

2. 独特性

特色是引起人们注意的条件。但是,这种特色绝非"华丽"的堆砌,而是企业产品区别于其他同类产品的突出优势。广告性专题摄像画面是直观、具体的再现,这使它比其他艺术语言更感真实,在一定的条件下容纳巨大的信息并且不会变异。在充分展现商品的形貌、质感和独特优点的前提下需要尽量把它拍摄得标新立异、独树一帜。

3. 针对性

广告专题片不能以企业为中心,而必须以顾客为中心,要针对潜在顾客的需求说话,要告诉目标对象产品能给他带来什么利益。需求包括心理需求与物质需求,两者互为条件,并相互作用。

4. 艺术性

广告专题传递的信息应该是一种"艺术"化的传递,是在艺术的欣赏中去获得信息。

10.4.2 广告性专题的拍摄技巧

要制作出一部好的广告性专题需要很多条件,比如好的准备、精彩的拍摄、吸引人的细节、准确的解说、优美的配音、流畅的剪辑等。各环节中的核心因素又包含了创作和技巧两方面。

1. 拍摄准备

在此期间,制作公司将就制作脚本、导演阐述、灯光影调、音乐样本、勘景、布景方案、演员试镜、演员造型、道具、服装等有关广告片拍摄的所有细节部分进行全面的准备工作,以寻求将广告创意呈现为广告影片的最佳方式。

1)收集资料

收集资料是最基础的工作,除了要收集商品本身的资料外,还要收集与商品相关的资料,收集得越详尽越好。

(1)商品本身的资料。制作者要向广告主详尽地了解广告商品的名称、功能、特性、用途、用法等，还要了解原料、生产过程、本商品发展史、同类商品竞争情况、市场占有量、销售对象、用户意见、广告诉求对象、过去做过的广告等。

（2）与商品相关的资料。制作者最好能到工厂亲眼看看商品的生产过程，去商场看看商品的销售情况，看看同类商品的品质，听听用户对这种商品的反映，应该仔细分析一下过去所做的广告，比较一下同类商品广告，了解广告效果。

2) 第一次制作准备会

制作公司就广告影片拍摄中的各个细节向客户及广告公司呈报，并说明理由。通常制作公司会提报不止一套的制作脚本、导演阐述、灯光影调、音乐样本、勘景、布景方案、演员试镜、演员造型、道具、服装等有关广告片拍摄的所有细节部分供客户和广告公司选择，最终一一确认，作为之后拍片的基础依据。如果某些部分在此次会议上无法确认，则在时间允许的前提下安排另一次制作准备会，直到最终确认。

3) 第二次制作准备会

经过再一次的准备，就第一次制作准备会上未能确认的部分，制作公司将提报新的准备方案，供客户及广告公司确认，如果全部确认，则不再召开最终制作准备会，否则在时间允许的前提下将再安排另一次制作准备会，直到最终确认。

4) 最终制作准备会

这是最后的制作准备会，为了不影响整个拍片计划的进行，就未能确认的所有方面，客户、广告公司和制作公司必须共同协商出可以执行的方案，待三方确认后，作为之后拍片的基础依据。

5) 拍摄前的最后检查

在进入正式拍摄之前，制作公司的制片人员对最终制作准备会上确定的各个细节进行最后的确认和检视，以杜绝任何细节在拍片现场发生状况，确保广告片的拍摄完全按照计划顺利执行。其中，尤其需要注意的是场地、置景、演员、特殊镜头等方面。另外，在正式拍片之前，制作公司会向包括客户、广告公司、摄制组相关人员在内的各个方面以书面形式的"拍摄通告"告知拍摄地点、时间、摄制组人员、联络方式等。

2．拍摄技巧

广告专题片的创意是在色彩、照明、构图三要素中体现出来的，所以，拍摄时在保证体现创意精髓和后期制作需要的前提下力求在这三方面有所注意。

1) 色彩

色彩要和广告主题、产品形象相符，并保持前后有一定的色调和情绪，色彩要明朗悦目，通常以明度高的色彩为重点色，以吸引观者的注意力。

实例 广告专题片《相醉人间三千年》（如图10-13所示）是名酒五粮春的广告，片中风景如画。绿色、白色、蓝色全是冷色调，给人以清新的感觉。竹林、清流构成悠然淡远的意境。

在拍摄时，背景色一般不应和产品色彩相近，要能使产品突显出来，所以常选明度、纯度都较低的色彩。同时，细节色彩处理要统一，使人易记、易联想。色彩处理宜简洁精练，忌烦琐杂乱，有色滤光镜、有色遮光片或控制白平衡调节都可以制造广告所需的色调和情调，但切忌滥用。

2) 照明

现代电视广告的照明和其他节目制作有所不同，不仅在于要让观众看清楚，更在于要加强

图 10-13　广告专题片《相醉人间三千年》截图

表现力,更好地完成信息传达。因而,在营造气氛、渲染环境、突出商品主题方面更需创造性。

3) 构图

在照明、色彩、构图三者中,构图是最重要的,因为它把所有元素在电视画面方格内进行组合以形成最终的视觉图像。构图是活动的,影像在不断变化,摄像师需要随时、随地掌握它。因此,电视广告构图的直接目的在于通过物体和物体的关系、运动和运动的关系、运动和物体的关系来造成纵深感,创造三维空间,进而使观众能越过画面表层进入画面内部,从而达到广告专题片的传达目的。它要求摄像师不能以漫不经心或随随便便的态度来对待画面构图,而要能做到把观众的注意力吸引到场面中,还要能准确地把它引导到所需要的地方。可以这么说,整部广告片的成功在很大程度上要依赖摄像师构图时的"眼力"。

实例　《康美之恋》(如图 10-14 所示)是为某药业公司制作的广告专题片。该专题片画面绝美,整个拍摄串起了桂林的浪石滩、凤凰河、相公山、会同桥、老寨山以及中越边境德天瀑布等广西九大著名风景区。《康美之恋》中优美的画面及如同人间仙境的设计是创作的重点;制作者在构图上下了大量的工夫,景别的选择,主体、前景、背景的布置,乃至画面明暗

图 10-14　广告专题片《康美之恋》截图(见彩插)

的处理,画面线条的布置,无不独具匠心。该专题片因构图精彩而让人过目不忘,达到了广告专题片的摄制目的。

10.5 练习与实践

10.5.1 练习

1. 填空题

(1) 专题片从文体上分为_____、_____、_____和_____。

(2) 科普性专题的策划原则是_____、_____、_____、_____、_____。

2. 简答题

(1) 科普性专题的选材来源有哪些?

(2) 科普性专题的镜头拍摄技巧有哪些?

(3) 新闻性专题的拍摄手法有哪些?

(4) 纪实性专题的叙事方式有哪些?

(5) 如何设计纪实性专题的叙事结构?

(6) 如何进行纪实性专题的创作?

10.5.2 实践

1. 新闻性专题拍摄

(1) 实践目的:

① 掌握新闻性专题的拍摄流程、画面取材要求;

② 掌握新闻性专题的拍摄方法。

(2) 实践内容:拍摄新闻性专题。

(3) 实践要求:

① 以小组为单位寻找新闻线索;

② 撰写拍摄文案,做好拍摄计划;

③ 必须设计人物采访;

④ 注意选题的导向性和社会效应。

(4) 实践方法及步骤:

① 选题,熟悉拍摄对象;

② 写出具体的拍摄计划和拍摄方案;

③ 联系拍摄对象,申请摄制设备;

④ 现场拍摄;

⑤ 整理素材及场记本;

⑥ 补拍。

(5) 实践场地:校园、采访部、一号演播室。

(6) 考核标准:画面及采访拍摄质量(50%);素材的全面性和时效性(40%);选题的社会效应(10%)。

2. 纪实性专题拍摄

（1）实践目的：掌握纪实性专题的取材要求和拍摄方法。

（2）实践内容：记录事件或对象的活动。

（3）实践要求：

① 真实记录事件发展或人物活动，保持事件发展的"原生态"，保持拍摄对象的自在性；

② 注意捕捉细节画面；

③ 注意长镜头的使用；

④ 注意同期声的录制；

⑤ 注意拍摄空镜头。

（4）实践方法及步骤：

① 选题，熟悉拍摄对象；

② 写出具体的拍摄计划和拍摄方案；

③ 联系拍摄对象，申请摄制设备；

④ 现场拍摄；

⑤ 整理素材及场记本。

（5）实践场地：事件的发生地或人物的生活环境。

（6）考核标准：画面及采访拍摄质量（50%）；素材的全面性和时效性（40%）；主题的表达（10%）。

3. 科普性专题拍摄

（1）实践目的：掌握科普性专题的取材要求和拍摄方法。

（2）实践内容：选择一条科普主题进行画面拍摄和素材采集。

（3）实践要求：

① 以小组为单位寻找科普主题；

② 做好拍摄计划；

③ 正确运用画面表现科学原理；

④ 注意选题的知识性。

（4）实践方法及步骤：

① 熟悉相关科普背景知识；

② 拟定拍摄大纲；

③ 申请设备；

④ 画面拍摄及素材拍摄；

⑤ 整理素材，完善场记本；

⑥ 撰写新闻稿。

（5）实践场地：校园。

（6）考核标准：电视画面及表现拍摄质量（50%）；素材的全面性和科学性（30%）；科普主题的表达（20%）。

4. 二十大专题拍摄

认真研读党的二十大报告，特别是报告提出的"推进文化自信自强，铸就社会主义文化新辉煌"的重要论述，以读者所在城市的经济社会发展新成就、人民生活更殷实等不同视角，拍摄3～5分钟的微视频。

第11章 摄影摄像新技术

【学习导入】

随着传媒技术、视频应用和视频技术的发展,摄影摄像制作不再仅仅局限于电影广告、电视领域,而是扩大到动画游戏、数字电影、数字创意、互联网媒体、移动视频、虚拟现实和网络教育等更为广阔的领域。新的媒体形态的发展将是未来媒体发展的新趋势,这种趋势也包括了摄影摄像技术的发展。摄影摄像新技术的产生和成熟进一步推进了摄影摄像数字化、智能化的发展。

【内容结构】

本章的内容结构如图 11-1 所示。

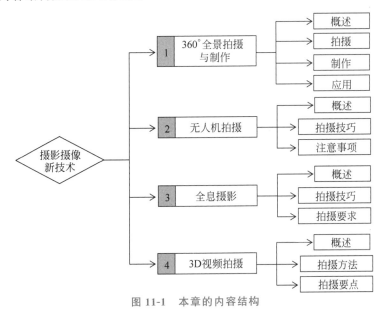

图 11-1 本章的内容结构

【学习目标】

1. 知识目标
- 了解摄影摄像新技术的概念和基本任务。
- 理解摄影摄像新技术的一般用途。
- 掌握摄影摄像新技术的基本使用方法和技术技巧。

2. 能力目标

能够灵活运用摄影摄像新技术进行作品的创作。

3. 素质目标

能够分析不同摄影摄像新技术的不同特点。

11.1 360°全景拍摄与制作

随着计算机技术的飞速发展,多媒体所包含的种类越来越多,所能表现的效果也越来越强大,而一些比较传统的表现方式越来越无法满足大部分客户对呈现方式的要求。在传统的表现方式中,呈现的手段无非是静态的平面图片和动态的视频,也有进行三维建模展示的。静态图片只能提供场景的某一角度图像,即使是广角镜头也不能有效、全面地对场景进行表现;而动态视频虽然可以让用户对场景有全面的了解,但是图像视角依然有限,观看方式取决于拍摄者的拍摄方式,并不自由。三维建模方式可以解决静态图片和动态视频都存在的问题,但是所需的成本很高,真实性也并不总是令人满意。

所以,在我们需要真实、全面、直观地表现某一场景时,360°全景技术无疑是最好的选择。

11.1.1 360°全景概述

1. 360°全景

360°全景是通过专业相机捕捉整个场景的图像信息,使用软件进行图片拼合,并用专门的播放器进行播放,即将平面照片和计算机图像合成为360°的全景景观(panoramic),如图 11-2 所示。它将二维的平面图模拟成真实的三维空间,同时可以提供各种操纵图像的功能,包括放大缩小、从各个方向移动观看场景,以达到模拟和再现场景的真实环境效果。360°全景和以往的建模、图片等表现形式相比,其优势主要体现在以下几方面。

(1) 真实感强,基于对真实图片的制作生成,相比其他建模生成对象而言更真实可信。

(2) 比平面图片能呈现更多的图像信息,可以任意控制,交互性能好。

(3) 经过对图像的透视处理来模拟真实三维实景,沉浸感强,给观赏者带来身临其境的感觉。

图 11-2　360°全景景观

(4) 生成方便,制作周期短,制作成本低。

(5) 文件小,传输方便,发布格式多样,适合各种形式的应用。

360°全景包括两个组成部分,即全景摄影与虚拟全景。全景摄影是指把相机环360°拍摄的一组照片通过无缝处理拼接成一张全景图像,而全景图像是指大于双眼正常有效视角(大约水平 90°,垂直 70°)或双眼余光视角(大约水平 180°,垂直 90°)乃至 360°完整场景范围的照片。再运用一定的网络技术将真实的场景还原并在互联网上显示,具有较强的互动性,用户能够通过鼠标控制环视的方向,使人产生身临其境的感觉,即为虚拟全景。

2. 360°全景的特点

360°全景超过人的正常视角,此处的全景特指水平视角360°、垂直视角180°的图像。全景实际上只是一种对周围景象以某种几何关系进行映射生成的平面图片,只有通过全景播放器的矫正处理才能成为三维全景,它主要具有以下特点。

(1) 全。全面、全方位地展示了360°球形范围内的所有景致,通过鼠标拖动可以实现场景的全方位观看。

(2) 景。360°全景呈现的是真实的场景,三维全景大多是在照片的基础之上拼合得到的图像,最大限度地保留了场景的真实性。

(3) 360°。即360°环视的效果,虽然照片都是平面的,但是通过软件处理之后得到的360°全景却能给人以三维立体空间的、身临其境般的感觉。

3. 360°全景的表现形式

360°全景按外在表现形式可以分为场景360°三维全景和物体360°三维全景两大类。

1) 场景360°三维全景

场景360°三维全景是指在视角上水平360°、垂直180°(即全视角360×180)的全景图。目前拍摄这种全景图的方式主要有两种:一种是用常规片幅相机,以接片形式将拍摄对象的前、后、左、右、上、下各方位场景拍摄下来,展示时需将照片逐幅拼接,形成空心球形,画面朝内,观赏者在球内进行观看,形成球形全景照片;另一种是利用鱼眼镜头或常规镜头拍摄水平360°的全方位图像,运用专用软件拼接合成,这种形式所形成的影像只能借助计算机来观赏、演示,如图11-3所示。

图11-3 场景360°三维全景

2) 物体360°三维全景

物体360°三维全景是指围绕拍摄对象做等距的多维旋转拍摄,直到将整个物体拍摄到位。在展示时,将图片逐一拼接形成球形,画面朝外观看,这种拍摄手法称为外球球形全景。物体全景主要运用于互联网上的电子商务,它与风景全景的主要区别是观察者在物体的(外面)周围。物体全景也有很广的应用范围,如商品和玩具展示、文物观赏、艺术和工艺品展示等,如图11-4所示。

4. 360°全景虚拟现实

360°全景虚拟现实(也称实景虚拟)是基于全景图像的真实场景虚拟现实技术。全景是把相机环360°拍摄的一组或多组照片拼接成一个全景图像,通过计算机技术实现全方位互动式观看的真实场景还原展示方式。在播放插件(通常为Java、QuickTime、ActiveX、

图 11-4 物体 360°三维全景

Flash)的支持下使用鼠标控制环视方向,能让人感觉仿佛身处现场环境之中,在三维窗口中浏览外面的大好风光。

360°全景虚拟现实包含多个全方位虚拟场景节点,即拍摄时处于中心点的相机位置节点。虚拟导览采用多媒体人机交互界面和交互信息导航方式,结合地图导航,将单个节点有机地整合为一体,辅以声音、图像、动画等多种多媒体元素的全新多媒体展示手法。观察者在浏览时,一方面可以体验所处场景的现场真实环境,另一方面可以全面、系统地了解所处场景和方位的相关信息。因此,观察者在参观景区或场馆时就可以轻松实现边走边看的效果,并且在不同的三维场景之间任意漫游不会迷失方向。360°全景虚拟现实一般应用在景区虚拟游、全景看房和数字校园等领域。

11.1.2 360°全景拍摄

1. 鱼眼镜头拍摄

360°全景通常需要使用鱼眼镜头进行拍摄,因为鱼眼镜头可以拍摄到较大的视角范围,能以较少的照片拼接成一个 360°全景图。鱼眼镜头之所以被认为是拍摄三维全景的利器,是因为它视角广、拍摄高效,画面质量也能满足网络浏览的效果。常用的鱼眼镜头包括两种,即 8mm 和 15mm 的鱼眼镜头。

使用 8mm 的鱼眼镜头进行拍摄,在照片最少的情况下,拍摄 4 张图像就能合成一张 360°全景图;使用 15mm 的鱼眼镜头进行拍摄,最多也只需要 10 张。镜头焦距越长,视角越窄,因此可以使用短焦距获得大视角,以较少的拍摄张数拼接全景图,减少拍摄工作量及后期拼接时间。

鱼眼镜头与普通超广角镜头之间的主要区别在于视角的大小及是否校正影像的畸变。如 13mm 的超广角镜头,它的视场角仅为 118°;而 17mm 的鱼眼镜头,视场角已达 180°。超广角镜头与普通镜头一样,竭力校正画面边缘出现的畸变,力争使拍出的画面与实物相一致。而鱼眼镜头则有意地保留影像的桶形畸变,用于夸张其变形效果,拍出的画面除了中心部位以外,其他所有的直线都会变成弯曲的弧线。

图 11-5 鱼眼镜头

鱼眼镜头有两种基本类型:一种是圆形鱼眼镜头,用其拍摄将在底片上产生以底片的画幅宽度为直径的圆形影像;另一种是对角线鱼眼镜头,产生底片全画幅的矩形变形影像,不同型号的鱼眼镜头如图 11-5 所示。

2. 逆光拍摄

在进行 360°全景外景拍摄时可能会需要朝太阳光方向进行拍摄,由于拍摄时正好对着太阳光,拍摄区域没有太阳光照射,没办法反射光线到相机,就会出现逆光拍摄现象,如图 11-6 所示。此时可通过以下几个方法来解决逆光拍摄的问题。

图 11-6　逆光拍摄

1)调整曝光补偿法

根据背景光的强弱,在原始测光的基础上增加 1～2 档的曝光补偿(可在 P、TV、AV 模式下使用)。M 档可提高 ISO 间接获得的曝光补偿,其好处在于可保证光圈快门组合的初始值;其坏处在于会降低画质。

2)曝光锁定法

将镜头焦距调到最长焦段,并尽量靠近主体进行测光,将此时测得的曝光值锁定,然后按需要重新构图进行拍摄。

3)强制使用闪光灯法

在逆光条件下,射入镜头的光线较强,造成拍摄主体发黑,这时可以使用强制闪光方法对拍摄主体进行补光(如在白天既要使用闪光补光,又要放大光圈虚化背景,而闪光同步速度较低,需要用中灰(ND)滤镜给镜头减光)。

360°全景拍摄时的具体注意事项。

(1) 光线太复杂可使用包围曝光方式进行多幅拍摄,这样可获得曝光过度、正常曝光和曝光不足的三幅照片,然后从中选择效果最好的进行保留。

(2) 逆光拍摄一定要用遮光罩,同时尽量避免强光直射镜头,并取下不使用的滤光镜,以免产生眩光。

(3) 可结合多种拍摄技巧,如曝光补偿加强制闪光。

(4) 曝光严重的可使用图像处理软件进行后期加工(过曝太严重的则只能是拍摄失败了,无法补救)。

(5) 若想获得剪影效果,按相机测定好的曝光值直接拍摄即可。

(6) 逆光拍摄效果的好坏应排除拍摄技巧因素,镜头的设计和制作水平是关键问题(如镀膜技术的好坏等)。

11.1.3 360°全景制作

360°全景不是凭空生成的。要制作一个360°全景，需要有原始的图像素材。原始的图像素材，可以是在现实场景中使用相机的全景拍摄功能得到的鱼眼图像，也可以是通过建模渲染得到的虚拟图像。

如果要拍摄全景素材，通常需要用到特定的专业设备，如数码单反相机、鱼眼镜头、全景云台、三脚架等。

和传统数码照片相比，360°全景图像的生成无疑很复杂，一是需要使用多张照片进行合成，二是照片之间需要有一定的景观重叠，据此进行图像拼接，因此需要一定的摄影技巧。这种照片通常由专业摄影人士使用单反相机配上广角镜头甚至是"鱼眼镜头"，对景物进行若干角度的拍摄之后由计算机软件合成。360°全景图像生成之后，多数利用Flash、Silverlight或者是HTML 5的动画技术自动连续地变换角度进行图像展示。

使用专业相机生成全景图像的方法，对普通用户来说太过昂贵和复杂。所幸的是，智能手机的摄像能力和图形计算能力得到了长足的发展，因而在智能手机上开发出了全景拍照功能，并简化了拍照的过程。与传统的电子数码拍照过程不同，智能手机上的全景拍照操作在显示屏的可视界面中叠加了一个半透明的图层，指示用户移动手机、变换角度、抓拍若干张照片，并利用校准、拼接以及校色等算法在几秒内快速合成全景照片。

11.1.4 360°全景应用

随着360°全景市场的快速成长，360°全景技术提供商不断涌现。凭借360°全景日益扩大的市场需求和应用，通过深入研究虚拟现实等可视化技术，来帮助人们在计算机和网络这个虚拟世界中更好地重建现实、体验现实和改造现实，使全景对场景的再现更加全面，使人产生身临其境的感觉，常常用于展示用途。例如，用户可以用全景来展示房产、观光景点、汽车、酒店、校园、文化和体育场馆、公司办公环境等。

1. 旅游应用

全景三维可高清晰度地展示景区的优美环境，给观众一个身临其境的体验，结合景区游览图导览，可以让观众自由穿梭于各景点之间，是旅游景区、旅游产品宣传推广的最佳创新手法，如图11-7所示。

图11-7　360°全景旅游应用

虚拟导览展示可以用来制作风景区的介绍光盘、名片光盘、旅游纪念品等,还可以借助计算机、触摸屏、iPad、大屏幕全屏投影等展示设备,让大家不到景区就能浏览各个景区的景点,省时省力。

2. 汽车展示

应用网络多媒体全景展示形式展示汽车的内部360°全景和外部环视,消费者可以更自如地观看汽车展示,如图11-8所示。

图11-8 360°全景汽车展示

11.2 无人机拍摄

11.2.1 无人机拍摄概述

无人机是通过无线电遥控设备或机载计算机程控系统进行操控的不载人飞行器,如图11-9所示。无人机结构简单、使用成本低,不仅能完成载人驾驶飞机执行的任务,更适用于载人飞机不宜执行的任务,在突发事情、应急、预警情况下有很大的作用。

图11-9 无人机

无人机拍摄技术具有以下几个特点。

(1) 无人机航拍影像具有高清晰、大比例、小面积、高视性的优点,特别适合获取带状地区航拍影像(公路、铁路、河流、水库、海岸线等),且无人驾驶飞机为航拍摄影提供了操作方便、易于转场的遥感平台,起飞降落受场地限制较小,在操场、公路或其他较开阔的地面均可起降,稳定性、安全性好。

(2)多用途、多功能的影像系统是获取遥感信息的重要手段。遥感航拍使用的摄影、摄像器材主要是经过改装的120照相机,用来拍摄黑白、彩色的负片及反转片,也可使用小型数字摄像机或视频无线传输技术进行彩色摄制。

(3)小型轻便、低噪节能、高效机动、影像清晰、轻型化、小型化、智能化更是无人机航拍的突出特点。

无人机航拍摄影以无人驾驶飞机作为空中平台,以机载遥感设备(如高分辨率CCD数码相机、轻型光学相机、红外扫描仪、激光扫描仪、磁测仪等)获取信息,用计算机对图像信息进行处理,并按照一定的精度要求制作成图像。全系统在设计和最优化组合方面具有突出的特点,是集成了高空拍摄、遥控、遥测、视频影像微波传输和计算机影像信息处理的新型应用技术。

11.2.2 无人机的拍摄技巧

1. 风速较快时的操纵方式

由于无人机的体积小、重量轻,飞行时受气流的影响很大,在风速较大的时候不能保持稳定的飞行状态,所以大风天气不适合进行航摄作业。但是作业时难免会遇到天气变化的情况,此时无人机的控制就会变得比平时困难。在不改变无人机动力大小的情况下,无人机相对空气的运动速度是不变的,对于地面的操纵者而言,顺风时的飞行速度要远大于逆风时的飞行速度。无人机在下风处飞行时很容易被风吹的距离过远,距离过远又会让操纵者看不清飞行姿态,不能准确地控制无人机,结果很难控制无人机飞回来。为了安全起见,无人机的飞行区域应该控制在上风处和距离不远的下风处。

2. 起飞滑跑时发生意外

无人机航测作业往往不能在很理想的场地进行,场地本身不平整很容易使无人机在起飞滑跑时发生意外的转向。此时无人机还在地面,离人群较近,并且无人机处于加速阶段,发动机在最大功率、螺旋桨转速也最大,处理失当容易对人身安全造成危害。所以,一旦无人机在起飞滑跑阶段出现异常,操纵者的第一反应就是将发动机的油门减到最小,尽量将其熄火,与此同时使无人机的行驶路径远离人群。按照规范的操作要求,起飞时操纵者应该站在无人机后侧,其他人员全部站在操纵者身后,这样飞行方向和操纵者的身体朝向一致,可以在异常情况发生时最大限度地缩短操纵者的反应时间,保护人身安全。

3. 操作失误时的应对

操作失误造成无人机飞行状态异常,比如在转向时打错副翼,无人机倾斜角过大造成升力不足,无人机飞行高度迅速下降等,在发生这种情况的时候,操作者首先应该冷静、迅速地通过操纵副翼将无人机姿态修正,这之后升降舵才能完全发挥作用,然后操纵升降舵将无人机爬升到安全位置。

航测用无人机由于搭载有精密仪器,在飞行中不必要也不允许出现激烈的动作。在操纵其飞行时手法应当尽量柔和,动作不能过大,特别要时刻注意反向修正,即"回舵"。在每次对无人机下达任何控制命令改变飞行姿态之后都要及时地将无人机姿态修正为正常平稳状态。图11-10所示为航拍爱好者的正常无人机飞行拍摄操作。

图 11-10 航拍爱好者的正常无人机飞行拍摄操作
（来自资阳日报官网）

4. 推杆的使用

推杆指向前推升降舵操纵杆使无人机机头下沉，当推杆动作过大时无人机会呈现明显的俯冲姿态。这种状态是相当危险的，因为无人机在处于一定高度之上时有充分的空间和时间来应对各种异常状态。而无人机处于俯冲状态时，高度快速降低，重力势能转化为动能，从而速度不断加快，这时留给操纵者的反应时间就大大缩短了，容易造成飞行事故。

航拍飞行任务不同于特技飞行，无人机飞行状态要求尽量稳定，不会进行大幅度的动作调整，所以一般不进行推杆操作。但是在无人机起飞时拉杆过猛，起飞仰角过大使无人机处于失速状态边缘时就需要果断推杆，将机头压低到正常角度，获得升力和速度，使无人机正常爬升。无人机的推杆操作和画面显示能够在遥控设备上实现，如图 11-11 所示。

图 11-11 无人机遥控设备的操作与显示

在起飞阶段，无人机滑跑到达一定速度时通过拉杆操作抬起机头，当获得合适的仰角后杆位回中，保持仰角不变，无人机以一定的迎角向上爬升，保持状态稳定，到达安全高度后进行下一步的操作。拉杆忘记及时回中，或者急于使无人机起飞，操作时拉杆过猛，都会使无人机的迎角远大于正常值,这时机翼的投影面积过小,升力不足,无人机很快进入失速状态,从而侧翻坠落。所以,当发现迎角过大时就要立刻推杆,减小迎角,稳定无人机状态。此时推杆过猛无人机则直接向地面俯冲,同样会造成坠机的后果。所以,此时的推杆操作既要迅速,也要准确。这个时候的无人机离地面往往只有1m左右,如果推杆操作不到位就没有任何其他措施可以避免坠机了,机会稍纵即逝,所以,此时需要果断的判断和准确的操作配合。

5. 降落时保持合适的下滑角

无人机降落类似于起飞相反的过程,无人机不断减速,机头水平向下保持稳定的角度逐渐降低高度,直到最后平稳低速地接触地面,完成着陆过程。如果机头下沉的角度过大,则无人机进行俯冲,降落速度过快;反之,机头上扬时速度减小太快,无人机升力不足从而失速;若机头水平则降落航线太长,超出肉眼可以清晰观察的范围,所以降落时要严格控制下降角度。在机头上扬(即仰角偏大)时不能采取起飞时推杆压低机头的做法来恢复姿态。

无人机降落的正确做法是根据仰角的大小不同将升降舵操纵杆相应地稍微回中并保持不动,等机头下降接近水平位置时马上将升降舵操纵杆拉到合适位置,这时机头就会在刚刚下沉过水平位置后停止下沉,保持一个合适的小角度向下滑行,从而进入正常的降落姿态。

11.2.3 使用无人机的注意事项

(1) 开机顺序是先遥控器,后无人机。关机顺序是先无人机,后遥控器。这一点非常重要,大家一定不要把顺序弄反,不然无人机会失控。

(2) 已经出厂的无人机,其螺旋桨的安装是正确的,很多人问"主桨是松的,是不是需要固定",其实不然,因为螺旋桨是靠离心力展开的,如果人为紧固,反而会造成偏心,并引起剧烈震动。

(3) 很多操作者加油门时无人机会侧偏和后退,这是因为自身的桨叶受到涡流的影响而变得不稳定,只需要提速时快一点就可以了。

> **特别提醒**
> 当无人机的机翼打到障碍物卡住时,请立刻关闭油门,关闭动力,否则会因为堵转电机而造成大电流,并烧坏电池、线路板、电机。

(4) 无人机不能飞得太高。因为无人机在高空中阻力大,容易失控摔机。一般情况下,无人机的高度应该控制在1~2层楼高,或者室内1~1.5米高。

(5) 无人机油门的控制。加速提快后,在飞到1米左右高度时需要学会点动控制油门,而不是忽上忽下的拉动。轻推操纵杆至一半,可感受操纵手感,同时使无人机在中低空静止悬停,前后左右自如转向并精确定点降落。若要达到这种程度,通常需要15个航次(充一次电为一个航次),不可心急。

(6) 无人机具有相对的耐摔值。其实无人机作为一个电子产品,它肯定怕摔,就算外观看不出来,里面的电子元件也会损坏,所以无人机具有相对的耐摔值。

(7) 持续飞行时间。就目前国内的电动直升机而言,中号、小号的可以飞6~8秒,大号的可以飞10~15秒。

(8) 线路的对接。在使用航模飞机时,连接电池一定要注意,红线对红线、黑线对黑线连接,电池接口与飞机接口对好插进去。反插一般很难插进去,如果用力过猛也可以插进去,但那样线路板就会马上烧毁,应避免这种事故的出现。

(9) 电池的使用。航模四通以上的飞机基本上没有开关,在使用完以后需要立即将电池与飞机插头拔开。如果不拔,锂电池将一直给飞机供电,处于放电状态,一旦锂电池的电量放完,锂电池就报废了。

(10) GPS定位器。安装GPS定位器好处较多,不仅可以防止无人机无法找回的情况,还可以记录其飞行轨迹。

11.3 全息摄影

11.3.1 全息摄影概述

全息摄影又称全像摄影(holography),是光学上极富诱惑的一项技术。我们都有这样的体会:洒在马路上的油膜在阳光下会呈现出多种色彩,而在吹起的肥皂泡上也会看到同样的情况,原因是肥皂泡两个面的反射光出现了干涉,这称为光的薄膜干涉现象。光是摄影的生命,光有很多特性,如色散和散射,有经验的摄影师可以充分利用这些现象变有害为有利,从而为作品添加一些新奇的效果。照相机镜头是由多组透镜合成的,为避免光在透镜表面的反射损失,人们发明出镜头的镀膜技术,使一定波长的光在反射时相互抵消,以增加进入镜头的光线,使成像更清晰。

同样,人们利用光波的干涉特性研究出了具有立体效果的全息摄影技术。全息摄影曾一度是科学家进行科研的专利技术,现在普通人经过一定的学习也可以掌握了,如普遍用于信用卡或图书封面的防伪卡,那是一种立体显像的东西,在阳光下显示着五光十色的反射光,如图11-12所示。

图 11-12　图书防伪卡

对于"全息"这个词我们会感到很熟悉，可以联想到人体全息图。人耳是人体的一个缩影，上面对应人体的各个器官，从这里人们进一步研究出人体的任一局部信息，并且能够反映整个身体的信息，所以称之为全息图，了解这一点也就容易了解全息摄影了。

全息摄影显著的特点和优势如下。

(1) 再造出来的立体影像有利于保存珍贵的艺术品资料。

(2) 拍摄时每一点都记录在全息片的对应点上，一旦照片损坏也关系不大。

(3) 全息照片的景物立体感强、形象逼真，借助激光器可以在各种展览会上进行展示，得到的效果非常好。

全息摄影成像原理

光波是一种电磁波，它在传播带有振幅和相位的信息。普通照相是用感光材料（如照相底片）作为记录介质，用透镜成像系统（如照相机）使物体在感光材料上成像。它所记录的只是来自物体的光波的强度分布图像，即振幅的信息，不包括相位的信息，因此普通照相只能摄取二维（平面）图像。为了同时记录光波的振幅和相位信息，可借助一束相干的参考光，利用物光和参考光的光程差来确定两束光波之间的相位差，因此借助参考光便可记录来自物体的光波的振幅和相位的信息，如图11-13所示。

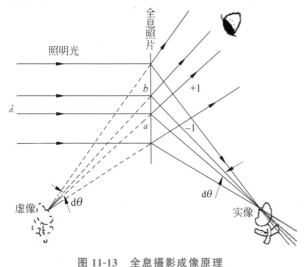

图 11-13　全息摄影成像原理

11.3.2　全息摄影的拍摄技巧

1. 保证拍摄系统的稳定

对于所用的激光波长为632.18nm的HJ 2Ⅱ型氦氖激光器，在曝光过程中必须保证拍摄系统的移动不得超过干涉条纹间距的1/4。使各光学元件保持稳定，将被照物体粘牢在载物台上或夹紧在架上，将曝光定时器离开全息台放置。由于气流通过光路，声波干扰以及温度变化都会引起周围空气密度的变化，因此，在准备拍摄前必须远离全息台，保持安静，静止2分钟以上再启动曝光定时器，并且在曝光期间不能讲话、走动和发出任何声响，保证环境稳定,曝光后再静等20秒以上才能取下干板,用黑纸包好。

2. 安排和调整光路的具体做法

1) 光路的摆放

按图11-14(a)所示的光路将各元件大致摆放到各自的相应位置上,调整各元件,使各光束都与台面平行并且与各元件中心重合,开始时不要加扩束镜。

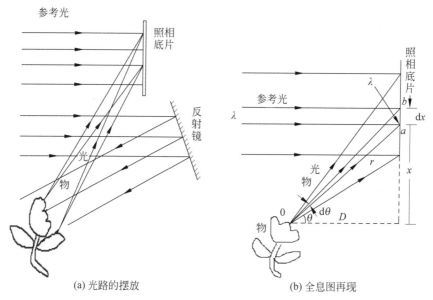

(a) 光路的摆放　　　　(b) 全息图再现

图 11-14　光路图

2) 测量光程

测量物光与参考光的光程,从分束镜开始,沿着光束的前进方向量至全息干板为止,按等光程安排光路为好,光程差不得大于1cm。

3) 夹角的选择

根据上面的分析,本案例中参考光和物光的夹角取20°～30°为宜。

4) 调节光强比

由上所述可知,要达到较好的效果,应使参考光增强,以避开非线性区,减少斑纹效应。尽管用一束强光做物光,物光照到物体上经物体吸收后再反射到干板上的光已比参考光弱得多,对于功率只有5MW的激光器来说,参考光和物光的光强比太大,会造成对比度差、图像不清楚,所以又必须使物光增强。

多次实验研究表明:被摄物如果是瓷器,应与全息干板距离较近(3～5cm),若拍摄硬币可与全息干板距离远一些(可达10cm)。放入扩束镜后,调节物体方位,使物体漫反射光的最强部分均匀地落在全息干板上,参考光应均匀照明并覆盖整个全息干板,两光的光强比为3∶1～5∶1较为合适。

3. 拍摄全息图及再现观察

1) 拍摄底片

关闭室内所有光源,在全暗条件下学会判断全息干板药膜面的方法,即用两手指同时摸全息干板两面,较涩的一面为药膜面,光滑的一面为玻璃面。取下白屏,将全息干板药膜面面向被摄物体固定在干板架上。

2) 设置曝光时间

曝光时间的长短与光源的功率有关,对于功率较大的光源,曝光时间可适当短一些,若光源功率较小,则曝光时间可适当长一些。一般文献上要求曝光时间为3~4分钟,实际上,曝光时间长很难保证拍摄过程中周围的环境绝对安静,对于我们使用的功率为5MW的HJ 2 II型氦氖激光器和天津感光胶片厂生产的I型全息干板来说,曝光时间选择在30s左右就可以了,但也要看被摄物体的反光程度,对于反光较强的物体,曝光时间可适当缩短,反之则适当加长。

3) 设置显影时间

在选择显影时间时,应对曝光量、显影液的浓度及温度等情况进行综合考虑。在曝光量正常的情况下,用D219显影液,其温度在20℃±15℃时显影时间一般十几秒即可,但在温度较高且新配药水的情况下,可能几秒钟干板就变黑,显影时间应视实际情况而定(但不要超过3分钟)。大家应将干板放在显影液中并轻轻搅动液体,几秒钟后将干板对着暗绿灯观察,看到微黑时即可用清水冲洗,冲洗干净放入定影液中2~4分钟,在定影过程中也应不断搅动定影液,之后放入清水中冲洗5~15分钟,再进行干燥。另外,配置好的药水应放在茶色玻璃瓶中避光保存,学生操作时要避免将一种药水带入另一种药水中。万一显影或曝光过度,可放入漂白液中进行减薄处理,减薄处理可在白光下进行,不停地拿出观察,减薄程度适可而止,不可太过,否则全息图消失。

4) 再现观察

将处理好的全息底片放在图11-14(b)所示的光路中观察全息图,再现时也可用强光照射全息图,以增加其亮度。

11.3.3 全息摄影的拍摄要求

为了拍出一张满意的全息照片,拍摄系统必须具备以下要求。

(1) 光源必须是相干光源。因为全息照相根据的是光的干涉原理,所以要求光源必须具有很好的相干性。激光的出现为全息照相提供了一个理想的光源,这是因为激光具有很好的空间相干性和时间相干性,采用He-Ne激光器,用其拍摄较小的漫散物体可获得良好的全息图。

(2) 全息照相系统要具有稳定性。由于全息底片上记录的是干涉条纹,而且是又细又密的干涉条纹,所以在照相过程中极小的干扰都会引起干涉条纹的模糊,甚至使干涉条纹无法记录。比如,在拍摄过程中若底片位移 $1\mu m$,则条纹就会分辨不清,为此要求全息实验台是防震的。全息台上的所有光学器件都用磁性材料牢固地吸在工作台面钢板上。另外,气流通过光路,声波干扰以及温度变化都会引起周围空气密度的变化。因此,在曝光时应该禁止大声喧哗,不能随意走动,保证整个拍摄环境绝对安静。

(3) 物光与参考光的条件。物光和参考光的光程差应尽量小,两束光的光程相等最好,最多不能超过2cm,在调光路时用细绳量好;两束光的夹角要在30°~60°范围内,最好在45°左右,因为夹角小,干涉条纹就稀,这样对系统的稳定性和感光材料分辨率的要求较低;两束光的光强比要适当,一般在1:1~1:10都可以,光强比用硅光电池测出。

(4) 使用高分辨率的全息底片。因为全息照相底片上记录的是又细又密的干涉条纹,所以需要高分辨率的感光材料。普通照相用的感光底片由于银化物的颗粒较粗,每毫米只能记录50~100个条纹,天津感光胶片厂生产的I型全息干板,其分辨率可达每毫米3000

条,能满足全息照相的要求。

(5) 全息照片的冲洗过程。冲洗过程也是关键的。按照配方要求配药,配出显影液、停影液、定影液和漂白液。上述几种药都要求用蒸馏水配制,但实验证明,用纯净的自来水配制也能获得成功。冲洗过程要在暗室进行,药液千万不能见光,保持在室温20℃左右进行冲洗,配制一次药液保管得当可使用一个月左右。

趣味拓展

法国曾经在世界各地举办了一次特别的摄影展览,人们欣赏到了神奇的、全新的摄影作品:墙头上,明明看见伸出了一个水龙头,可是举手前去拧一下,结果却抓了一个空;一个镜框,里面什么图像也没有,可是当一束光射过来时,框里就出现了一位美丽的姑娘,她缓缓地摘下眼镜,向人们微笑致意;一个玻璃罩,里面空无一物,可是在光的照射下,罩里面马上出现了爱神维纳斯像……这就是全息技术的另一个应用——全息投影给人们带来的震撼。

2015年的春晚,李宇春的创意节目《蜀绣》给全国人民带来了一场视觉享受,而《蜀绣》所运用到的就是全息投影技术,让人们在舞台上除了能看到李宇春外,还能看到李宇夏、李宇秋、李宇冬,如图11-15所示。

图11-15 《蜀绣》全息摄影实例

李宇春演出中使用了45°斜拉膜方式,在地面上有一块LED,预先制作好的视频在LED上播放,通过45°的膜把可见光折射到观众眼中,如图11-16所示。由于观众是看不到屏幕的,看起来人就是凌空出现在舞台空间中了,至于春春和冬冬、夏夏、秋秋的互动就只能靠排练了,就是人按视频的节奏去演。

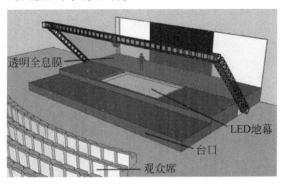

图11-16 《蜀绣》节目全息投影原理图

11.4　3D视频拍摄

人的双眼因为相距60～65mm，所以在看特定事物的时候用左眼看到的影像和用右眼看到的影像有所不同，就是这种角度不同的两个影像在大脑里合成后才会让我们感到立体感。《阿凡达》的诞生为全世界带来了一阵3D热潮，也为3D技术的发展带来无限的驱动力，如图11-17所示。

图11-17　《阿凡达》3D视频

所谓的3D是视差产生的左右位移最后显示出来的三维效果。视差包括4种类型：一是零视差，左眼和右眼看到的距离一样；二是正视差，右眼在左眼之前，一般画面在屏幕的后面；三是负视差，右眼看到的画面在左眼的左边，负视差看到的画面应该是在屏幕的前方；四是散视差，正常的两眼不能有分散的视觉，要避免拍的时候出现散的视差状况。

零视差一般是电影或者电视的屏幕，到底哪个算屏幕？零视差的点就是电影屏幕和电视的屏幕，如果画面要出屏，需要以这个为参考，入屏也需要以这个为参考。正视差是右眼在左眼的右边，它的点落在屏幕的后方，画面呈现出来的效果是在屏幕的后面位置。负视差画面是在零视差定义的屏幕前方，右眼看的画面是在左眼的左方，物体全在屏幕的外面，会产生悬空的感觉，朝视觉方向飞过来。分散的视差人眼不会散开，真正去拍不会有这种画面出来。

11.4.1　3D视频拍摄概述

3D拍摄通过两台摄像机来模拟人的眼睛，分别拍摄左眼和右眼所能看到的画面。目前两个摄像机的排列方式有两种，一种是水平的并排，另一种是垂直上下的方式，如图11-18所示。

水平排列的两台摄像机之间的距离一般跟人的瞳孔距离相当，为60～65mm，在拍的时候可以根据近景或者远景调整两个摄像机之间的距离。一方面，需要确保两个摄像机之间的光圈、焦距和亮度的一致性，否则人眼在看两个拍出来的画面时会有很多不适的感觉。当

图 11-18　摄像机的排列方式

然,现在很多摄像机都通过电缆机械自动调节,但很难保证两个完全一致。另一方面,在拍摄运动的物体时要确认所拍摄的左、右眼画面都有。如果运动物体在拍摄时没有左眼画面,或者没有右眼画面,在合成的时候物体看起来就很奇怪了,叠加不上。一般来说,背景画面可以在左、右眼画面之间有差异,但运动的物体要确保落在左、右摄像机拍摄的区域之内。

在摄像机水平摆放的过程中,由于两个机器本身的尺寸太大,很难保证它们之间的距离是 60~65mm,所以用垂直的方式可以很好地解决左右摄像机之间的间距问题。垂直摆放的摄像机在拍摄时,3D 左眼画面信号直接进入摄像机,右眼画面通过分光镜进行分光,分光之后的图像是倒置的,需要利用旋转电路对它进行翻转。因为电路之间的处理不一致,所以要确保拍摄图像时间的一致性。如果时间上差了一帧或者两帧,最后出来的画面就会完全紊乱。

摄像机水平摆放和垂直摆放都会有角度的问题,这时候是需要并行拍摄还是需要用扩散的方式进行呢?并行可以很好地保证方向的水平性,但是也存在一个问题,即人眼在观看事物时存在汇聚点,如果前期进行并行拍摄,在后期制作的时候需要将之前的画面进行调整,汇聚的任务比较难。因为需要计算物体的拍摄位置以及摄像机的距离,同时定位三维画面的屏幕朝向是向里还是向外,所以在这部分的计算和操作过程中存在一定的难度。

摄像机的位置、高度、旋转角度、焦距、光轴等参数的设置可通过摄像机和机架进行调整,在调整时需使用 3D 专用校正测试卡和具有 3D 测试功能的示波器或监视器,同时调整左右眼摄像机和支架,使左右眼图像完全匹配。

11.4.2　3D 视频的拍摄方法

在拍摄 3D 电影时需将两台摄影机架放置在可调角度的特制云台上,以特定的夹角进行拍摄。3D 电影的拍摄和普通影视的拍摄大致一样,普通影视的拍摄技法采用的是"推、拉、摇、移、俯、仰、跟、追",几乎可以互用,3D 电影的拍摄使用双镜头摄影机,拍摄比较复杂,需要用很多的机位,更多地采用移动镜头,主要拍摄设备和方法包括立体双机拍摄、吊臂拍摄、立体拍摄云台、立体监视设备等,如图 11-19 所示。

(a) 双立体机拍摄　　　　　　(b) 吊臂拍摄

(c) 立体拍摄云台　　　　　　(d) 立体监视设备

图 11-19　3D 拍摄设备和方法

11.4.3　3D 视频的拍摄要点

1. 3D 与普通 2D 的差异

3D 立体拍摄制作是基于 2D 影视制作而发展的,但有些方面还是有所不同。从宏观来讲,不能以 2D 拍摄制作的模式去进行 3D 立体拍摄,技术方式不尽相同,拍摄制作理念也有所不同,在 2D 与 3D 之间肯定会有所取舍。例如在 3D 立体拍摄时的变焦问题,在实拍中建议尽量少用甚至是不用变焦,以运动机位代替变焦。这种方式与普通 2D 拍摄模式有较大的出入,其原因主要是要考虑到 3D 立体拍摄画面的效果。3D 立体感除了纵深、出屏之外,还有就是尽量都"动"起来,尽可能地使用运动拍摄,这样画面比较活,而且在纵深、出屏的效果上还能体现出被摄物的主、陪、背体层叠的变化效果。

另外就是双机同步变焦的一致性。就目前立体拍摄设备的同步控制系统而言,实现百分百的、丝毫不差的同步变焦还是有些勉强,即便是国外顶级的无线跟焦、同步变焦控制系统也不能够保证完全一致。

2. 双机镜头匹配性

如果认为随便弄两台同样型号的摄像机或者电影机就能进行立体拍摄,那么是不可能拍出完美的立体效果的。世界上没有两只完全一样的镜头,也就是说没有成像完全一致的两只镜头,这就造成了在 3D 立体拍摄过程中比较头疼的双机镜头匹配问题。在拍摄画面中,尤其是在 4 个边角,因为镜头畸变等问题会有某个或者某些边角变形,这就使得两只镜头拍摄画面不可能完全一致。选择高端的镜头尤其是电影镜头会减少这种现象,而通过 3D 立体拍摄架进行匹配性调节也是必需的。

3. 同步控制系统

由于 3D 立体拍摄用到两台机器,所以同步控制尤为重要。目前的同步控制系统主要有以下几个功能。

(1) 同步录制。此功能实现双机同步录制与暂停。

（2）同步变、聚焦。此功能实现双机同步变、聚焦，功能与价位的区别分为四大类：一是镜头电路控制，这类控制系统是通过数据接口连接镜头，传送逻辑控制指令，实现镜头的变焦，适用于佳能、富士类镜头；二是镜头机械伺服控制，此类控制系统使用伺服电机马达，卡在镜头调节环上面，变焦和聚焦分别使用一组马达，适合所有的镜头使用，包括电影镜头；三是无线激光控制，此类控制系统属于目前最高端的控制系统，也可以说是专门为3D立体拍摄开发的，四通道八马达，无线控制，激光跟焦，技术先进，同步效果最好，但是价位也最高，国外报价数万欧元一套；四是摄像机、电影机厂商出品的配套控制系统，比如Redone、Arri等电影机的立体镜头以及同步控制单元，这种控制系统能够与拍摄设备完美融合，缺点就是对机型的指定性强，同样也是天价。

4. 3D立体拍摄设备的重要性

3D立体拍摄设备主要包括立体拍摄架、现场监视器等。3D立体拍摄架目前分为上下垂直和左右平行两种。左右平行方式的立体拍摄架由于机身体积问题，两台机器的间距（以下简称为机距）不可能很小，这样两只镜头的距离很难达到6cm左右的最佳距离，因此在拍摄近距离场景的时候会出现重影以及胀眼等不适感，所以平行式立体拍摄架不适合拍摄近景。上下垂直式立体拍摄架的构造不存在机距问题，可以将两台机器的镜头完全重合，6cm的黄金机距更是没有问题，当然拍摄远景同样没有问题。

3D立体拍摄架要具有多种调节功能。调节分为两大类：一类是机距以及双机夹角（以下简称夹角）的调节；另一类是双机匹配性的调节。双机匹配性的调节主要就是X、Y、Z、R四轴向角度的调节，通过这些角度的调节来提高两台拍摄机器镜头的匹配性，简单来说就是将两台拍摄机器的高度、水平、倾斜、旋转进行最佳匹配，以确保拍摄画面的立体效果。3D立体拍摄时的两个画面只存在水平交错的差异，而垂直、倾斜等都应该是一致的。双机夹角的调节用来控制正负视差，所谓正负视差就是人们常说的出入屏。双机夹角需要根据拍摄场景的不同实时调节，这是拍摄3D立体中最重要的一个环节与技术。有一种特殊的夹角方法是零夹角，即拍摄的时候双机不带夹角接近平行的一种拍摄方法，它便于后期的调整，画面空间感较舒服，适用于全景画面，层次感体现得较好。

立体监视器是比较重要的拍摄设备。有些拍摄者使用普通的双屏幕配合观屏器监视立体效果，有些直接就是盲拍。这些做法可以说是不科学也是不负责任的，盲拍就不说了，估计十之八九的拍摄素材是不能用的，除非拍摄者经验丰富、技术超群。而用观屏器来充当监视器，只能通过观看立体感来确定拍摄场景的立体效果，在这种情况下个人的主观视觉因素起到决定性的作用，不具备科学性。我们在进行3D立体拍摄制作时一直推崇科学性、合理性，我们使用的立体监视器为偏振式液晶监视器，具有主通道、次通道、相差、立体合成等功能，这些准确的数据显示为3D立体拍摄提供了重要的技术支撑。

3D视频拍摄需要注意以下方面。

（1）拍摄团队。摄影师必须懂得如何拍摄立体影片，因为立体影片在取景方面要把握深度感觉。

（2）双摄影机的架设。双摄影机的架设要符合立体成像的技术要求。

（3）剪辑。其他困难与传统影片一样，只是后期要用特殊的方法进行剪辑。

(4) 输出。成品输出的工作除了工作量成倍增加以外,两个摄影机拍摄的画面在指标与色彩方面无法完全一致,需要后期进行平衡处理,该处理工作需要立体环境监看。

(5) 特效。立体的特效动画,包括片头、片花、字幕等都需要进行立体处理。

所以3D电影的成本很高,而资源很少,不过相信未来会让大家大饱眼福的。

5. 正负视差

正负视差就是人们常说的出入屏。众所周知,3D立体拍摄是通过两台机器进行的,而这两台机器之间有着一定关系的机距与夹角:机距控制两个画面的重叠交错幅度,也就是立体感的强弱;夹角是两台摄像机拍摄视角呈射线延伸后的交叉点,这个交叉点称为视觉点,视觉点靠近镜头的一端称为正视差,反之为负视差。正视差表现的是出屏立体效果,而负视差表现的是纵深效果。在3D立体拍摄中,每一个场景的视差都不一样,需要根据拍摄场景与主题确定要哪一种效果。机距与夹角两者之间是相辅相成的关系,也就是说两种调节要同步进行,大家对于具体的原理与调节方式只能在实际拍摄中进行体会与总结,积累相关经验。

6. 立体成像

立体成像是左、右两只眼睛看到的不同两幅画面,通过大脑合成而呈现的立体效果。3D立体拍摄就是模拟双眼视物成像的原理,除了双眼视物原理之外就是画面的布局结构。

只有富有明显层次的画面才能显现较好的立体效果,简单来讲就是拍摄的画面必须要有前景与背景,这是基本要求。合理的立体布局是前景、中间景、背景的结合,过多的层次没有必要,因为那样会让画面凌乱影响立体效果。比如,在绿背景前面的一组人物进行正面拍摄:如果人物呈水平横向一排站立,那么基本上是没有什么立体感的,因为人物与背景层次不明显,虽然存在物理空间,但是这个空间与层次对于3D拍摄来说相当于拍摄普通的2D,拍摄完成的画面很难被大脑计算出立体效果;如果换一种方式,人物呈"品"字形站立或者是纵向成行站立,那么这个立体感就非常明显了,因为人物站立的方式形成了明显的层次,这种层次是非常适合3D立体表现的。

人的眼睛结构复杂、功能超强,基于双眼视物原理的3D立体拍摄在某种程度上只能说是尽量去模拟眼睛的功能,永远都不可能超越。既然如此,那么我们就要理性地看待3D立体拍摄中存在的瑕疵,这些瑕疵不是技术与设备的问题,而是人眼视物的基本规律,或者说是不可能突破的自然规律。比如在3D拍摄中常见的重影现象,就是戴上眼镜观看,某些画面或者是画面中的某些元素也存在轻微的重影。绝大部分重影现象是由于拍摄不严谨造成的,但也有一部分重影是无可避免的。请大家一起做个试验。

我的试验

请将食指竖起,放在两眼之间,指尖高度与眉毛持平,以鼻尖为基本点向前10cm,然后看远处的景物。如果将眼睛的焦点放在远处的景物上面,那么眼睛的余光看到的食指是两个;反之,将眼睛焦点放在食指上面,那么远处的景物也是两组,这就是重影。离食指越远,景物重影越大,离食指越近,景物重影越小,跟食指贴在一起就没有重影。

人眼睛看事物原本如此,那么3D立体拍摄是不可能突破这种规律的。在3D立体拍摄中,建议尽量减少拍摄主体与背景的距离,将机距调节到最佳位置,对正负视差有一个较好的平衡点,这是减少重影的有效方法。但是,某些场景因为物体形状、整体环境等现实情况的制约,无论怎样调节都不可能避免重影。

我们设计一个拍摄场景来说明一下:拍摄场景为机场,整体空旷,画面清爽,拍摄主体是飞机,以机头前45°拍摄,体现飞机纵深修长、机头出屏的立体效果,但是飞机背景有一根路灯杆。就这个画面来说,拍摄中需要将视觉点放在飞机机身的中段,也就是机翼部位,这样形成的正负视差可以完美地表现飞机的整体纵深感以及机头的出屏感,画面的立体效果堪称完美。视觉点在机翼处,机尾以及背景中的灯杆呈现越远交叉幅度越大的现象,这样一来,飞机整体的立体效果是完美的,但是背景中的灯杆是有重影的。这是因为飞机体积巨大,灯杆相对较小,机距以及夹角增加或者减少几乎对飞机来说影响不大,而对远处的灯杆来讲则是影响巨大的。正负视差的交叉幅度是固定的,不可能随着拍摄物体的体积比例的不同而产生不同的变化。

11.5 练习与实践

11.5.1 练习

1. 什么是360°全景?360°全景有什么特点?
2. 无人机拍摄技巧有哪些?
3. 全息摄影和普通摄影有何差异?
4. 3D视频拍摄的原理是什么?

11.5.2 实践

1. 拍摄一幅展现校园概况的360°全景图。
2. 拍摄并制作一个3D视频短片,分析实践过程中出现的问题,撰写实践总结报告。

参 考 文 献

[1] 360°全景中国.360°全景技术[DB/OL].http://www.360china.cc/index.aspx,2016-06-01.
[2] 闵天,彭艳鹏,周长雯,等.航测用无人机实战操作技巧[J].地理空间信息,2010(8):7-9.
[3] 资阳网.无人机"飞"近资阳市民[DB/OL].http://www.zyrb.com.cn/2015/1129/190306.shtml.
[4] 百度经验.新手操作无人机航拍注意事项有哪些？[DB/OL].http://jingyan.baidu.com,2016-06-01.
[5] 王俊.全息照相实验技术探讨[DB/OL].http://www.docin.com,2016-06-01.
[6] 百度百科.全息摄影[DB/OL].http://www.baike.baidu.com,2016-06-01.
[7] 百度百科.3D拍摄[DB/OL].http://www.baike.baidu.com,2016-06-01.
[8] 百度经验.3D电影的拍摄方法[DB/OL].http://jingyan.baidu.com,2016-06-01.
[9] 百度文库.3D电影拍摄的实用制作技术与注意要点[DB/OL].http://wenku.baidu.com/,2016-06-01.

图书资源支持

感谢您一直以来对清华版图书的支持和爱护。为了配合本书的使用,本书提供配套的资源,有需求的读者请扫描下方的"书圈"微信公众号二维码,在图书专区下载,也可以拨打电话或发送电子邮件咨询。

如果您在使用本书的过程中遇到了什么问题,或者有相关图书出版计划,也请您发邮件告诉我们,以便我们更好地为您服务。

我们的联系方式:

地　　址:北京市海淀区双清路学研大厦A座714

邮　　编:100084

电　　话:010-83470236　010-83470237

客服邮箱:2301891038@qq.com

QQ:2301891038(请写明您的单位和姓名)

资源下载: 关注公众号"书圈"下载配套资源。

书圈

清华计算机学堂

观看课程直播